全新
修订版

学徒面包师

[美]彼得·莱因哈特◎著　何　文　晏　夕◎译

U0217545

北京科学技术出版社

THE BREAD BAKER'S APPRENTICE, 15th Anniversary Edition:
Mastering the Art of Extraordinary Bread by Peter Reinhart
Copyright © 2016 by Peter Reinhart
Photography © 2016 by Ron Manville
Photographs on pages 3 and 273-275 by Aaron Wehner
Photograph on page 286 by Yoko Shimada

All rights reserved. Published in the United States by Ten Speed Press, an imprint of the Crown Publishing Group,a division of Penguin Random House LLC, New York.
www.crownpublishing.com
www.tenspeed.com

Ten Speed Press and the Ten Speed Press colophon are registered trademarks of Penguin Random House, LLC.

The bagel recipe (page 101) originally appeared in Fine Cooking (Feb./Mar. 2001);
the corn bread and the cranberry-walnut bread recipes (pages 136 and 139)originally appeared in Bon Appétit(Nov. 1999).
The wheat diagram on page 24 is used with permission from the Wheat Foods Council.

This translation published by arrangement with Ten Speed Press, an imprint of Random House, a division of Penguin Random House LLC.

Chinese simplified translation copyright © 2021 Beijing Science and Technology Publishing Co., Ltd.

著作权合同登记号 图字：01-2021-5148

图书在版编目（CIP）数据

学徒面包师 /（美）彼得·莱因哈特著；何文，晏夕译．—北京：北京科学技术出版社，2021.12（2025.2重印
书名原文：The Bread Baker's Apprentice
ISBN 978-7-5714-1859-5

Ⅰ．①学… Ⅱ．①彼… ②何… ③晏… Ⅲ．①面包—制作 Ⅳ．① TS213.21

中国版本图书馆 CIP 数据核字（2021）第 198437 号

策划编辑：张晓燕	电　话：0086-10-66135495（总编室）
责任编辑：代　艳	0086-10-66113227（发行部）
封面设计：源画设计	网　址：www.bkydw.cn
图文制作：赵玉敬	印　刷：北京宝隆世纪印刷有限公司
责任印刷：张　良	开　本：720 mm × 1000 mm　1/16
出 版 人：曾庆宇	字　数：389 千字
出版发行：北京科学技术出版社	印　张：18.75
社　　址：北京西直门南大街 16 号	版　次：2021 年 12 月第 1 版
邮政编码：100035	印　次：2025 年 2 月第 8 次印刷
ISBN 978-7-5714-1859-5	

定　价：108.00 元

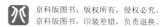

● 致 谢 ●

以下内容在 2001 年版"致谢"的基础上略有更新。在各行各业无与伦比的伙伴的帮助下，本书的 15 周年修订版才得以面世。我会在"致谢"的结尾部分添上他们的大名以表谢意。

要想创作这样的大部头，仅仅从一个村镇中获取的烘焙知识还远远不够，因此我坦然地利用了从过去 20 年来我居住过的所有村镇中获取的知识。

首先，我要感谢我的妻子苏珊，她又一次陪伴着我经历了马拉松一样的写作过程。她耐心地支持着我，为我提供茶品和维生素，并照顾我的生活起居。

无论从哪方面来讲，十速出版社都棒极了，它对此项目的大力支持唤起了我的全部潜能。首先要感谢出版人柯丝蒂·梅尔维尔，以及编辑部主任洛雷纳·琼斯。我的编辑阿伦·魏纳充满激情，聪明睿智，他对我的帮助再次证明了这一点：每一位成功的作者背后，都有一位伟大的（也是过度劳累的）编辑。艺术总监南希·奥斯汀不仅天资聪颖，而且非常容易相处，她营造出一种温暖的学院式氛围，并激发了我的创造力。我还要感谢出版社的安德里亚·柴斯曼、莎伦·西瓦、琳达·布沙尔和肯恩·黛拉番达，他们在编辑文字、校对稿件和制作索引方面表现得非常专业。

罗恩·曼维尔为本书的摄影倾注了大量心血，和他共事是一件乐事。我真是幸运极了，一搬到普罗维登斯市就遇到了能够与我心灵相通、捕捉我头脑中的画面的摄影师，而且我们两家离得还非常近。琳妮亚·利明让我们这个富有创造力的团队表现得更加出色，她不仅给我们带来了活力和欢乐，还帮助我们形成了自己独特的风格。

约翰逊－威尔士大学也以巨大的热情支持着这个项目。我尤其要感谢卡尔·古根莫斯院长，他同意我使用学校的实验室和教室，让我能够做实验和摄影。我还要感谢我的系主任玛莎·克劳福德，作为世界顶级的糕点主厨，她完全能够理解我所做之事的意义。也要谢谢烹饪教育专业的导师帕梅拉·彼得斯，她长期以来一直积极地支持着我。学校的领导层——包括约翰·耶拿博士、约翰·鲍恩、欧文·施奈特博士、汤姆·赖特和汤姆·法雷尔——一直都在鼓励我，帮助我拓展思路，使我考虑问题更加深远。公共关系部的主任助理琳达·比利在发布面包革命的新闻方面给了我极大的帮助。此外，我要特别感谢我的同事史蒂夫·克尔布勒，他是一名杰出的教师，也是我见过的最富有激情的面包师之一。我还要感谢西里尔·希茨，糕点专业的导师和面包艺术家，他虽然忙于 2002 年世界杯足球赛的训练，但仍然抽时间教了我很多整形技巧。约翰逊－威尔士大学的全体教师专心治学，热衷于传播知识，都是我的良师益友。我耳濡目染，深受影响。

我的学生亦是我的老师。在此，我必须单独列出一些学生的名字，因为他们做出了特别的贡献，并为本书的摄影提供了大量帮助。在我体力不支的时候，他们还牺牲了自己宝贵的时间来帮助我工作。他们是柴崎文卫（封面人物）、亚历克斯·莫尔纳、詹尼弗·帕萨雷拉和里娜·保坂。作为他们的老师，我感到非常骄傲。

在约翰逊－威尔士大学任教之前，我曾经在加利福尼亚州烹饪学院任教。在那里，我第一次尝试做老面包，并且很荣幸地和罗伯特·帕克斯、罗格·埃尔金、托尼·马拉诺、尼克·斯奈尔以及其他许多名厨共事，其中还包括格瑞格·汤普金斯，他现在在星巴克工作，表现优秀。我还要感谢我在加利福尼亚州烹饪学院教过的学生彼得·迪格拉斯，他对西西里面包的热情催生出了本书中那个具有突破性的配方。

谢谢你们——独一无二的"一打面包师"团队及团队的创始人马里恩·坎宁安和弗洛·布莱克，还要谢谢弗兰·盖德、卡罗·菲尔德等编辑。在历时 7 年的集体研讨、编辑会议和无数次配方测试之后，《一打面包师的烘焙书》面世了，令人意想不到的是，它居然和本书同月出版。作为那个团队中的一员，我学会了许多烘焙知识，并深深地爱上了烘焙。

普罗维登斯市的 3 家本地面包房给我们提供了一些用于拍照的面包，同样为本书做出了贡献。如同其他许多城市一样，普罗维登斯市也正在经历面包革命，无论是新面包房还是老面包房，都在尝试利用延迟发酵的原理制作面包，这令人非常振奋。感谢"七星面包房"的林恩·莱姆拉斯，"奥尔加的杯与碟面包房"的奥尔加·博悦，以及"拉萨尔面包房"的迈克·曼尼，他们烘焙出的可口的面包将普罗维登斯市的烘焙业领上了一级新台阶。

美国面包烘焙师协会在本书中处于核心地位，协会的数百位面包师不仅深深地影响了我，还大大地改变了美国面包，迪迪埃·罗萨达、格瑞格·密斯特、彼得·富兰克林、埃米·舍贝尔、托里·杜普雷和克雷格·庞斯福德就是其中的几位。

感谢蒂姆和克里斯特尔·德克尔同意在本书中作为下一代面包师的代表亮相，同时我们都应该好好感谢雷蒙德·卡尔韦尔教授，他将自己的智慧全部传授给了下一代。

莱昂内尔·普瓦拉纳、菲利普·戈瑟兰以及我在法国的联系人斯蒂芬妮·柯蒂斯这个法国三人小组促成了本书的诞生，这是当时我们每个人都没有想到的。此外，如果不是尼克·马尔杰里和詹姆斯·比尔德基金会组织的那场比赛把我送上了"朝圣"之旅，我的那趟法国之旅根本就不会成行。

有 100 多位配方试吃者参与了本书的创作，我要一一向他们表示衷心的感谢。这些配方试吃者大多数是雷吉和杰夫·沃克创办的面包烘焙师联谊会的成员，这个联谊会通过电子邮件保持联系，知识的清泉从那里源源不断地流向我的心田。所有的配方试吃者都志愿品尝了面包，并且提供了必要的反馈，这对改良配方起到了很大作用。他们是：德娜·埃尔比、特里斯·艾姆斯氏、伯利·安吉路、克莱尔·班纳塞克、洛伦·贝格利、凯文·贝尔、黛博拉·伯格、比尔·鲍威尔、苔莉·布鲁克斯、邦妮·李·布朗、德恩·伯斯泰因、弗兰克·卡瓦利、泰米·克拉克、贝弗·柯林斯、玛格丽特·科普、科基·考特赖特、克里斯·达尔林普尔、卡洛琳·丹达利迪斯、凯西·迪斯迪欧、芭芭拉·爱德华、玛丽莉·伊万、吉尔·法里蒙德、埃伦·H.G.凡斯特、罗斯玛丽·芬奇、纳塔利·法恩、辛西娅·弗雷德里克、乔·古尔德、吉姆·格里布尔、莎伦·霍尔、帕蒂·哈姆贝顿、路易斯·哈森、杜尔塞·海勒、简·赫尔维格、珍妮·汉斯莱、伯妮斯·希克斯、卡洛琳·霍伦贝克、乔治·豪尔、艾伦·杰克森、贝丝·贾维斯、克莱尔·约翰逊、基思·约翰逊、玛丽·乔·金斯顿、伊芙·金尼、朗达·基施曼、帕特·克莱因伯格、雅娜·科察、苏珊·克里斯托夫、吉姆·劳勒、多萝西娅·列尔曼、辛迪·卢埃林、海蒂·利西茨基、丽丝·劳埃德、沙琳·麦吉、亚历山德拉·马奥尼、林戴尔·马丁、图菲·马托克斯、贾斯廷·麦卡蒂尔、伊冯·麦卡锡、琳恩·迈尔斯、约翰·穆伦、吉尔·迈尔斯、埃琳·内史密斯、洛娜·诺博、瓦莱丽·诺顿、爱德·奥基、劳罗娜·佩恩、查尔·D.佩里、拉里·彼得斯、比尔·波泰雷、安妮·拉尼斯、麦特·瑞蒙、希瑟·洛赛克、乔尼·罗斯帕奇、迪克·理查德和威利斯·理查德、莫林·赖利、肖娜·罗伯茨、温迪·罗宾逊、黛比·罗杰斯、乔安妮·索耶、芭芭拉·施密特、帕特·舒斯特、丹·施瓦兹、杰基·西柏格、菲利普·西尔弗曼、埃米·斯美瑞克、比尔·施耐德、詹尼弗·萨默维尔、谢里·施塔特、德恩·斯温德尔斯、道纳尔·撒克、苏珊·托马斯、玛吉·塔克、特丽·维莱塞克、瑞亚·M.威格哈特、辛西娅·维尔、黛安娜·沃沙、乔恩·韦斯特福尔、乔·安·威斯、艾伦·沃思、琼·维克纳斯、约翰·赖特、丽塔·耶兹尔、塔梅拉·约克姆和米歇尔·苏士文。

我要感谢我的经纪人笆美·伯恩斯坦，感谢她的支持、鼓励和出谋划策。

接下来，我要特别感谢为15周年修订版的出版付出努力的伙伴们，他们使修订版在第一版的基础上更上一层楼。

和过去一样，我首先必须称赞的依然是富有活力的十速出版社团队：我的原编辑和出版社现任出版人阿伦·魏纳，他不仅为第一版做过贡献，此次也为修订版贡献良多；现任编辑金·莱德劳、凯利·斯诺登、阿里·斯莱格尔、阿什利·马图什扎尼、简·钦和凯特·博伦都为修订版的完成付出了努力；文字编辑莎伦·西瓦15年后再次把我打造成优秀的作者；我还要感谢设计戴比·伯恩和克洛艾·罗林斯以及宣传克里斯廷·卡瑟莫和埃琳·韦尔克。

我在约翰逊－威尔士大学从事教育工作已经16年了，校方一直慷慨地支持和鼓励我写作和教学。从普罗维登斯校区调到北卡罗来纳州的夏洛特新校区后，我有幸与一些杰出人士共事，比如夏洛特校区第一任校长阿特·加拉格尔、现任校长罗伯特·莫克博士、分管教学的副校长塔伦·马利克、烹饪教育专业的导师马克·艾利森和杰里·拉努扎、烘焙与糕点专业的导师万达·克罗珀、系主任兼主厨埃米·费尔德和珍妮弗·加拉格尔、面包师兼主厨哈里·佩莫勒和阿明·格罗纳特。烹饪艺术学院的教员都积极乐观、不怕困难，他们的鼓励在极大程度上支撑我度过了过去12年的写作时光。我要特别感谢劳拉·贝努瓦，她是我的5本新书（包括这本书在内）的校对。

● 前　言 ●

　　面对《学徒面包师》的修订版，我的心情是矛盾的。我不想承认我比第一次写这本书的时候老了 15 岁。时光不应该流逝得如此之快，尽管我慢慢发觉整个世界的步伐似乎都变快了，只因为我们变老了。在过去的 15 年里，许多其他人创作的令人欣喜的烘焙书相继出版，这意味着如今加入面包烘焙大军的人更多了，他们所获得的指导也多了许多；也意味着我至少应该在修订版中更新"资料来源"这个部分。

　　这些年我一直很忙，写了 5 本新书，为别人的书写了许多序言，给杂志写了各种稿件，出席过国内会议和国际会议（包括 TED 大会）并且发言，而且从约翰逊 - 威尔士大学的普罗维登斯校区调到了北卡罗来纳州夏洛特新建的校区工作，现在我和我的妻子苏珊幸福地生活在夏洛特。然而，就在这匆匆流逝的 15 年里，《学徒面包师》售出了 25 万余册，如今在网络聊天室被人简称为"BBA"。这些都是怎么发生的？我甚至听说有一些"BBA 挑战组"，参加挑战的烘焙者计划完成这本书中的每一个配方，每周完成一个，然后在他们的博客里报告进度。这本书的第一版出版时，"博客"这个词才刚刚出现。学习似乎永远都不会停止，而且除了我和其他作者已经出版的烘焙书，还有许多需要我们去做、去学习、去传授。

　　现在，我再次看我写的某些东西时，还是会感到自豪和惊讶。在这飞逝的 15 年里，面包世界不仅发生了激动人心和持续不断的变革，而且面临着质疑，这种质疑来自抵制食用小麦和其他谷物的风潮。在这本书第一版的"介绍"（也就是这本修订版的"导言"）中，我欣喜地发现许多后来成为我的核心思想的东西已经被我表达出来了。事实上，我认为我只是在后来写的书中不断重复这些内容。我经常跟别人说，在我所有的书中主角是面包，但主题是烘焙各要素之间的关联性，而且这个主题以各种形式存在于后来出版的书中，就如一匹强健的战马一般。当我重读第一版"介绍"中的字句时，我有时会怀疑是否有出版修订版的必要。不过，这种想法很快就消失了。尽管人们对面包的普遍看法和烘焙各要素之间的关联性没有也永远不会改变，但是关于如何制作面包的知识在那飞快流逝的十几年里大量出现。在第一章末尾我曾说过（或许它是我说得最好的台词之一）："就算再过 6000 年，我们依然在尝试做出更好的面包，永无止境。"你现在可以把 6000 年改成 6015 年，并且继续探索。

　　本书第一版封面上的女孩名叫柴崎文卫，摄影师罗恩·曼维尔拍下这张"招牌"照片时，她 19 岁，是我的面包烘焙班上的一名新生。照片是在偶然的情况下拍摄的。当时她抱起一个大面包，正要帮我们放到指定的地方，罗恩突然说："等等，文卫，不要动。"咔嚓！照片是用宝丽来相机拍的，一分钟后，我们所有人——我们的艺术总监南希·奥斯汀、道具设计师林妮亚、一些来帮忙的学生、我的妻子苏珊——都看到了照片。有人（我不记得是谁，毕竟那是 15 年前的事情了）说："这就是我们的封面照。"

我和我的编辑在讨论如何打造 15 周年修订版时遇到了一些问题。我们是应该重新拍一些照片、增加新配方、改变现有的配方，还是只留下足够好的配方？出版修订版图书时，所有的出版人和作者都要面对这样一个重要的问题：我们需要重新拍封面照，让书焕然一新吗？这些都是有意义的问题，然而最后我们觉得原版的封面照太棒了，不会因时光流逝而褪色，没有必要再拍一张。而且，我们知道我们可能无法拍出超越它的照片。和我一样，文卫现在也老了 15 岁，在日本当糕点主厨。我原本希望她回来拍一张新封面照。我的想法是，她依然穿上她在约翰逊－威尔士大学的制服，但是这次她要抱一个穿厨师服的小孩，就像抱一个大号圆形面包一样。这样拍或许有叙事诗般的感觉，可后来我又犹豫了：我为什么要破坏经典？（不过，在本书的末尾，你将看到文卫抱着她侄子拍的新照片。）

我们决定，不再重写每一章开头和每个配方开头的说明文字，而是在合适的地方添加全新的点评以支持现有的内容。如果我要调整某个配方，通常会增加注释。不过，考虑到面包制作方法的改进，比如更多地使用拉伸－折叠的和面方法，我增加了一些新内容，这部分内容我放在了第一章的"和面的方法"之后。从第 214 页开始的酸面团面包的制作方法也得到了更新，这是我的学习成果，教导我的是其他专业面包师和大批非专业 SBE（意为"认真的面包爱好者"，也称"家庭烘焙者"）。最后，作为报答，我增加了 3 个新配方以缩小这 15 年的差距。

在《学徒面包师》中，我最为自豪的成就之一是介绍了延迟发酵的方法。我是在巴黎受到菲利普·戈瑟兰的启发想到这种方法的，之后在老面包配方（第 175 页）中展示了这种方法。我曾预计这种方法会在烘焙者中引起强烈的反响，后来我欣喜地目睹了我的预见成真：吉姆·莱希（《纽约时报》著名专栏"免揉面包"的作者）、佐薇·弗朗索瓦和杰夫·赫茨伯格（"每日五分钟手工面包"系列的作者）、南希·巴格特（《简单免揉面包》的作者）以及其他作者和烘焙者都使用过这种方法。值得一提的是，现在许多面包房都在使用这种方法。如今回头看，运用先进的发酵和预发酵技术，利用发酵时间、温度和原料使微生物发生无穷的变化，这些似乎都是依靠直觉做到的。然而，当我们比较最近的烘焙书和以前的烘焙书，我们会马上发现我们已经走在了前列。

1986 年，我开了一家面包房，用量勺和量杯测量原料来制作所有的面包。我花了 7 年的时间来研究原料的比例和烘焙百分比，以及能将普通配方转换为面包师的百分比配方的数学公式。这些公式的价值不可估量。我的生活可以说是被很普通的几句话改变的，它们为我开启了一个拥有无限可能的世界的大门。那时我刚成为一名教授面包烘焙的教师，正在写自己的第一本书，我的一名学生问了我一个问题：如果我用一种原材料代替另一种原材料，会发生什么事情？如果换成采访者经常问的问题，那就是：是什么令面包如此独特？正是这样的问题迫使我在追寻答案的过程中成长。它们促使我更加深入地探索手工面包制作技术，并且让我意识到尽管我们已经掌握了一些知识，但可能还有一些知识等待我们去发现。除了数千年来积累的烘焙知识，还有更多的知识等待我们去探索，这一发现最初让我非常惊讶。这本书，这本《学徒面包师》，为我开启了许多扇大门，催生了我的探索热情，这种热情促使我走在了探索未知领域的前沿。现在我很肯定的一件事是，我对知识的探索，尤其是对自我认知的探索，永无止境。我认识到：作为一名学徒面包师，我永远在路上。

计量单位换算表

	计量单位		换算关系
	原单位名称 （符号）	法定单位名称 （符号）	
长度	英寸 (in)	厘米 (cm)	1in=2.54 cm
	英尺 (ft)	厘米 (cm)	1ft=30.48 cm
质量	磅 (lb)	克 (g)	1lb=16 oz=453.5924 g
	盎司 (oz)	克 (g)	1oz=28.3495 g
容积	量杯 (cup)	毫升 (ml)	1 cup=235 ml
	大勺 (table spoon)	毫升 (ml)	1table spoon=15 ml
	小勺 (tea spoon)	毫升 (ml)	1tea spoon=5 ml
	夸脱 (qt)	毫升 (ml)	1qt=946 ml
温度	华氏度 ($^\circ$F)	摄氏度 ($^\circ$C)	$^\circ C = \frac{5}{9} (^\circ F - 32)$ 变化 1 $^\circ$F = 变化 $\frac{5}{9}$ $^\circ$C

中英文词汇对照表

面包

100% sourdough rye bread 100% 酸面团黑麦面包

anadama bread 安纳德玛面包

apple tart 苹果挞

Artos 希腊宗教节日面包

bagel 贝果

baguette 法棍

bâtard 法式短棍面包

beyond ultimate cinnamon and sticky bun 超越极限肉桂面包卷和黏面包卷

biscuit 饼干

braided lambropsomo 辫子复活节面包

breadstick 面包棒

brioche 布里欧修

caramelized onion and herb ciabatta 焦洋葱香草夏巴塔

casatiello 意大利复活节面包

challah 哈拉

cheese bread 奶酪面包

christopsomos 克里斯托弗

ciabatta 夏巴塔

ciabatta al funghi 野生菌夏巴塔

ciabatta with cheese 奶酪夏巴塔

cinnamon bun 肉桂面包卷

cinnamon raisin bagel 肉桂葡萄干贝果

cinnamon raisin walnut bread 肉桂葡萄干核桃面包

clafouti tartlet 克拉芙缇小挞

cracker 脆饼

carnberry-walnut celebration bread 蔓越莓核桃节日面包

corn bread 玉米面包

country boule 乡村圆面包

cream puff 奶油泡芙

croissant 可颂

Danish pastry 丹麦酥

English muffin 英式麦芬

flûte Gana 加纳细长面包

focaccia 佛卡夏

francesina 佛朗斯纳

Francisco sourdough bread 旧金山酸面团面包

French bread 法式面包

German-style rye 德国黑麦面包

Greek celebration bread 希腊宗教节日面包

stollen 史多伦

stromboli 斯特龙博利

struan 斯特卢安

sun-dried tomato loaf 圣女果干面包

sunflower seed rye 葵花籽黑麦面包

Swedish rye 瑞典黑麦面包

three kings cake 三王蛋糕

tortilla 墨西哥薄饼

torpedo-shaped loaf 鱼雷形面包

tsoureki 希腊复活节面包

Tuscan bread 托斯卡纳面包

Vienna bread 维也纳面包

white bread 白面包

whole-wheat bread 全麦面包

面 粉

all-purpose flour 中筋面粉

bread flour 高筋面粉 / 面包粉

cake flour 低筋面粉 / 蛋糕粉

clear flour 洗筋粉

dark rye 含麸皮的黑麦粉

fancy durum 优质杜兰小麦粉

high-gluten 高筋面粉

pastry flour 糕点粉

patent flour 粉心粉

semolina 粗粒小麦粉 / 粗粒杜兰小麦粉

white rye 无麸皮的黑麦粉

奶 酪

Asiago 阿斯阿戈奶酪

blue cheese 蓝纹干酪

Cheddar 切达干酪

feta cheese 费塔干酪

Gouda 古达干酪

Jack 杰克奶酪

Monterey Jack 蒙特里杰克奶酪

mozzarrella 马苏里拉奶酪

Parmesan 帕尔玛干酪

provolone 波萝伏洛奶酪

Romamo 罗马诺奶酪

Swiss 瑞士奶酪

Sonoma dry Jack 索诺玛杰克干酪

酵 头

barm 发泡酵头

Biga 意式酵头

Pâte fermentée 中种面团

Poolish 波兰酵头

sponge 海绵酵头

soaker 浸泡液

sourdough starter 酸面团酵头

目 录 / Contents

● 导　言 ●

当世界上还没有面包的时候，橡子还是很好吃的。

——尤维纳利斯，公元 125 年

我曾经是一名职业面包师，在加利福尼亚州美丽的索诺玛县快乐地烤着面包。但是，生活总是千变万化的，我去了世界上最大的烹饪学校教授面包烘焙。这所学校名叫约翰逊－威尔士大学，位于美国罗得岛州的普罗维登斯市。罗得岛州本身并不比普罗维登斯市大多少，整个州看起来就像一个包括城区和郊区的大都市，比索诺玛县还要小一些。罗得岛州有自己独特的美丽，但这并不是我来到普罗维登斯市的原因。我在以前出版的一本书中讲述了自己是怎么从索诺玛县来到普罗维登斯市的，故此处不再赘述。

在此，我想强调一点：在我的学徒生涯中，我从许多老师那里学到了许多东西，我发现传播知识——无论是不是关于面包的知识——有深远的意义。与烘焙出好吃的面包相比，培养出成功的学生给我带来了更多的快乐。

我的第一本书《杜松兄弟的面包手册：方法和暗喻入门》从出版到现在已经超过25年了。在此期间，市场上还出现过许多非常出色的烘焙书，这些书囊括了人们所能想到的所有面包的成百上千种衍生配方——文化背景不同，形状各异，配比也各不相同。"亚瑟王面粉"团队整理和制作的"面包师目录"（参见第283页的"资料来源"）从一本名不见经传的册子，发展成为人们津津乐道的面包制作秘籍，被全国上下如雨后春笋般涌现出来的"面包巨头"们奉为宝典。

如今，面包机已经比较普及了，而且大部分都派上了用场，并没有像旧玩具那样沦为摆设。要想制作难度较大的吐司面包，使用面包机的面包配方书是最好的选择之一——其中一些配方甚至是祖传秘方。通常，当我为了回答学生所提的问题，想在短时间内了解某种特定面包"背后的故事"时，我首先查看的就是我收集的面包机的面包配方书（里面通常记录了各种面包的来源和出处）。面包的"世界百科全书"、面包的"终极"图书、关于手工面包的图书和关于面包师的图书，还有不计其数的网站，以及为了迎合人们对面包烘焙日益增长的兴趣而成立的网上团体……这些都是面包烘焙领域的成员。

我曾想将自己最近写的一本书命名为《面包革命》，但是这个名字听起来似乎过于激进了。（一位编辑问我："它们到底在革谁的命？"）我们也想过用《面包复兴》这个名字，但是我觉得它听起来太阳春白雪了。而且，说了一句贻笑千古的"名言"的玛丽·安托瓦内特就在这上面丢了脑袋。（据说，当被告知农民们没有面包吃时，她漫不经心地说了一句"让他们吃布里欧修吧"。）经过仔细的思考，我们想到了一个好名字《面包的表皮和内心：面包师的主配方》。我对此非常满意，我喜欢这个名字读起来的感觉，很多读者也这么说。在那本书里，我能够去追求自己认定的育人使命：将信息进行整合和重组，使之成为对现在有用的知识。"主配方"的理念有助于家庭烘焙者（甚至某些职业面包师）减少对配方的依赖，学会用面包师的思维方式去思考。这意味着要进行公式化和结构化的思考，然后凭借"感觉"去烘焙，而不是盲目地遵照配方行事，知其然而不知其所以然。（有意思的是，多年以后的2014年，我的确出版了一本名为《面包革命》的书，而且是在同一家出版社出版的，这件事告诉我，永远不要放弃一个好书名。）

知识就是力量。我认为无论教什么科目，教师的工作都是培养学生的能力。面包师和其他手工业者一样，必须能够控制最终的产品。这是一条普遍性原则，是我热爱教育事业的原因之一，也是古代的手工业行会之所以那么重要、那么有权威的原因。无论是面包师、木匠、瓦匠、屠夫

还是厨师，行会的学徒经历使这些满怀抱负的手工业者能够站在同一条起跑线上，并对生命的意义有了共同的理解。行会培训以及基础的读、写、算是使这个世界保持优质、美丽和善良的基础。我想通过本书与你一起进入一个前沿领域——不再局限于烤面包，而是探索一种可能，即让你拥有控制自己的面包烘焙结果的能力。我的目标是教会你凭借感觉自由自在地"飞翔"，就像一名出色的飞行员时不时会做的那样。

刚开始创作本书时，我将它命名为《解构面包》。这个名字听上去很复杂，但是，正如所有学哲学的学生知道的那样，真正的解构是一个异常朴素的过程，它意味着褪去浪漫和神秘，摒弃任何先入为主的偏见和想法，从而看到事物的本质。读过我以前出版的图书的人都知道，我并不是一名解构主义者，而是喜欢神秘和浪漫的人。事实上，我将面包看作阐释生命意义最完美的神秘符号，因为无论从历史上还是从精神上讲，如果烘焙面包仅仅是一个简单的操作，那么面包也不会给我们的生活带来如此巨大的影响。因此，将它解构到最基础的部分是比较困难的。于是，我就从另外一个方面入手，像我们烘焙行会的前辈那样，采用一种神秘而带有浪漫色彩的方式，一种能够带给我们更多欢乐的方式，使我们对面包的理解达到一个更高的层次。

在《学徒面包师》这本书中，我们通过12个经典的烘焙步骤来研究面包。这12个步骤构建出的框架从多个方面满足了我们的要求，并且为我们提供了面包烘

焙的背景——在这个背景下，我们会逐渐深入研究，构建出烘焙的基本结构。我的目标不是将你培养成一名教条味十足的烘焙者（只会跟在操作说明后面亦步亦趋），而是要帮助你成为一名随灵感而动的烘焙者——这意味着你懂得如何做选择，并能够根据自己想要的结果进行选择。我甚至希望你能够超越这个结构，进入一个全新的前沿领域，运用自己所学的知识烘焙出前所未有的面包。而只有当你将普遍原则融入面包烘焙原则，掌握外在的形式和结构或者至少理解了它们之后，你才能获得这种创作上的自由。要记住，熟能生巧，解放思想，并经常用全新的视角审视其他烘焙书（千万不要舍弃经典！），理解自然会不期而至。

本书中的配方虽然没有上百个，但是也已经足够多了（多于 50 个），足以使你做出这些经典配方的最佳版本，有时候你还能够使用一些创新性技巧，并将其应用

到其他配方中。这些年的烘焙经验告诉我，人们对面包有不同的喜好，有些喜好与感官上的享受和记忆相关，有些喜好则出于文化方面的原因。因此，某种面包特别的味道或者新颖的原材料，并不是人们一次又一次地品尝它的原因。烘焙者烘烤那种面包时对于时间和温度的完美控制彻底唤醒了谷物中的味道，这才是令人兴奋和充满激情的真正原因。我一直都认为，如果想让比萨（pizza）的味道令人难忘，就一定要保证面饼的质量（能够达到这个标准的面饼实在太少了），至于上面的馅料有多么好则并不重要。做任何一种面包都是如此。

我承诺过要带大家进行一次探索之旅。在开始解说烦琐的制作步骤之前，我在第一章的开头给大家讲了一个故事。之后，我解释了自己对烘焙的理解和在实践中做出的选择，这样你就能明白应该如何遵照主配方行事了。最后，我们才开始真正的烘焙之旅，逐一揭开每一个主配方的面纱。

第一章 关于面包

1999 年 8 月 7 日，俄勒冈州的波特兰市下着毛毛雨，和往常一样寒冷。数以千计的“朝圣者”组成了 4 个方阵，如洪水般涌向波特兰州立大学附近的公园。他们并不是因为宗教原因在这里集会，而是以信仰宗教般的狂热向世界上最令人着迷的食物——面包——致以敬意，这种敬意本身就是对往昔岁月的一种追忆。这些面包并不是普通的面包，而是由太平洋西北部的手工艺术家制作的尽善尽美的面包——这些手工艺术家使用的技术，要么是自己的意外收获，要么是最近由欧洲面包师通过美国面包烘焙师协会带到美国来的。这次活动叫作“夏季面包节”，是继切片面包庆祝活动之后最热门食物的全国性庆祝活动之一。（注：第一个面包节是前两年在加利福尼亚州的索诺玛县举行的，名字很有意思，叫作“谷物复兴大集”。）

年轻的美国烘焙新手在“夏季面包节”的许多摊位上看到的和他们自己骄傲地展示的面包，被法国人称为“普通面包”(pain ordinaire)。这种面包由地道的法式面包中仅有的 4 种原材料——面粉、水、食盐和酵母——做成，多层次的味道隐藏于简单的原材料之中。它们无数次地点燃面包师的斗志，使面包师竭尽全力唤醒小麦的全部潜力——通过释放交织在结构复杂而稳定的淀粉分子中的单糖，挖掘出组成面包绝大部分的毫无味道的淀粉分子的味道。当他们利用各种新老烘焙技术做到这一点时，味道便层层而生，就像一个三维画面在静静地等你去发现最后的奇迹。咀嚼时，在口腔中分泌的唾液淀粉酶的帮助下，舌面上 5 种味觉的感受区慢慢地感受到了面包的味道。味道首先来自舌尖的甜味感受区，这时我们的反应是“啊，味道不错”。然后，舌尖和舌尖两侧的咸味感受区以及舌面两侧的酸味感受区也感受到了面包的味道（这取决于面包的种类），此刻我们的反应是“嗯，哇……”。最后，在吞咽的时候，舌头中后部的鲜味感受区感受到了一种类似于坚果的味道，这种味道一直弥漫到鼻窦中，并在那里停留 15 ~ 30 分钟。我们吸入的每一丝味道组合在一起，便重现了世界顶级面包那无可比拟的味道，因此我们会难以抗拒地说一声“棒极了！”（在某些情况下还会适当地搭配一些表示胜利的肢体动作）。这种感觉除了来自味觉，也来自由咀嚼产生的清脆美妙的听觉，以及由面包那饱满的、撒着粉的金红色脆壳带来的视觉满足。面包脆脆的外壳绽开形成漂亮的“耳朵”，就像骄傲地噘起的嘴唇。好面包也必须是漂亮的，毕竟，在烹饪学校里，学生受到的教育是先用眼睛“品尝”食物。

我在一所很大的烹饪学校教授面包烘

焙，我的学生大多数都想成为或者即将成为糕点主厨或面包师，而我只有不到 9 天的时间把我所知道的关于面包的全部知识教给他们。我最想做的，是将他们派往"夏季面包节"和"谷物复兴大集"，或是让他们前往拥有数百家面包房的巴黎，好让他们和我一样感受到面包革命的浪漫氛围。而我需要做的，却是教给他们配方，以及教他们如何安全地使用烤箱和电动搅拌机。（如果他们过于紧张并在机器操作过程中贸然触摸面团的话，双手可能被那些工具弄伤。）因此，我会将这些无聊但必需的安全规定一笔带过，很快到达烘焙这一神奇旅程的起点——感受面团，从而进入开启面包师梦想的部分。通常到了第三天或者第四天，我的大多数学生都能感受到制作面包的神奇魅力了。

在"塔撒加拉面包房"开始销售旧金山禅宗中心的学生制作的面包时，罗伯特·波西格出版了其著作《万里任禅游》。在书中，他提到了两种摩托车手：一种喜欢检修自己的座驾，确保它被调试得恰到好处；另一种则喜欢驾驶的乐趣，乐于享受微风拂面的快感。面包师也是如此。偏向技术型和工具型的面包师通常会前往堪萨斯州的曼哈顿，那里有一所一流的烘焙学校——美国烘焙学院。在那里，他们学习小麦的各种特性和不同种类的酵母对糖的影响；同时，他们也学习面团的配方以及工具的选择和使用。学完这种课程的学生会成为有价值的技术型面包师，通常供职于大型公司，有着体面的收入。他们主要负责发现并处理机械故障，保证生产的连续性，使得每天能够生产出 40 000 个或

者更多的面包。

另外一种面包师是那种喜欢"微风拂面"的面包师。他们通常会经营一家小型面包房，制作一些手工面包。遗憾的是，由于近来使用泛滥，"手工"一词几乎失去了意义。这类面包师会狂热地赞美他们的面包——"它们是手工面包，请不要将它们称为生产线上的产品。"他们中的很多人会前往欧洲，去"普瓦拉纳面包房""加纳绍面包房"或者"凯泽面包房""朝圣"，在不定期召开的业内会议上讨论各种法棍（baguette）整形技巧的优点，或者最近一次尝试的意大利拖鞋面包夏巴塔（ciabatta）的含水量。他们用哲学家的思维思考、阅读和写作，争论真正的手工生产和大规模生产之间永远无法划清的界限，或者讨论农民小规模种植传统优质小麦的优点。每当学到新技术或者听说法国教授雷蒙德·卡尔韦尔可能要到镇上来的时候，这些面包师都会异常兴奋。（注：当我第一次写这段文字的时候，这位烘焙老师们的烘焙老师已经年过八旬，他在 1994 年委托美国面包烘焙师协会制作了一系列录影带，其中涵盖了他的所有知识。他已于 2005 年去世。）这些手工艺术家前往法国、德国或者其他任何可以找到好面包的国家，都会带着新想法回来，从而使这个圈子里的讨论更为激烈。

与那些已经改变了美国面包范式并成功创业的面包师相比，我的学生们更加年轻，他们可能成为技术派、浪漫派或两者的结合，或者，他们从来没有被面包精神所俘获。最初，他们中的很多人将我的课程看作通往餐厅甜品课程或者结

婚蛋糕课程的必经之路，但是随后发现自己在不知不觉间被天然酵种面包（pain au levain）、野生菌夏巴塔（ciabatta al funghi）或者老面包（pain à l'ancienne）的魅力所吸引。有些人在反复练习中，一次又一次地为法棍整形——这可不是件容易的事情——徒劳地尝试着割包。第一天上课的时候，我根本不可能知道在我的这20多位学生中，有谁能够在第九天成为面包革命的参与者，但是我知道他们中一定有人能够做到。这通常会在他们品尝老面包之前发生，如果到那个时候还没有发生的话，那么老面包会诱发他们的兴趣。若是品尝过后还没有发生，我想我已经尽力了，他们会在巧克力课程或者蛋糕课程中挖掘出自己的烹饪才能。

我的很多学生毕业很久仍一直从事这个行业。他们时不时地给我发电子邮件或者登门拜访，和我分享他们的经历。他们中的很多人都告诉我，是老面包第一次吸引住了他们。现在他们已经走出了校园，接触到了更多种类的面包。即使他们已经成为糕点主厨而非面包师，似乎也不能摆脱面包对自己的影响。

我第一次接触到老面包是在 1996 年前往巴黎"领奖"时。1995 年，凭借一款简单的用酸面团发酵的乡村圆面包（country boule），我获得了"詹姆斯·比尔德美国面包大赛"的冠军。这款圆面包使用了比正常用量高很多的酸面团酵头。我在曼哈顿西侧的"埃米面包房"烘焙出这款获奖面包，从埃米价值上千美元的邦加德蒸汽烤箱中将面包取出，迅速地放进了我朋友乔尔的汽车中。乔尔是一位锁匠，知道城

里的捷径，他将我和面包安全地送到了格林尼治村的"詹姆斯·比尔德之家"。

"詹姆斯·比尔德之家"是美国食品界的"圣地"之一。詹姆斯·比尔德是一位美食作家，也是美国最著名的美食家，于 1982 年去世。之后，他的朋友和同事为纪念他而创办了一项基金，以此来支持美国烹饪业的发展。他们最终还清了比尔德房子的所有贷款，并将它改造成博物馆以及有潜力的新厨师们展示自我的平台。这里会定期举办各种由烹饪艺术家们准备的美食主题大会，他们为此会专门带一些美食过来。主办者每年还会为最佳烹饪书籍和美国最佳厨师颁奖，称为"詹姆斯·比尔德奖"——就好比食品界的奥斯卡奖一样。

作家兼教师尼克·马尔杰里为比尔德基金组织了那次面包大赛，他是彼得·孔普纽约烹饪学校（2001 年改名为"烹饪教育学院"）的烘焙教师，也是詹姆斯·比尔德生前的好友。在决赛之前，尼克在美国四处奔忙，组织角逐出各地区的冠军，并于 1995 年 1 月将 8 位获胜者请到纽约参加决赛。

我于 1994 年 10 月赢得了加利福尼亚州的冠军，意外地打败了克雷格·庞斯福德，他在几个月后获得了在巴黎举办的面包制作世界杯比赛（也就是大家所谓的"面包奥林匹克"）的冠军。我相信，加利福尼亚州的面包比赛是克雷格唯一一场没有胜出的激烈竞赛。当我被宣布获胜后，我故作谦虚地轻声对他说"我简直不敢相信"，他会意地说"我也是"。他制作了一款酸面团杂粮面包（multigrain sourdough），它造型完美、味道丰富，是在他位于索诺

玛县的私人手工面包房烘烤的。我制作的两个酸面团大圆面包是在家中的比萨盘上烘烤的，烘烤时用喷壶喷水，其中使用的酵头是我历时 3 个月培养出来的。这是一款具有实验性的面团，酵头大约占面粉的80%，而在多数情况下，酵头只占面粉的25% ~ 35%。面包从烤箱中取出来的时候有些变形，向两侧和上方鼓了起来。裂口还算可以，但不是特别引人注目，只微微开了花，并没有形成"耳朵"。面包皮呈诱人的金黄色，由于面团之前在冰箱中放了一整晚，表面还起了气泡。如果按照严格的法国标准来判断，这款面包并不应该获胜，但是就在那一天，由于在座各位裁判的特别喜好，这款面包的乡村风格以及浓郁的酸味使得克雷格堪称完美却略失乡村风味的作品略逊一筹。我兴奋地接受了地区大奖，这意味着我可以免费前往纽约参加决赛。我深知自己必须加倍努力，抓住一切机会去赢得真正的大奖——去巴黎向我选择的面包师学习一周。

烘焙面包时，使用真正的面包烤箱和家庭烤箱有着很大的区别，但是如果面团本身没有经过适当的发酵，即使是用最好的烤箱，也不能烤出好面包。在面粉和其他原材料都质量上乘的情况下，发酵是烤出世界顶级面包的关键。我之所以能够赢得地区的比赛，是因为我放进家里那台不算最好的电烤箱中的是一块出色的面团。我用喷壶喷水和其他的方法来弥补蒸汽缺乏的缺陷，使我的烤箱像一台优质的邦加德、蒂博乐迪或者沃纳－普弗莱德瑞尔烤箱那样散发蒸汽。这是一个大胆的尝试，我想要证明这一点，最后成功了。在我看

来，面团的质量至少能够决定最终产品好坏的 80%，而烤箱只能决定 20%。当我来到"埃米面包房"时，我已经花了 3 个月的时间来不断练习，优化我的配方和搅拌的次数。因此，这次我揉出了更好的面团。

"埃米面包房"的主人埃米·舍贝尔和托伊·杜普雷热情好客，允许我在比赛期间使用那里的工作室。埃米是美国面包革命的领袖之一，也是美国面包烘焙师协会的创立理事之一，同时还是一位聪明的商人。"埃米面包房"中的招牌面包之一是一款意大利粗面面包卷，经常被一抢而空。品尝她的面包加深了我对意大利粗粒小麦面包（semolina bread）——也叫西西里面包（pane siciliano）——的兴趣。这款面包也是面包革命传播的一个范例。

在别人的面包房里烘焙面包是一种挑战，我不得不根据周围的温度估计发酵的时间，因为"埃米面包房"当时并没有控温设备。我的配方当中的一个诀窍就是将整形以后的面团放在冰箱中保存一整晚，进行最后的延迟发酵。这样能够使细菌的发酵速度赶上天然酵母的发酵速度（两种发酵和许多酶的反应是制作酸面团面包的核心），并使淀粉分子分解为小分子糖，令面团缓慢膨胀到适合烘焙的大小。但是，当我第二天早晨准备烘焙面包时，我发现自己错误地估计了冰箱冷藏室的温度，我的面包远远没有达到能够烘焙的程度。我不得不想办法加热面团，唤醒酵母菌的活力，从而使它完成发酵。那一天的纽约十分寒冷，天空飘着雪花，那里又没有控温设备，我必须发挥创造力。埃米告诉我，面包房中最温暖的地方是通往地下室的楼

梯的顶部。"如果我的面团太小的话，我就把它们放在那里。"她建议道，并警告说："不过要小心楼梯——不要让架子滑下去。"于是，我将完成整形的两块面团包起来，分别放在有帆布内衬的弯曲的柳木筐（法国人称之为"发酵篮"）中，放到有暖风吹过的楼梯顶部。当时是上午 8 点，我需要在中午之前完成烘焙，到时候乔尔会开车来接我，沿着结冰的道路去格林尼治村。除了等待，我别无他法，只期待面团能够对那里的热空气有所反应，膨胀起来。我把摇摇欲坠的架子放在楼梯顶部，告诉面包房中的每个人千万不要碰到它，否则它会滚到地下室去。然后，我穿过第九大道，买了一个贝果（bagel），开始阅读《星期日泰晤士报》，度过了我在加利福尼亚生活 25 年来未曾有过的惬意时光。

两小时以后，我返回面包房，看到架子还在楼梯顶部，松了一口气，但是面团仍然没有膨胀到需要的大小。我想，11 点是能够接受的最晚时间，就开始和那里的面包师们闲聊来打发时间，和他们一起为面包整形，谈论面包的哲学——这是面包师经常谈论的话题——然后将我的面团放进烤箱。它们看起来仍然很小，希望它们在烤箱中享受蒸汽浴的时候能够充分膨胀起来。我制作了两种面包：一种是 19 盎司的法式短棍面包（bâtard）——也就是鱼雷形面包（torpedo-shaped loaf），一种是 3 磅左右的法式圆形大面包（miche）。我将面团放在传送带上，在每块面团上面都割出交叉的"井"字、倾斜的切口或者星号，然后将传送带推进 8 英尺深的烤箱中，传送带的边缘会啮合在特制的制动槽

中。然后，我将传送带从烤箱中拉出，上面的面包便会一个接一个巧妙地落在烘焙石板上。之后，我按下蒸汽按钮，一股强大的蒸汽吹进烤箱中，一直持续了 20 秒。蒸汽使面团的表面保持湿润，避免表皮过快地凝胶化。随着酵母菌结束了最后的猛吃猛长，面包膨胀到完美的形态，直到面包中心达到 60 ℃，杀死最后的酵母菌。通常，经过烤箱的烘烤，面包的体积会增加 10% ~ 15%。但是就在那一天，那个不寻常的烤箱再加上我特制的面团，使面包的体积增加了 20%。它完美地裂开，裂口是如此明显，以至于捏住耳朵一样的裂口就可以把面包提起来。面包皮焦化得恰到好处——这是面包和少数几种产品独有的美拉德反应——使面包呈鲜亮的金棕色，略微发红。它是如此赏心悦目、令人垂涎欲滴，我甚至感动得流下了眼泪。

就在这时，乔尔到达了面包房，他将修锁的工具挪到后备厢中以腾出地方，帮助我将大约 30 个面包装进了空面粉袋中，再放进车里。随后，他拥抱了我，不断地说"祝你好运，祝你好运"，我也不断地回道"谢谢你，谢谢你"，然后我们便一起前往"詹姆斯·比尔德之家"。到达那里以后，我们挑选了两个最好的面包交给裁判，将其他的放在桌子下面。由于除了等待裁判以外没有其他的事情可做，我们便拐了个弯，来到一家咖啡店，点了一杯卡布奇诺和一杯热巧克力，重温旧日时光。乔尔刚刚将一本有关锁匠故事的书卖给了一家出版商，我也刚巧将一本烘焙书卖给了另一家出版商，所以我们谈论的是写作而不是烘焙——它们其实十分相像。

在罗得岛州普罗维登斯市的"七星面包房"中使用西班牙制造的烤箱烘焙出来的乡村圆面包

一小时后，我们回去等待比赛结果的宣布。参赛者中给我留下最深印象的是来自纽约市布鲁克林区"布鲁诺面包房"的比亚吉奥·赛特帕尼。他的面包看起来没有我的出色，但味道真的棒极了，吃下那些甜甜的奶酪般的面包块，仿佛在冬天的早晨喝了一碗麦乳一样令人满足。他和他年幼的儿子站在桌子的另一侧，和我们以及从得克萨斯、俄勒冈、华盛顿、圣路易斯和波士顿飞来参加决赛的其他选手一起，将面包切成小份，分发给上百名观众品尝。所有的面包都棒极了，其中有一种4磅重的黑麦面包（rye bread），面包皮上设计有可可粉镂花；另外一种看起来和我的面包十分相像，但是面包心更加紧实和干燥。我的面包可能是我烘焙过的最成功的面包：从里到外，从面包心到面包皮，搭配得很完美。即使还带有烤箱的余温，面包心的味道和质地依旧十分凉爽、滑腻（对面包来讲，"凉爽"的反义词不是"温暖"而是"干燥"）。它的酸味丰富得恰到好处，在口腔中每咀嚼一下，味道都会产生变化。我所谓的"忠实因子"在吞咽后刚好散发，细菌发酵产生的乳酸和醋酸钻进鼻窦中完成了"30分钟的旅程"。当裁判宣布我获胜时，我松了一口气，但依旧感到震惊。如果不是那个时候，或许我永远也不会做那样的事了——我打电话给在圣罗莎的妻子苏珊，当她拿起听筒的时候，我唱出了法国国歌《马赛曲》的前几个词，她兴奋得尖叫了起来。我们将前往法国。

我们花了一年半的时间为前往法国做准备。"歌帝梵巧克力"通过詹姆斯·比尔德基金向我提供了奖金，供我在巴黎向自己选择的一位面包师学习一周，或是上培训班。我的联系人斯蒂芬妮·柯蒂斯是一位居住在巴黎的美国人，我需要向她确认一些细节。我问她，自己是否可以在5天里分别和5位面包师见面，而不是5天中只见一位面包师。我实在不希望自己在巴黎烘焙面包时，苏珊却独自一人逛街。我真正希望的是和最好的面包师见面，与每位都有两小时的时间来交流，并向他们请教。我的兴趣在于写作和教学，而不是成为一名商业面包师。我正在寻找思路，想将一些自己以前并不知道的方法带回去教给学生们，而这可能是他们从别处无从得知的。

斯蒂芬妮十分友善，她将自己位于巴黎市蒙马特尔区的第二栋公寓租给了我们。搬进去时正值6月初，那一天风和日丽，我们为来到这样一个令人激动的地方而兴奋，也为自己的俗气和巴黎的时尚之间的差距而感到震惊。第一次走进咖啡馆时，苏珊为我们点了两瓶"埃云"（英语意为"飞机"）。当酒保开玩笑地拍打着双臂、嘴里发出发动机的声音时，她意识到自己闹笑话了，赶紧改口点了两瓶"依云"。实际上，正是这件事使我们三人熟悉起来。从那以后，斯蒂芬妮成了我们的翻译，陪伴我们经历了各种烘焙之旅，因此我们再也没有遇到过类似的窘事。

我们的烘焙之旅有一个异乎寻常的开端——从法国国家烘焙学校"弗朗迪中央技术学校"中被赶了出来。很显然，同意我们拜访的导师忘了通知他的上级，因此，那位上级发现我们在听课的时候，非常不愉快。无论斯蒂芬妮和那位导师解释多少遍，他始终不相信这只是沟通上的失误，坚持要我们离开，因此我们只得离开。不过在那之前，我还是找机会观察了一下那些年轻的学生。他们的年龄在 16 ~ 18 岁之间，正在做日常练习，这是在为期两年的培训中必须做的。每位学生负责为大约 50 根法棍和同样数量的可颂（croissant）或者丹麦酥（Danish pastry）整形。就在被赶出去之前的那一刻，我意识到了法国国家级训练的阴阳两面。一方面，每位毕业生都拥有过硬的基本功；另一方面，他（学生全部为男性）会过于关注这些方法，而很少去寻求非传统的或者其他的替代方法。因为只有很少的学生希望另辟蹊径，所以这种努力几乎是徒劳的，尤其是在学艺的初期。而这种一丝不苟的训练也明显地造成了法式教学体系和美式教学体系之间的区别。（当然，我认为实际上并没有现成的美式教学体系。）

弗朗迪的 B 先生——我是这样称呼他的——证实了我们最初的担忧，那就是法国人是高傲自大、难以相处的。幸运的是，只有他是如此。我们之后的旅程温暖而愉快，斯蒂芬妮将我们带到了丽思酒店，在那里我们和面包烘焙老手、糕点厨师主管伯纳德·博尔本参观了面包房。他是一位大师级的面包专家，向我们展示了丽思酒店的面包师是如何用布里欧修（brioche）外皮制作他们的招牌克拉芙缇小挞（clafouti tartlet）的。

第二天，我拜访了另外一家面包房，店主叫米歇尔·卡曾，他经营的特别之处在于店内供应的都不是传统的面包。一周内，卡曾制作的面包多达 30 种——当然不是一天内做的，而是根据每天特定的菜单完成的。他制作了杂粮面包、圣女果干面包（sun-dried tomato loaf）、各种香草奶酪法式短棍面包（herb-and-cheese bâtard），以及巨大的黑麦面包——每个看起来足足有 6 磅重。他是我见过的唯一一位对美式烘焙感兴趣的法国面包师，他想要知道美国同行们都在做什么、到哪里购买原材料、是怎么想出新点子的。这么看来，"米歇尔·卡曾面包房"是偏向美式精神的，因为它追求的是个性而非共性，敢于挑战当地的习俗和传统观念。

美国的面包师能够迅速赶上训练有素、遵循传统的欧洲同行，原因之一便是我们那不受约束的天性。对生产方法的严格规定，是弗朗迪学校的阳，却正是美式教学方法的阴。在像法国那样以特定方式评价面包的社会，打破常规并非易事。相反，在美国，我们还没有建立起这样一个固有观念，也没有规定面包应该是什么样子的。在和米歇尔·卡曾分享了对解放面包的可能性的看法之后，作为回报，我很高兴地将一个在加利福尼亚州的希尔兹堡生产圣女果干的朋友介绍给他。卡曾说："意大利这么近，但是把那里生产的圣女果干运过来还真是贵。"

第三天，我们去了拉丁区，然后拜访了谢尔什－米迪地区的"莱昂内尔·普瓦拉纳面包房"，这是我们最期待的访问行程之一。面包房的橱窗中摆满了 2 千克重的硬外壳圆面包，这种著名的普瓦拉纳面包

(pain Poilâne) 已经成为面包革命的标志，它被面包的新一代狂热爱好者们称为"真正的面包"，主要由全麦面粉和天然酵母酵头制成，又大又重，外壳很硬，据说在烘烤后的第三天味道比第一天的好（这是普瓦拉纳本人对于味道的评价）。普瓦拉纳在自己狭小的办公室里热情地招待了我们，为我们准备了热咖啡、茶和可颂。办公室的墙壁上挂满了各种关于面包的油画，天花板上还挂着一个手工制作的面团吊灯，这是他在 30 多年前为纪念萨尔瓦多·达利制作的。

最初的寒暄过后，普瓦拉纳陪我们走下了一段由石头和灰泥砌成的古老的螺旋状楼梯，上面布满了面粉粉尘，通往地下室中洞穴似的烘焙间。我们在那里遇见了他的一位年轻学徒，或者说是他的弟子。普瓦拉纳的雇佣规矩之一是学徒们必须没有在其他面包房工作过，也没有在任何一家正规的学院上过课。"我有一套关于烘焙面包的普瓦拉纳式观点，但是要训练那些已经在学校里养成特定习惯的人太难了。"他坦率地告诉我们。了解了更多的细节后，我能够明白他这样想的原因。他认为在原材料选择和烘焙过程中要做的事太多了，生产过程应该尽量用手工完成，由一个人从头到尾地负责自己所烘焙的面包，而不是使用流水线。每个面包都应该是面包师严格按照莱昂内尔·普瓦拉纳从父亲那里学来的方法做出的（他的兄弟马克斯在自己的面包房也遵循同样的方法）。普瓦拉纳设计的用木柴加热的烤箱并没有温度计，这使得面包师不得不凭借感觉来判断温度，以便确定将面包放入烤箱的时机。他的大多数训练是要培养学徒对面团的感觉，这是一种面包师的感觉。

地下室仅仅能容下我们 4 人和那位学徒。我们观察着那位年轻的面包师，他在自己的岗位上忙碌，将 24 个 2 千克重的面团通过小洞放在滚烫的烘焙石板上。石板通过烘焙台下面的火箱被加热，二者之间有一个连接的洞，洞里插着一根弯曲的金属管，它转动着将火引到烤箱内部的每个角落。烤箱达到合适的温度后，面包师将金属管拿走，用一个装着水的金属碗将小孔堵住。水被加热后，提供了少许水蒸气，并使热量均匀分布。

普瓦拉纳面包和普瓦拉纳本人的联系是如此特殊，使人很容易忘记法国还有上百名面包师也在制作名字相同的类似的面包。它是圆形的，并不算太厚，大约有 10 厘米厚，直径为 30 厘米，表面布满了面粉，这是面团在进行最后发酵的发酵篮中沾上的。面包上的割痕是井字形的，一直延伸到面包的边缘，几乎在圆形的面包上画了一个方块。与常见的法棍（巴黎另外一种著名的面包）不同，这种面包的面团中有一些全麦面粉。面包依靠天然酵母酵头——一批接一批沿用下来的——自然发酵，产生了一种特别的酸味，但不是非常酸。法式面包不像旧金山面包那样注重酸味。这种耐嚼的硬外壳面包可以在家中存放一个星期，而且随着存放时间的延长，它的味道每天都在发生变化。普瓦拉纳坚持认为，它在第三天最好吃，而我感觉从烤箱中拿出来 3 小时后味道最佳。但我毕竟是个味觉不甚敏锐的美国人，长着美国人的味蕾，对烘焙得刚刚好的面包在第三天味道的微妙变化并不十分敏感。

　　普瓦拉纳邀请我们参观他在比耶夫尔的加工厂。它位于距巴黎市区大约 24 千米的地方，可以说是普瓦拉纳为现代手工烘焙艺术做出的最大贡献。普瓦拉纳告诉我们，在这个郊区的圆形建筑中，面包师每天可以生产上千个圆面包，运送到法国各地，并且打入国际市场（有一部分被定期运往美国纽约和芝加哥的特定客户那里）。这个加工厂是这样的：在建筑周围依次摆放了 24 台烤箱，每台的工作方式都和我们在谢尔什－米迪看到的老式烤箱一模一样。每台烤箱都放置在一间烘焙间中，这些烘焙间不像市内的那么像岩洞，也不如那里迷人，但是具有同样的功能——里面还有一台和面机、一个发酵箱、一台老式的秤、一堆发酵篮，以及一些长条形的金属模具，因为他们家的招牌三明治黑麦面包也在这里生产。建筑中央像一个圆形舞台——如果有需要，可以打开巨大的门将卡车开进去——这里有我见过的印象最深的柴火堆。一捆又一捆坚硬的法国橡木堆在大厅里，柴堆上面是一个嵌在轨道中的爪子。爪子悬在那里，仿佛宴会的主持人，得到命令之后会抓取一部分木柴，将它们运送到一道斜槽中（墙壁上一共有 12 道），整个过程就像在抓玩偶一样。木柴通过斜槽滑向墙壁的另一侧，落在两间烘焙间之间，等在那里的面包师把木柴收集起来堆放好，点燃木柴，并算出什么时候将面团放进烤箱刚刚好。

　　这个巧妙的设计使得普瓦拉纳能够坚持他对手工生产面包的观点。每个面包都是由一位并且只由一位面包师制作，每位面包师每天只负责烘焙 300 个面包。即便如此，如果所有的烤箱都运转起来的话，每天生产的面包数量也是惊人的。在我们参观的时候，投入使用的只有 16 台烤箱。普瓦拉纳的生产经理向我们解释道，工厂（实际上是"手工作坊"）是基于十年发展计划建造的。它在两年前初次投入生产时只使用了 14 台烤箱，之后每年都有一台新烤箱点火，投入生产。同时，每年都必须培养出一名新面包师，加入被我称为"普瓦拉纳信徒"的队伍。这个地方保留了 8 年的增长空间，到那时，所有的烤箱都会投入使用，产量将达到极限。如果面包仍然供小于求，那么超出的需求不是靠提高每位面包师的产量，而是靠新设备的建设来满足的。我计算了一下，每个面包的批发价格大约为 10 美元，再加上其他的产品，如黑麦面包和普瓦拉纳著名的苹果挞（apple tart），"普瓦拉纳面包房"每年的销售额接近 2000 万美元。（注：普瓦拉纳和他的妻子伊蕾娜于 2000 年在布列塔尼半岛海岸因直升机失事不幸丧生，他的面包房目前由他的女儿阿波洛尼娅经营。）

　　伴随着脑中跳跃的"普瓦拉纳面包房"销售额，我带着两个作为礼物的面包回到了住处。蒙马特尔大街上的行人看到我胳膊下夹着两个而不仅仅是一个普瓦拉纳面包的时候，都用羡慕的目光盯着我。其中一个面包我们吃了一个星期，另外一个我在第二天晚上带去赴宴，一起带去的还有一根"戈瑟兰面包房"的法棍。我在"戈瑟兰面包房"学会了制作老面包，虽然自己当时还在想普瓦拉纳的观点。在这次旅行中，就面包制作而言，学会这项技术或许是最重要的。

戈瑟兰是一位年轻人，30 岁出头，在距卢浮宫不远的圣·奥诺雷大街上经营着一家规模不大、比较朴素的面包房。和许多面包房一样，它的产品平均分为三大部分：面包、甜点和午餐食品——主要是三明治。甜点和三明治看起来没有什么特别的，我不明白斯蒂芬妮为什么会选择这个地方作为我行程中 5 个有代表性的站点之一。法棍看起来和其他大多数面包房里的也没有什么不同，但是在它们的旁边有一个双层的架子，上面的面包虽然看起来像法棍，但是表面有一些粉末，棕色没有那么深，割痕也没有那么明显。斯蒂芬妮指着这些面包说："这就是我带你来这里的原因，这种老面包赢得了今年的城市最佳面包奖，你一定要尝尝。"

戈瑟兰亲自将我们带到了面包房的后面，自豪地向我们展示他从跟随了 5 年的师傅手中接管并买下的这间面包房，介绍自己着手经营以后所做的各种优化措施。他带着我们走下一段楼梯，来到一间地下面包房。我们沿着一根环抱墙壁的形状奇怪的管子前进，来到一间精致的糕点小厨房中。那里贴着全新的瓷砖和地砖，室温被控制在理想的 16 ℃，这对需要用到巧克力和黄油切片的糕点（如可颂和丹麦酥）来说是非常必要的。很显然，戈瑟兰为这片地下"绿洲"而自豪，但是我仍然不明白那根穿过走廊的弯曲的管子到底是做什么用的。

"那个是运送面粉的通道。"他通过斯蒂芬妮解释道。我们终于明白了这套设备的过人之处。没有人愿意把重达 50 磅的面粉背到楼下的储藏室中，因此，每周有几次，运面粉的卡车会将车上的面粉通过这条管道倒进地下室的储藏室中。在那里，面粉可以通过一种重力驱动设备倒出来、称重，为和面做准备，不需要辛苦地搬动，非常方便。

烘焙面包的地方是和糕点小厨房分开的，它已经很久没有重新装修了。在我们拜访过的其他面包房，如波兰酵头（海绵酵头法）法棍的诞生地"加纳绍面包房"，木火烘焙是手工烘焙的重要组成部分。而"戈瑟兰"的主要工具则是标准的燃气壁炉烤箱，配有 4 层烤盘和传送带。他做出奇迹般的老面包的关键并不是烤箱，而是发酵技术。这是我所见过的最独特的，也是名字最不贴切的技术，因为它完全依赖于冰箱的力量，而冰箱是一种相当现代化的发明。这种面包或许应该被称作"现代面包"，但是如果这样叫的话，谁还会重视它呢？和其他多数面团不同，这种面包的面团是用一种延迟发酵技术制作的，起初不加入酵母和盐，在加入冰水搅拌后马上放入冰箱，静置一夜后再加入酵母和盐，缓慢地唤醒面团的活力，开始第一次发酵。和标准的"60－2－2法棍"相比，用这种技术制作的法棍给我们带来了完全不同的味道。传统法棍之所以称为"60－2－2法棍"，是因为世世代代以来，法棍都是由 60% 的水、2% 的盐、2% 的酵母和 100% 的面粉制作的。只有在最近的几年，或者至少是从 20 世纪 60 年代的"加纳绍时代"开始，面包师才开始抛开这种神圣的配方，挑战极限，烘焙出了更好的面包。戈瑟兰的老面包是我吃过的最棒的法棍，甚至比雷蒙德·卡尔韦尔教授制作的还要好——我曾经于 1994 年在伯克利市由他举办的法式面包研讨班上品尝过他的作品。

卡尔韦尔被人们称为"烘焙老师们的烘焙老师"，他是量化了面团发酵内部变化过程的化学家，然后又以面包师的身份将其付诸实践，并在 20 世纪 50 年代为优秀的法式面包制定了标准。在品尝戈瑟兰的面包之前，卡尔韦尔的面包是我吃过的最棒的。和蔼的卡尔韦尔教授那时已经 80 多岁了，在研讨班中从来没有提过这种延迟发酵技术。戈瑟兰慷慨地说明了这种方法，自信地认为本地的其他面包师不会窃取这种技术，因为巴黎的每位面包师都骄傲地认为自己的面包才是最棒的。我怀疑自己在偶然间发现了面包烘焙的先锋技术——冷面团延迟发酵法，我甚至迫不及待地想要回家尝试一下戈瑟兰的方法。

那天晚上，我前往一位居住在巴黎的美国朋友家吃饭。他的工作是将法国电影的字幕和配音翻译成英文，或者将英文电影翻译成法文。打电话的时候，我告诉他我会带上面包。他说："可以啊，我们家路口那里有一间不错的面包房，我很喜欢他们的法棍，会买一根回来。"

"我这里有一个普瓦拉纳面包，还有一根非常特别的法棍想请你尝一下。"我拒绝了他。

"哦哦，把普瓦拉纳面包带过来吧，法棍就算了。"

"你不明白，"我坚持道，"这种真的很特别。"

"那好吧，如果你坚持的话。"

我到了朋友家以后，看到了一盆他做的法式红酒炖牛肉，旁边摆放着一根新鲜的法棍。我将带来的面包放在一旁，看到他正在微笑。他拿起那个普瓦拉纳面包跑去客厅，向他的妻子——一位甜美的巴黎女人——展示，后者高兴地点点头说："哦，普瓦拉纳面包，马克斯的还是莱昂内尔的？"

"比耶夫尔的莱昂内尔，不是谢尔什 - 米迪的。"我说。她扬起眉毛，表示并不知道比耶夫尔。"它们是一样的，只不过那里用的是新设备。"我保证道。

又有一位美国朋友到了，他是一位在法国获得成功的作家和演奏家，但是在美国并没有获得这样的成就。我们坐下来进餐，主人迈克尔端上了配炖菜的面包，作家兼演奏家豪伊说："哦，我认识，这是普瓦拉纳面包，但是这两根法棍是怎么回事？"

我向大家介绍了戈瑟兰，迈克尔说道："嗯，那我们一会儿再吃吧。先来试一试这个，我们整个社区都非常喜欢它。"

我撕了一小块，仔细地咀嚼着。它的味道不错，但是和我在蒙马特尔公寓对面买的面包没有什么两样。实际上，它和巴黎大多数好的法棍都没有什么区别，当然比美国出售的要好一些，但是……

"好，现在来尝一下戈瑟兰的。"我说着，将它推到迈克尔和豪伊的面前。他们撕了一大块下来后，我们注意到面包中的孔比普通法棍的孔要大得多，面包心不是白色的，而是更偏向奶油色。迈克尔咀嚼了一口，能听得出来，它的表皮比当地的法棍松脆一些。在他咀嚼的时候，我观察他的脸，他的表情告诉我，即使生活在法棍世界的中心，他的味觉也是第一次进入法棍的另一个层面。他的脸上明显地出现了各种情绪变化，从严肃的微笑逐渐变为生气的皱眉，然后又有了新的变化。大家逐渐安静下来，他犹豫不决，所有人的目光都渐渐集中到他身上。印象中，我感到周围的灯光在逐渐变暗，仿佛只有聚光灯照在迈克尔的脸上，当然我知道这只是自己的想象而已。随后，他慢慢地拿起当地的法棍，看看它，然后再看看桌子上的老面包，之后目光又移回手中的法棍上。接下来，好像做慢动作一样，他将当地的法棍扔到了墙上，法棍被摔碎了，掉到了地上。他的妻子惊叫道："迈克尔！"

迈克尔转向我说："你已经毁了我，你高兴了吧？"

"是的，确实如此，我高兴极了。"我说道。

然后我们相视一笑，继续享用我们的晚餐。

我经常在费城参加一个名为"菜谱和烹饪"的活动。在活动中，菜谱作者和当地厨师合作，根据作者最新的菜谱准备一顿大餐。5年来，我一直和厨师菲利普·陈合作，在蝗虫街他著名的"蘑菇和菲利普"餐厅中通过那些精致的食物检验我全新的面包理念。在2000年的活动中，我们尝试了野生菌夏巴塔，使用的正是经过我改良的戈瑟兰老面包的制作方法。我们还向大家介绍了西西里面包，这款面包的灵感来自我以前在加

利福尼亚烹饪学院的学生彼得·迪格拉斯。作为一个在美国的西西里人，他想通过这种粗面面包唤起自己儿时的回忆，因此我们共同将我当时正在教授的预发酵技术运用其中，想要制作出最好的面包。尝试了几个月以后，我们终于敲定了配方，用它制作出的西西里面包是我认为最棒的版本之一，成功的关键就在于大量使用酵头和整晚发酵。粗粒小麦粉给面包带来了一股香甜的坚果味，使面包变得非常好吃。

为了前往费城实践自己的最新想法，我联系了很多导师和有影响力的人，一起讨论戈瑟兰的技术。其中包括杰弗里·斯坦格特恩，他是《时尚》[①]杂志的美食专栏作家和《无所不吃的人》的作者；还有埃德·贝尔，他是美食杂志《简单饮食的艺术》的出版人和撰稿者。他们全都拜访过戈瑟兰，对他的面包非常熟悉，并对面包的质量和特点印象深刻。虽然他们在写作中涉及多种食物，但似乎都对面包有一种特别的爱好。在网络、报纸、《时尚》杂志以及其他的主流杂志中，面包爱好者们组成了一张网。贝尔和斯坦格特恩是面包革命中两位善于表达的演讲者，但当谈到戈瑟兰的方法时，我们得出的印象不尽相同。（是因为戈瑟兰只向我们每个人展示了一部分内容，造成了我们的困扰，还是因为我们自己在脑子中改造了这种方法？）我知道自己的诠释和版本已经和戈瑟兰的方法相距甚远，就像每一位面包师对面包都有自己的理解一样，我也按照自

---

① 原名Vogue，此处直译为"时尚"，该杂志的中文版叫《服饰与美容》。

己的想法对戈瑟兰的制作方法进行过修正和改进。真正的戈瑟兰法需要两次混合和搅拌，但是我发现它们可以合并为一次而不会影响结果。我开始尝试各种可能，并用通用的、解构的方法来看待老面包制作方法，即将其看作一种延迟发酵的冷混合搅拌法。

这项技术具有改变整个面包世界的潜力。我已经开始在约翰逊－威尔士大学里教授这种方法，也在全国各地开设的家庭面包师课程中讲授。在未来的几年里，我非常希望看到这种方法的各种版本运用到手工面包房和工业化生产中，这是探索面包世界的新前沿。（注：我在2001年写下这些文字之后，其他畅销烘焙书所倡导的免揉法和冷藏法才在面包界流行起来。从那以后，我发现我经常在之后写的书中用到"新前沿"这个概念，因为今天的前沿会变成明天的主流。新前沿似乎总是会持续不断地出现。）我们解构了这个过程后，便超越了发酵层面，实际上到达了酶的层面。正是酶扮演了催化剂的角色，释放了被束缚在面粉淀粉中的小分子糖。戈瑟兰向我揭示的延迟发酵技术，实际上就是酶作用于发酵和释放味道的过程，但是很多人都知其然而不知其所以然。在烹饪学校里，我们把味道原则当作一种基本原则教给学生。而要想释放味道，就不能忘记酶的作用。

在2000年的"夏季面包节"中，我在公开课和演讲角的演讲中再次谈到冷发酵技术和酶的作用。正如美食作家约翰·索恩所说，上千名面包革命者参加了这场活动，渴望获得烘焙技巧和窍门。对面包来说，这样的景象简直好得令人难以置信。我们将"面包"视为一种隐喻，我们能够从骨子里感受到它，信仰它，我们相信，生活需要面包。

从埃及人通过加热啤酒开创了"发酵面包"这一概念至今，已经过去6000年了。很显然，这个过程具有传统意义和新传统意义。为了烘焙出好面包，我们从制作面包的老前辈那里学习那些历史悠久的方法，但是他们那个时代没有冰箱，也无法使用冰块和水冷却器。我们谱写着新篇章，潜心钻研并对各种方法进行解构，仔细研究整个烘焙过程的细微之处。

究竟是什么使"面包"在今天成为如此热门的话题？无论是烘焙老手还是新手，我们全部都是学徒，仍然需要学习，并在突破新前沿时高兴地相互分享。就算再过6000年，我们依然在尝试做出更好的面包，永无止境。

第二章

解构面包：学习指南

面包烘焙基础及原理

这一章中提到的知识是我烘焙面包的基础，它们会在本书中反复出现。为了避免在配方中重复，我在这里对它们进行了归纳整理，供你参考。

我将从面包的基本分类和原材料开始谈起，然后是设备，最后是面包师的数学系统（我保证它比听起来的简单得多）。

关于重量和体积之间的换算

我注意到，在许多关于烹饪的书中，同种食材的重量信息总是相互矛盾的。本书中的所有配方都列出了体积值（用小勺、大勺和量杯表示）和重量值。显然，1量杯面粉和1量杯清水的重量不同，和1量杯食盐或者1量杯酵母的重量也不同。事实上，就算是用同样的量杯装面粉，不同的人盛出来的面粉的重量也会不同。这就是专业面包师喜欢称重量的原因。1磅重的面粉，无论用勺子或者杯子盛多少次，也无论有多少人去盛，它的重量都是相同的。现在，许多家庭烘焙者都选用了称重而不是测体积的方法，但是，和专业面包师相比，他们面临着另外一个问题。在家中烘焙时，一次做的面包少得多，而有些原材料的用量比较小，普通的厨房秤根本不能精确地称出它们的重量（如本书配方中常见的0.11盎司酵母粉），可我们又恰恰经常遇到这样的情况。所以，为了保证用量的一致性，我做了一张表（见下页），将本书配方中出现过的重量和体积进行了对比。其他烹饪书可能将1磅面粉等同于4量杯或者$4^1/_2$量杯面粉，而不是我说的$3^1/_2$量杯。但请记住，我们的首选永远都是称重量，而不是测体积。因此，在准备原材料的时候，你可能需要先称出1磅面粉，确定它可以分装为几量杯。另外，本书的配方中所注明的重量全部有效，尤其是对于那些用量较小的原材料，比如食盐、糖和酵母粉，不过你也可以使用测体积的方法来计算它们的用量。

盐总是很难处理的，由于品牌和种类的不同，它们的重量差别很大。有些盐比较粗，如犹太盐，它的晶体较空，因此很轻。为方便起见，我以精制食盐作为标准，因为这是家家户户都有的。但是，如果你使用的是海盐或者犹太盐，那么要记住，在保持重量不变的前提下，盛取时需要的勺数是不同的。我使用的是精制食盐，每盎司相当于4小勺，即相当于每小勺0.25盎司，我相信你也一样。这是我在配方中使用的标准。如果你需要0.25盎司犹太盐，那么它的体积几乎是精制食盐的2倍，或者说相当于$1^3/_4$小勺。海盐的密度居中，每0.25盎司相当于$1^1/_2$小勺。我并没有在每个配方中都详细地列出各种盐的用量，你如果需要进行换算，请在下页的表格中对照查找。

常见原材料重量和体积对照表

原材料	重量	体积
未增白的高筋面粉或	454 g(16 oz)	$3\frac{1}{2}$ 量杯 (823 ml)
中筋面粉	128 g(4.5 oz)	1 量杯 (235 ml)
全麦面粉	454 g(16 oz)	$3\frac{1}{2}$ 量杯 (823 ml)
	128 g (4.5 oz)	1 量杯 (235 ml)
粗全麦面粉	454 g(16 oz)	$3\frac{3}{4}$ 量杯 (881 ml)
	120.5 g(4.25 oz)	1 量杯 (235 ml)
玉米粉（粗）	454 g(16 oz)	$2\frac{2}{3}$ 量杯 (627 ml)
	170 g(6 oz)	1 量杯 (235 ml)
燕麦片	454 g(16 oz)	4 量杯 (940 ml)
	113 g(4 oz)	1 量杯 (235 ml)
食盐（精制食盐）	28 g(1 oz)	4 小勺 (20 ml)
	7.1 g(0.25 oz)	1 小勺 (5 ml)
食盐（犹太盐）	28 g(1 oz)	7 小勺 (35 ml)
	7 g(0.25 oz)	$1\frac{1}{4}$ 小勺 (8.8 ml)
食盐（海盐）	28 g(1 oz)	6 小勺 (30 ml)
	7 g(0.25 oz)	$1\frac{1}{2}$ 小勺 (7.5 ml)
快速酵母粉	28 g(1 oz)	3 大勺 (45 ml)
	7 g(0.25 oz)	$2\frac{1}{4}$ 小勺 (11.3 ml)
	3 g(0.11 oz)	1 小勺 (5 ml)
活性干酵母	7 g(0.25 oz)	$2\frac{1}{2}$ 小勺 (12.5 ml)
	3 g(0.11 oz)	1 小勺 (5 ml)
砂糖、泡打粉、小苏打	28 g(1 oz)	2 大勺 (30 ml)
	7 g(0.25 oz)	$1\frac{1}{2}$ 小勺 (7.5 ml)
食用油、黄油、起酥油、	227 g(8 oz)	1 量杯 (235 ml)
牛奶、水、大多数液体	28 g(1 oz)	2 大勺 (30 ml)
奶粉（乳固体）	227 g(8 oz)	$1\frac{1}{2}$ 量杯 (352.5 ml)
	28 g(1 oz)	3 大勺 (45 ml)
鸡蛋	47 g(1.65 oz)	1个大号鸡蛋（去壳）
蛋黄	21 g（0.75 oz)	1个大号鸡蛋的蛋黄
葡萄干	454 g(16 oz)	$2\frac{2}{3}$ 量杯 (626.7 ml)
	170.1 g(6 oz)	1 量杯 (235 ml)
发泡酵头（酸面团海绵酵头）、	454 g(16 oz)	$2\frac{1}{3}$ 量杯 (548 ml)
波兰酵头（酵母海绵酵头）	198 g(7 oz)	1 量杯 (235 ml)
固体酵头、意式酵头、	454 g(16 oz)	3 量杯 (705 ml)
中种面团	153 g(5.4 oz)	1 量杯 (235 ml)
蜂蜜、糖蜜、玉米糖浆	28 g(1 oz)	$1\frac{1}{2}$ 大勺 (22.5 ml)

大多数人都知道，1 液盎司水的体积与 1 盎司水的体积是大致相等的，8 盎司的水大约就是 1 量杯。液态食用油和牛奶的密度虽然不完全等同于水，但是差别不是很大，可以按照水的重量和体积的换算标准来计算。

你可能还会注意到，同样是 1 磅重，粗面粉比精制面粉的体积大一些。这是因为粗面粉的颗粒会使面粉相对松散，其中的空气相对多一些。众所周知，空气比大多数物体轻。还有，同样是 1 量杯，不同品牌的面粉的重量也有细微的区别。所以每当有疑问时，不妨直接称称看。面包师的百分比配方通常是按照重量而非体积计算的，因为这样做更加精准。

面粉的种类

面粉是面包的精髓，是面包的心脏和灵魂。小麦是磨成高筋面粉的首选谷物，因为它比其他谷物含有更多的麸质（一类蛋白质）。虽然世界上有许多面包是由小麦以外的谷物磨的粉制作的，还有许多谷物被加到小麦粉中一起制作面包，使做出的面包更具吸引力和营养价值，但是本书中的大多数面包都是用小麦粉制作的，无论小麦是什么品种的或者采用了哪种研磨方法。

小麦麦粒是成熟的小麦种子或者谷粒，它经过不同程度的研磨成为面粉。小麦麦粒主要由3种成分组成，分别是作为外壳的麸皮、含有油脂和维生素E的胚芽，以及富含淀粉和蛋白质的营养基——胚乳，就像鸡蛋由外壳、蛋白和蛋黄组成一样。

无论是全麦面粉、洗筋粉（一次筛选）还是增白或未增白的白色粉心粉（二次筛选），都被称为"100%原材料"，这是相对于其他原材料的比例而言的。在美国，面粉可以根据麸质（来自胚乳）的含量来分类，低筋面粉含有6%～7%的麸质，糕点粉含有7.5%～9.5%的麸质，中筋面粉含有9.5%～11.5%的麸质，面包粉含有11.5%～13.5%的麸质，高筋面粉含有13.5%～16%（较为稀少，但是可以达到）的麸质。麸质的含量由研磨面粉所使用的小麦的品种决定。小麦可以分为硬质小麦和软质小麦、红小麦和白小麦、冬小麦和

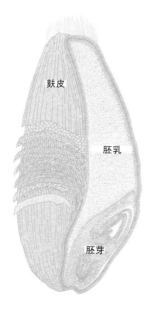

春小麦，不同品种的小麦有不同的特性，研磨的目的是将不同品种的小麦混合成满足面包师需求的面粉。

欧洲使用其他的标准对面粉进行分类，通常用灰分含量（和纤维含量相关）或者延展性的数值来表示。例如，法国的55号面粉是标准的法棍面粉，它的灰分含量适中，延展性（和弹性相对，参见第60页的"延展性、弹性和耐性"）很好。现在，有些法式面包使用65号面粉，这种面粉的灰分含量更高，类似于美国面包师所谓的洗筋粉，因此烘焙出的面包口感更加朴实，看上去更有小麦的色泽。

专业的面包师常用洗筋粉和粉心粉制作精白面粉。与之相对的是全麦面粉，它保留了小麦麦粒的所有成分。洗筋粉是经过一次筛选的面粉（将麸皮和胚芽除去），仍然保留了一些来自麦粒外胚乳的较细的麸皮纤维，因此比较粗糙，灰分含量较高。这种面粉通常由非常坚韧的高蛋白小麦磨成，在一般的市场中很难买到，但是它对专业面包师而言是非常珍贵的，常用于制作黑麦面包，也可以用于制作全麦面包和高纤维面包。

粉心粉有时也叫"二次面粉"，是经过二次筛选的面粉，因此只保留了小麦麦粒纯净的内胚乳（或者说是白色的内瓤）。这类面粉是最纯净的，在商店中分为增白和未增白的中筋面粉、糕点粉、面包粉或者高筋面粉出售。

选择面粉是面包师面对的集趣味性和挑战性于一体的难题之一，有时也是不同的面包师烘焙的产品的区别所在。手工面包师对于挑选面粉的激情不亚于挑选配方，

如今许多专业面包师与一些进行小规模生产的农民联系，希望他们种植特定品种的小麦，以便磨出的面粉能够达到欧洲面粉的标准。这是面包运动中最令人兴奋的方面之一。不过，这对家庭烘焙者来说还很难做到的，他们只能从当地受欢迎的面粉厂——如开展面粉定制业务的"亚瑟王面粉"或者俄勒冈的"鲍勃的红磨坊"——买到想要的面粉。面粉的供应无疑会随着需求的增长而增长。同时，如果你在当地的一家面包房遇到了自己真正喜爱的面包，就向面包师询问制作这种面包的面粉的名称，看看能否从面包房买一些。

虽然家庭烘焙者能够选择的面粉种类相对有限，但是，只要你使用了配方要求的面粉，烘焙出的面包也不会太差。本书中的面包可以用任何品牌的、能够买到的面粉制作，在大多数情况下甚至可以用中筋面粉制作。由于面粉品牌不同，面团的吸水能力也会不同，按照同一配方做出的面包会有所区别。一个普遍的原则是：面粉中蛋白质（麸质）的含量越高，面团的吸水性就越好，需要搅拌的时间也就越长。但是，因为不同的面粉会有细微的区别，比如灰分含量、蛋白质比例和不同小麦的特定混合比例会有不同，所以我们要再次强调"感觉"的重要性。例如，我感觉"亚瑟王"的未增白中筋面粉能够媲美"金牌"面包粉（也叫"丰收王"，市场上将其定位为比较适合制作面包的面粉）。

为什么要使用未增白的面粉？

虽然使用增白面粉也可以制作出很好的面包，但是我们仍然倾向于使用未增白的面粉。未增白的面粉含有 β-胡萝卜素(我们从维生素 A 里摄取的物质)，它能够使面粉呈淡黄色。然而，由于在烘焙过程中，面粉的营养价值会逐渐降低，我们选择含有 β-胡萝卜素的面粉的真正原因是它能够

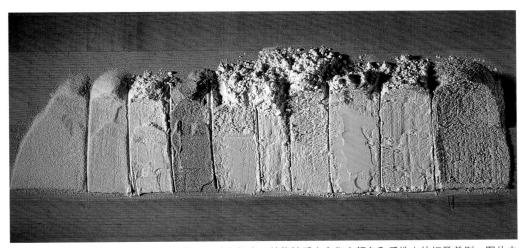

当把不同品种的面粉一种挨一种地排开时，我们很容易就能够看出它们在颜色和质地上的细微差别。图片中的面粉，从左至右分别是玉米粉、粗粒杜兰小麦粉、优质杜兰小麦粉、含麸皮的黑麦粉、无麸皮的黑麦粉、增白的低筋面粉、未增白的糕点粉、未增白的高筋面粉、洗筋粉和全麦面粉

使面包的香气和味道更佳；它还能够改善面包的颜色，使面包心呈现奶油色，这种颜色比纯白色更能引起人们的食欲。通过闻味道和品尝，我们很容易分辨出面包是由增白的还是未增白的面粉制作的。在我们努力挖掘小麦全部味道的过程中，调动各种感官至关重要。面粉作为面包师数学公式中的 100% 原材料，是我们控制面包味道的主要因素。

制作普通面包，如法棍和其他法式、意式、维也纳式普通面包（French, Italian, and Vienna-style bread），通常使用未增白的面粉，因为这些面包的味道全部由小麦的品质以及面包师的发酵和烘焙技术决定。制作营养面包，如普尔曼面包（pullman）、哈拉（challah）、普通三明治面包（general sandwich）以及软餐包（soft dinner roll），如果使用未增白的面粉，面粉的优势多多少少会被脂肪、鸡蛋和牛奶这样的营养物质消减。但是，如果你只有增白的面粉，又想制作法棍或者其他的普通面包，那就尽管去做吧！当产生疑问的时候，请牢记我的家庭烘焙黄金法则：无论结果怎么样，面包都会很受欢迎。

由于以上原因，本书配方中的面粉特指未增白的面粉。在大多数情况下，如今几乎所有的面包粉都是未增白的（也有一些品牌的面粉是增白的，因此请阅读产品标签来确认）。中筋面粉既有增白的，也有未增白的，都很畅销。高筋面粉蛋白质含量约为 14%，在超市中很难买到，但是可以通过专门的渠道购买或从天然食品超市中购买。对某些面包来讲，使用这种更加强劲的面粉的确会有不同的效果，但是如果你买不到，也可以用面包粉代替。（你也可以请自己喜爱的面包房卖给你一些高筋面粉。）

全麦面粉

全麦面粉含有带油脂的小麦胚芽，最好在几个月内用完。室温下储存时，它可以保存好几个月；天气较热的时候，你可以将它密封好，放在冰箱的冷藏室或冷冻室中保存。面粉的研磨类型——普通、中等或粗粒——在一些配方中有详细说明。如果没有特别说明，你可以使用普通研磨的面粉；要想获得更好的口感，你可以将普通研磨的面粉和中等或者粗粒研磨的面粉混合起来使用。

为什么使用快速酵母粉？

我选择快速酵母粉的原因非常简单：它比鲜酵母或者活性干酵母的浓缩程度更高，保存时间更长，并且可以直接加入面粉而无须提前溶解。老式烘焙原则都会要求烘焙者按需要使用酵母，不可以超量使用。由于生产工艺和包装技术的不同，快速酵母粉的浓缩程度更高。同样是 1 小勺，快速酵母粉中的活性酵母菌比活性干酵母中的活性酵母菌多 25%；和等量的新鲜压缩酵母相比，它的活性酵母菌的数量是前者的 3 倍（300%）。虽然有些快速酵母粉被称为快速发酵粉，但是其强大的发酵潜能需要慢慢地被唤醒。在多数情况下，我认为这是一种优势（慢一些更好，在操作过程中你就会明白了）。和其他种类的酵母一样，当快速酵母粉的活性被唤醒时，酵母菌就会开始工作，消化糖类，制造副产品——二氧化碳和乙醇（酒精）。决定发酵速度的是活性酵母菌的数量、周围的温度和面团环境（酵母菌需要 3 个条件才能生长：食物、温暖的环境和一定的湿度）。快速酵母粉很容易买到，使用起来也很简单，在每个配方中的用量也是最小的（通常，它的用量大约占面粉重量的 0.66%，而新鲜压缩酵母的用量占面粉重量的 2%）。

和活性干酵母一样，快速酵母粉可以储存在密封容器中，在冰箱里保存几个月也不会失去活性。而鲜酵母由于含水量比较高，其活性在 2 周后就会下降，在 4 周内就会彻底衰退。我在配方中默认使用的是快速酵母粉，但是，正如你在第 52 页中看到的那样，用其他种类的酵母代替也可以。无论你使用哪种酵母，都要将它保存在密封容器中或者用保鲜膜密封好。

水

氯气的气味会在面包烘焙结束后消失，因此，只要你家的自来水达到了饮用标准，你就不必考虑使用昂贵的瓶装水。通常，我建议大家在水龙头上安装过滤器，因为自来水的整体质量在下降，很容易被污染，或者有浓郁的氯气的气味。但即使是这样，所有微生物在烘焙过程中也都会被杀死，氯气的气味也会消失。

和许多纽约人一样，我并不认为谁的贝果因为使用了更好的水而变得更好吃。纽约的水质确实很好，但是这也不会让贝果的味道变得更好。如果你按照本书的配方制作贝果（第 101 页），你也会同意我的观点。

手工和面、电动搅拌机、面包机和食物料理机

本书中多数配方都提倡手工和面或者使用电动搅拌机和面，或者将这两种方法结合起来。你在"和面"部分可以看到（第 43 页），和面的方法对结果的影响并不太大，所以你可以自由选择。

我通常选择手工和面，因为我喜欢和面团打交道。本书的目的之一是帮助你培养一种难得的能力——感受面团。因此，我建议，只要有条件就手工和面。许多人都不太喜欢和面，这意味着他们无法感受面包烘焙过程中最快乐的部分。无论是用手还是机器，和面的时间都取决于你的节奏，这两种方法花费的时间不会相差太多（或许手工和面会多用一两分钟）。

现在，许多人都有"厨宝牌"或者其他品牌的带有钩形头和桨形头的台式搅拌机。标准大小的"厨宝牌"搅拌机或其他类似的搅拌机适用于本书中的多数面包配方，但也有例外。对于那些不适用的，书中都配有手工和面的说明，或者配有使用像"神磨"这种较大机器的说明。

我完全没有抵制面包机的想法，实际上，我很喜欢它。但是，使用面包机的时候，你就不得不放弃复杂的配方，只能做简单的面包。通常，一台容量为 1 磅的机器能够处理用 2 量杯面粉制作的面团，而一台容量为 $1\frac{1}{2}$ 磅的机器通常能够处理用 3 量

杯面粉制作的面团。现在，有些人用面包机和面和发酵，再手工将面团分割、整形，最后用传统的烤箱烘烤。这样使用面包机再好不过了，因为你可以根据自己的喜好为面包整形。

许多家庭烘焙者发现，多数面团都可以用食物料理机处理，效果也不错。在第47页，你会读到食物料理机和面的操作指南。如果面团特别适宜用食物料理机处理，我会在配方后的说明中指出。

温度计

我强烈推荐你在烘焙的时候使用速读食品温度计（有时称作测温器），任何品牌的都可以。你需要用它来查看原材料、面团和烘焙好的面包的温度。本书在所有配方中都提到了温度，就算你最终能够凭感觉来判断温度，也需要边看温度计的显示边实际触摸一下，以便培养对特定温度的感觉——掌握这种能力是非常重要的。要保证温度计是经过精确校准的，或者在使用前遵照包装上的说明进行校准。

整形和醒发工具

在克雷格·庞斯福德于1995年在巴黎赢得面包制作世界杯比赛后不久，我带领我的学生来到他位于索诺玛县的手工面包房进行实地考察，那时我还在北加利福尼亚州任教。我的一名学生注意到这位面包师只有为数不多的几十个法式发酵篮——这种弯曲的柳木筐可以在醒发阶段帮助面包定型，但他却拥有上百个小藤条筐，就

是那种在餐厅里用来盛放餐包或饼干的小筐子。那名学生问克雷格，为什么使用这种小筐子而不使用真正的发酵篮进行醒发。克雷格双手分别拿了一个发酵篮和一个藤条筐说："每个发酵篮的批发价大约为14美元，零售价则高达30美元，而这些藤条筐只要1美元。它们都能完成任务，你可以算一下。"

不可否认，发酵篮比藤条筐要结实得多，使用起来也舒服得多，但是价格也高得多。和面包烘焙的其他许多工序一样，如果没有专业的烘焙工具，我们可以用比较便宜的常用工具临时凑合一下。

如果没有专业的发酵篮，你可以使用不锈钢或者玻璃材质的搅拌碗，如第30页所示。搅拌碗的大小根据面包的大小而定，

用藤条编织的、内衬软棉布的小发酵篮

我们大多数配方做出的都是 $1 \sim 1\frac{1}{2}$ 磅的面包，因此搅拌碗不必太大。不过，搅拌碗的容积必须是面团体积的 2 倍，这样面团才不至于在发酵变大以后溢出。

发酵布也一样。许多面包店都使用亚麻布包裹面团，如果不想按照"面包师目录"（参见第 283 页的"资料来源"）购买或者从烘焙用品商店购买厚重耐用的专业发酵布，你可以用一块闲置不用的白色桌布或者一个旧枕套代替。为了防止粘连，在包裹面团之前，在布的表面喷少许油，再撒上面粉。把面团放在布上以后，将每块面团之间的布提起来一点儿，使其像墙一样把各块面团隔开，然后用另一块布或者保鲜膜盖住面团。

处理较软的面团时，发酵布的作用很大，因为它能够形成"墙壁"，防止面团向两边扩展或者变扁。大多数在发酵布上醒发得很好的面团在烤盘上表现得也很出色——烤盘内应该铺好烘焙纸，喷好油，撒上玉米粉或者粗粒小麦粉。最后，在面团上松松地盖上保鲜膜，或者将面团连同烤盘一起小心地放入食品保鲜袋。这种保鲜袋通常是透明或半透明的，专门用来储存食品，不含对人体有害的化学成分。那些发亮的、乙烯基材质的垃圾袋是不能盛放食物的，虽然很多人都这样做。

利用这样一些基本工具——喷油壶是其中之一——你可以在烘焙方面省下不少钱。你也可以将自己的厨房从内到外都配备上专业工具，大部分工具对现在的家庭烘焙者来说都是可以买到的了。正如克雷格·庞斯福德所说："你可以算一下。"

烘焙纸和硅胶烘焙垫

另外一种我经常使用并强烈推荐的工具是烘焙纸。但是，我并不喜欢成卷的烘焙纸，因为它很容易卷起来，裁剪也不方便。我比较喜欢使用裁剪好的烘焙纸，这种烘焙纸现在随处可见，在烘焙用品商店就可以买到（或者从你喜欢的面包店购买一些）。如果用在家用烤盘中，一张烘焙纸可以裁成两张来用（家用烤盘通常是专业烤盘的一半大）。

许多人都不知道，其实烘焙纸是经过硅处理过的，这使得它区别于上过油或者上过蜡的纸。硅被加热到大约 71 ℃才会和与其接触的物体分离，因此，如果你想移动上面的面团，最好先在烘焙纸上喷

文卫准备了一块发酵布，用来醒发乡村面包的面团

油。通常，你还需要撒上玉米粉或者粗粒小麦粉，这样做除了便于移动面团外，还可以提升面包出炉时表面的质感。这不是必需的，也不是说只有在制作特定的面包时才需要这样做，但是确实会使炉火面包（hearth bread）的底部更加漂亮。

烘焙纸最大的优点之一是，你可以直接将它和上面的面团滑到烤箱中的烘焙石板上，而不必把醒发的面团从烤盘中拿起来，这样就减少了面团在最脆弱的时候遭到损坏的可能。

现在，许多家庭烘焙者都在使用经过硅处理的橡胶垫——硅胶烘焙垫。在烘焙那些需要直接在烤盘上烘烤的面包时，它非常有用。但是我从来没有用过它，因为直接在滚烫的烘焙石板上加热有可能使硅熔化或者使烘焙垫过早老化。烘焙垫的最大好处是可以重复使用。

临时用来醒发的碗

（A）在不锈钢搅拌碗或者玻璃搅拌碗中喷油，然后垫上餐巾、布头或者光滑的毛巾（不要使用绒布的）作为发酵布。在布上喷油，然后轻轻地撒上面粉。（B）将面团放在碗中，有接缝的一面朝上，在面团上喷油。（C）用多出来的布边或另一块布将面团盖住。（D）准备烘焙面包之前，轻轻地将碗翻过来，把面团倒在事先撒了粗粒小麦粉或者玉米粉的长柄木铲或烤盘中，小心地揭去发酵布，然后进行割包和烘焙。

"七星面包房"的大圆面包
就是使用法式发酵篮（右
图）醒发的，发酵篮在面包
上留下了独特的花纹

为什么喷油的效果最佳?

在面团上喷一层油能够防止面团在烘焙前粘在保鲜膜或者其他覆盖物上，当然也便于在烘焙完成后将面包和烤盘分离。我喷的油比我知道的任何人喷的都多，但是这样做确实能够使烘焙变得轻松许多。无论你选择什么品牌的——有些是纯植物油，有些可能含有使锅不粘的可食用添加剂——都应该在厨柜中准备一罐喷油，因为本书中的所有配方都或多或少地需要用到它。你也可以将植物油或者橄榄油放在加压的打气筒式厨房喷雾器中，自制一罐喷油。喷油的主要优势是你可以使用最小的量来达到最好的分离效果，如果你不用喷的方式，也可以用毛刷或者纸巾轻轻地刷上油。

烘焙石板

我强烈建议使用烘焙石板来烘烤本书中的多数面包，因为石板的保温效果比烤盘好，能使面包受热更加均匀，面包的表皮更加酥脆。和运用第 81 ~ 82 页中描述的双重蒸汽技术一样，使用烘焙石板也是家庭烘焙者获得炉火烘焙效果的最佳方法。

我喜欢厚的长方形石板，它现在可以从多数家居用品商店或烹饪用品商店中买到，这种石板比薄的圆形比萨石的保温时间更长。在使用烘焙石板前，多数人使用未上釉的方砖，效果也不错，只不过它容易打滑，受潮以后容易断裂。你如果已经在烤箱中装好了方砖，并且用起来感觉不错，那么也可以继续使用。使用的诀窍在于将面团放入烤箱之前，要让石板（或方砖）变得越热越好，所以在预热烤箱的时候，一定要确保它已经就位了，有 45 分钟的预热时间来使它变得和烤箱一样热。我通常会将其加热到比实际需要的温度高出 10 ℃ 甚至 38 ℃，以弥补在产生蒸汽和打开烤箱门的过程中的热量流失。蒸汽作用结束后，我会重新将烤箱设定到需要的温度。

由于每台烤箱的烘焙能力不同，你必须准确判断烘焙石板在烤箱中的最佳摆放位置。有些人喜欢将它放在烤箱的底部，有些人则将它放在中间某一层的烤架上。我通常把它放在电烤箱的下 $\frac{1}{3}$ 区，这样既能给较高的面包留出膨胀空间，也能使烘烤更加均匀。

如果你想要制作炉火面包但是又没有烘焙石板，可以将普通的烤盘翻过来，把它当作烘焙板。只需简单地将烤盘滑入烤箱中普通的烤架上，就可以开始准备制造蒸汽了。（注：我们还有一个新选择——烤板，它现在很容易买到。烤板是一种硬实的钢板，烘焙效果甚至优于烘焙石板，但同时，它也贵一些。和石板不一样的是，它不会破裂。详情参见第 285 页。）

烤箱

任何两台烤箱的烘焙效果都不会是一模一样的，因此所有的烘焙时间都只是根据传统的热辐射烤箱定的大概的数值。在烘焙期间，为了使面包受热均匀，基本上都需要将面包翻转 180°。如果你使用的是木火加热的烤炉，那么任何事情都可能发生，你会比我更清楚需要烘焙多长时间。如果你使用的是对流式烤箱，我建议根据风的强度将温度适当调低 14 ~ 28 ℃，同时将烘焙时间减少 10% ~ 20%。

发酵温度和醒发温度

当你开始制作本书中的面包时，你会注意到几乎所有的面包都是在室温下发酵和醒发的，不需要特意放在温暖的地方。对手工面包师来讲，室温已经足够了。温度每升高 8 ℃，酵母菌的发酵速度就会增加 1 倍，直到温度过高（约为 60 ℃）而失去活性。大多数情况下，发酵速度越慢越好。面包在 32 ℃ 的商用发酵箱中需要发酵 1 小时，在 23 ℃ 的室温下需要发酵 2 小时，但在这多出来的 1 小时中，更多的味道会通过面团内部看不见的有机反应从面粉中释放出来。

此外，你如果确定自己有能力控制发酵过程，而且有理由加快或者减慢发酵速度，完全可以灵活操作。（第 77 页提供了在家中自制醒发箱的一些建议。）

面包师的数学公式

专业面包师将配方看作公式，也就是说，他们更相信原材料的比例，而非用量杯和勺子测量时的具体数值。称重量比测体积精确得多，但是更为重要的是，各种原材料的比例关系揭示了一种模式，面包师能够根据这种模式发挥创造力并控制最终的成品质量。家庭烘焙者并不习惯从数学的角度来思考（我的全日制学生也尝试了这种方法，但没有成功），但是我可以向你保证，从数学的角度思考能够提高你对烘焙结果的掌控能力。书中的面包师的百分比配方就是为了达到这个目的而设计的，每一个配方都可以在保持原材料比例不变的情况下根据所做面包的大小调整原材料的用量；在面包大小确定的情况下，也可以通过调整原材料的比例来优化配方。

要想理解面包师的数学系统，首先要知道所有的原材料都是根据面粉总重量（TFW）进行计算的。TFW 相当于100%，其他所有原材料的比例都是根据这个数值计算出来的。例如，面粉的重量是 1 磅（1 磅 =16 盎司），食盐的重量是0.25 盎司，食盐相对于面粉的百分比便是用食盐的重量除以面粉总重量再乘以 100 得出的（$0.25 \div 16 = 0.0156 \times 100 = 1.56\%$）。

一位有经验的面包师知道食盐通常占面粉总重量的 1.5% ～ 2.5%，因此，1.56% 这个数值表明食盐的比例在合适的范围之内。

水和其他液体在特定种类的面包中占的比例也有一定的标准。例如，法式面包、三明治面包或者餐包的含水量为55% ～ 68%，夏巴塔和佛卡夏（focaccia）的含水量为 68% ～ 80%。举例来说，制作一根法棍需要 2 磅（TFW）面粉，水的重量大约占 60%，也就是 2×0.60=1.2 磅。把磅换算成盎司，水的重量就是 16×1.2=19.2 盎司。为了检查计算是否准确，我们可以用 19.2 盎司除以 32 盎司（2 磅），结果正是 0.60，也就是 60%。这个计算方法对于公制重量单位（如克）同样有效。事实上，对那些习惯以克为重量单位的人来说，面包师的数学公式的确更加简单和直观，甚至更精确，因为 1 克比 1 盎司（28.3495 克）甚至 0.25 盎司（约 7 克）小。

下面是其他需要熟记的原则。

■ **面粉总重量（TFW）**指的是配方中所有面粉的重量，因此，如果将白面粉和全麦面粉混合，那么两种面粉的总重量就算作 100%。例如，如果配方需要 1 磅高筋面粉和 4 盎司黑麦粉，那么面粉总重量是1 磅 4 盎司（1.25 磅），这是和其他所有原材料重量进行比较的总重量。如果还需要酵头的话，它会比全部的面粉重。例如，有些配方需要 1 磅面粉和 1.66 磅波兰酵头，用 1.66 磅除以 1 磅，得到的是 1.66，也就是 166%。

■ **配方的总百分比（TP）**不是 100%，只有面粉的重量是 100%。每一个配方都会根据原材料的重量得到一个不同的总百分比，其数值大于 100%。

■ **如果一个配方中只有百分比，没有重量**，那么只要你知道所需面粉的总重量，就可以计算出每一种原材料的重量。

例如，举办一次聚会你一共需要 10 磅（TW）经典法式面包，它的百分比配方是面粉 100%、水 60%、食盐 2% 和鲜酵母 2%。因此，配方的总百分比（TP）是 164%。下面是你计算出每一种原材料重量的方法。

首先，用总重量（TW）除以总百分比（TP），即用 10 磅除以 164% 或者 1.64，以此来计算出所需面粉的总重量（TFW），得出的结果是 6.097 磅，或者用 6 磅加上 1.55 盎司（0.097×16）。为了使计算更加简便，或者打出一些富余，我们将其四舍五入成更容易计算的数值——如 6.25 磅（6 磅 4 盎司），用它作为面粉的总重量。（通常把数据进行简化比较好，面团多了比少了好。）

接着，我们计算出水的重量，即 6.25×60%=3.75 磅（3 磅 12 盎司）。

用同样的方法计算出酵母和食盐的重量（6.25×2%=0.125 磅，或 0.125×16=2 盎司）。

现在，配方变成了：

6 磅 4 盎司面粉

3 磅 12 盎司水

2 盎司食盐

2 盎司酵母

上述总重量为 10 磅 4 盎司，其中有 4 盎司是我们打出的富余（余量）。

随着你越来越熟悉第 38 页提到的面包种类，这个数学系统会变得越来越有用，尤其是在你想要控制面包的味道、口感或要找出烘焙存在的问题时。举例来说，如果你烘焙的餐包太硬了，脂肪含量只有 6%，而你希望将脂肪含量增加至 10%，那么可以用面粉的总重量（TFW）×10%。或者你认为面团发酵的速度太慢了，酵母的比例只有 2%，那么在适当范围内，你可以通过计算将酵母的用量增大至 3%。如果面包的味道过咸，你通过计算发现食盐占了 3%，那么便可以自信地将盐的比例减至 2%。（补充说明一下，在专业的面包房中，酵母通常指的是新鲜的压缩酵母。如果你使用的是快速酵母粉，如同本书中的配方，那么你需要将比例减至鲜酵母的 $\frac{1}{3}$；如果你使用的是活性干酵母，那么你需要将比例减至鲜酵母的 $\frac{1}{2}$。同理，如果配方需要快速酵母粉，而你只有活性干酵母的话，你需要将活性干酵母的用量增大至快速酵母粉的 125%。）

刚开始的时候，这个数学系统有可能使你感到迷茫。领会并学会使用面包师的百分比系统需要实践，但是，即使是初步的理解也会提高你的面包烘焙技术。你只需要记住这些基本数学公式：

TFW（面粉总重量）=TW（总重量）÷TP（总百分比）

（面粉总重量等于总重量除以总百分比）

IW（原材料重量）= IP（原材料百分比）×TFW（面粉总重量）

（原材料重量等于原材料百分比乘以面粉总重量）

IP（原材料百分比）= IW（原材料重量）÷TFW（面粉总重量）×100%

（原材料百分比等于原材料重量除以面

粉总重量，再乘以 100%）

为了解释这些概念，我们一起来看下面这个大师级的面包配方（它可能在我的课堂上出现过，是本书中使用的公式的变体）。这款面包是一种标准的长方形三明治白面包，被法国面包师称为面包心（pain de mie），有时被美国面包师称为普尔曼面包。这个配方需要 10 磅面团。（第 256 页的配方根据家用小号搅拌机的容量进行了调整。）在这个例子中我们以磅和盎司为单位，但以克为单位同样有效（所有配方都提供了相应的公制单位数值）。

在这次练习开始以前，我想请大家记住：知识就是力量，无论在生活中还是在烘焙中，它都会对结果产生影响。因此，我鼓励大家投入到学习中，这既是一个"充电"的过程，也是一个享受烘焙的过程。

显而易见，在这个配方中，起酥油（脂肪）占面粉总重量（注意，面粉总重量为 100%）的 8%。这个数字告诉我们，这种面包属于营养面包（第 38 页），尤其是它还含有牛奶（奶粉）、糖和鸡蛋。配方中食

盐占面粉的 2%，鲜酵母占 3%，这些比例对这个品种的面包来讲恰到好处，但是 3% 的酵母含量表明面团的发酵速度会很快（法式面包中的酵母通常只占面粉的 2%）。这种比例的面团几乎不会塌陷或产生长时间的循环发酵，这意味着这种面包制作起来非常迅速并且十分容易，它的味道更多来自其中的原材料而非发酵的过程。添加了营养原材料的面包会变得比较松软，容易咀嚼。鸡蛋、牛奶和糖给面包增加了蛋白质、脂肪和甜味，这意味着面包容易焦化。和普通的法式面包相比，它需要的烘焙温度较低。普通的法式面包没有加入任何糖分或者营养原材料，所以它变成棕色（焦化）的速度比较慢，因此需要比较高的烘焙温度。

水占面粉总重量的 58%（还要加上鸡蛋中的水分——鸡蛋的含水量为 75%，所以鸡蛋中的水分占面粉总重量的 3%）。这个数字说明普尔曼面包的含水量在正常的范围之内，口感不会粗糙也不会太硬，面团应该发黏但不粘手，只需要撒少许干粉

普尔曼（白）面包（pullman white bread）

原材料	重量	体积	百分比（%）
高筋面粉	5 lb 4 oz	18$\frac{1}{3}$ 量杯	100
食盐	1.5 oz	2 大勺	2
砂糖	8 oz	1 量杯	8
奶粉（固体）	5 oz	$\frac{2}{3}$ 量杯	6
酵母（新鲜）	2.5 oz（快速酵母粉需要 0.88 oz）	必须进行称重（3$\frac{1}{2}$ 大勺）	3（1）
鸡蛋	4 oz	2 ~ 3 个大号的	4
起酥油	8 oz	1 量杯	8
水	3 lb	6 量杯	58
总计	10 lb		189

注：使用一个容积为 20 夸脱的搅拌机，将所有的原材料低速搅拌 2 分钟，然后用 2 挡的速度搅拌 6 ~ 8 分钟或者直到面团成形，温度大约为 27 ℃。按照第 40 页的"面包烘焙的 12 个步骤"操作。

就很容易处理。

在发酵的最初阶段（可能在 $1 \sim 1^1/_2$ 小时内），面团的体积会增大 1 倍，发酵快慢取决于周围的温度。一旦发酵完成，我们就应该马上对面团进行分割、揉圆、静置和整形，这样它可以进行最后的发酵（也就是醒发），这也需要 $1 \sim 1^1/_2$ 小时。之后，我们把面团放在 177 ℃的烤箱中进行烘焙，直到面包皮焦化，内部蛋白质凝结并形成一种独特的麸质网，淀粉呈胶状。把面包从烤箱中取出时，它内部的温度应该为 85 ~ 88 ℃，整体饱满而轻盈，表面的蛋白质受过轻微烘烤。这种面包应该搭配其他调味品或者食物，如黄油、果酱或三明治馅料一起食用，它的味道让我们很难抗拒，糖带来的甜味比面粉带来的甜味更加浓郁。（这与法式面包不同，法式面包的甜味全部来自天然谷物的糖分。）

请再次参照普尔曼面包的配方，看一下百分比那一栏，尽量把握每一种原材料和面粉重量的比例关系。请注意我们计算面粉重量的方法：用所有原材料的总重量（10 磅）除以配方的总百分比（189% 或 1.89），然后将答案取整为 5 磅 4 盎司。

面包师的百分比配方说明

用百分比的形式来表示配方有两种方法。第一种方法——即本书使用的主要方法——只计算最终面团中面粉的重量，并以此作为面粉的总重量（TFW），算作 100% 原材料。如果使用这种方法的话，酵头的重量并没有被算作面粉总重量（TFW）的一部分。第二种方法是将酵头中的面粉和最终面团中的面粉的重量相加，作为面粉的总重量（TFW）。这两种方法都可行，各具优势和劣势。

第一种方法最大的优势是将酵头看作独立的原材料，单独计算它在最终面团中所占的比例，我们称这种配方为最终面团配方。这种方法适用于用波兰酵头、意式酵头、中种面团以及天然酵母（酸面团）酵头制作的面包，因为这些酵头可以根据实际需要的用量来制作。这种方法的缺点在于其他原材料和面粉的比例不精确，或者说与总面团配方中的比例不一致。例如，波兰酵头中的面粉的重量应该属于实际面粉总重量的一部分，但在最终面团配方所列的面粉总重量（TFW）——即 100% 原材料中，它并不包含在内。再例如，在夏巴塔的配方中，意式酵头（或者波兰酵头，用哪一种取决于你选择的配方）是作为一种单独的原材料被列出来的，但实际上其中的面粉的重量属于面粉总重量（TFW）的一部分。

第二种方法的主要优势是将所有的酵头看作最终面团的一部分，使我们能够看出每种原材料的重量与面粉总重量的比例，我们称这种配方为总面团配方。在一些使用速发酵头的特定配方中，比如在贝果、布里欧修、意大利复活节面包（casatiello）和史多伦（stollen）的配方中，这种计算方法显得更加科学。这种速发酵头通常被称为海绵酵头，最终面团就是在它的基础上产生的。通常，在使用海绵酵头快速发酵的面团中，所有的酵母和大多数液体在发酵时只与部分面粉混合。这种方法的缺点是，在计算时，一些原材料（如面粉，或许还有水和酵母）在百分比配方中是被分别列出来的，而且出现不止一次，这样会让人感觉很困惑。

在之后每个配方的原材料表中，我会列出每种原材料的烘焙百分比作为最终面团配方的一部分。在使用波兰酵头、意式酵头或天然酵母（酸面团）酵头的配方中，我还会单独列一个总面团配方，将面粉和水从酵头中分离出来（以第 90 ~ 93 页的酵头配方为基础），并将其重量作为面粉总重量的一部分来计算比例。

面包的种类

我们有很多种面包分类方法，你可以在第 38 ~ 39 页的表格中看到。例如，一种方法是将面包按照面团的含水量分为 3 类，分别是硬面团面包〔如贝果和椒盐卷饼（pretzel），含水量为 50% ~ 57%〕、标准面团面包（如三明治面包、餐包、法式面包和其他欧式面包，含水量为 57% ~ 68%）和乡村面团面包（如夏巴塔、比萨和佛卡夏，含水量高于 68%）。所有面包都可以被划分到上述 3 类。

我们也可以按照面包的硬度和营养程度分类。普通面包含有非常少的脂肪，甚至不含脂肪或额外的营养成分，如法式面包、意式面包、酸面团炉火面包（sourdough hearth bread）和贝果。营养面包含有一些脂肪、乳制品、鸡蛋或者糖，它们足以使面包软化，并且增加一定的甜味。这类面包包括大部分三明治面包、软餐包和辫子面包，如哈拉。浓郁型面包所含的脂肪占面粉的比例大于 20%，如布里欧修、一些节日面包、甜餐包和甜面包。这类面包还可以进一步划分出一个子类，叫作分层面包，包括可颂、丹麦酥、松饼（puff pastry）以及一些饼干（biscuit）和派（pie），它们的脂肪含量都非常高，脂肪经过一系列折叠隐藏在多层面团中。这类面团在烘焙时会膨胀，形成松脆的质地。

扁平面包是很大的一类面包，包括经过发酵的和未经发酵的面包，它们的首要特征是比较扁。这类面包包括比萨、佛卡夏、脆饼（cracker）、犹太逾越节薄饼（matzo）、亚美尼亚脆饼（lavash）和墨西哥薄饼（tortilla）等。它们酥脆、松软而富有层次，口感根据种类的不同而有所区别。这类面包的面团含不含脂肪均可，其中也可以添加营养成分。

还有一种分类方法是将没有经过预发酵（只经过一次发酵）的面包归为一类，所使用的面团称为直接面团。与之相对的是经过预发酵的面包，所使用的面团称为间接面团或者酵头面团。

最后，我们还可以将面包分为人工酵母面包、天然发酵面包（用天然酵母或酸面团发酵）以及未经酵母发酵的面包（可以用也可以不用泡打粉或小苏打进行化学发酵）。快速面包就属于最后一类，这类面包可以再细分为墨西哥薄饼、饼干、麦芬（muffin）和派。

在本书中，我们会遇到各种面包，因此有必要对它们进行分类，这对烘焙很有帮助。如果掌握了这些知识（包括面包师的数学公式），那么无论你是家庭烘焙者还是专业面包师，都能自信地根据不同的搭配形式创造出无数的配方。

面包的分类

右侧的表格列出了本书中出现的所有面包。由于分类方法不同，一种面包可以属于多个类别，因此我们需要纵观全局，从而看出各类面包的相同点和不同点。这个表格能够帮助你更好地了解并且控制烘焙过程。下面是面包分类的一些重要指标。

硬面团面包： 面团的含水量为50%～57%；非常硬、干燥、光滑、不黏。

标准面团面包： 面团的含水量为57%～67%，发黏但不粘手、较软。

乡村面团面包： 面团的含水量为68%～80%，潮湿而且很黏。

普通面面包： 添加少量甚至不添加脂肪或者糖分，较硬。

营养面包： 脂肪含量不高于20%，可能含有糖分、牛奶或者鸡蛋，软硬适中。

浓郁型面包： 脂肪含量高于20%，可能含有糖分、牛奶或者鸡蛋，较软。

扁平面包： 可以是经过发酵的或者未发酵的，酥脆或者松软均可，总之比较扁。

直接面团面包： 没有经过预发酵的面包，混合过程只有一步（这种制作方法也称作直接面团法）。

间接面团面包： 使用人工酵母、天然酵母或浸泡液制作的酵头进行预发酵的面包（这种制作方法也称作酵头发酵法）。

人工酵母面包： 使用任何种类的人工酵母（快速酵母粉、活性干酵母或新鲜压缩酵母）发酵的面包。

天然酵母面包： 只使用天然酵母酵头发酵（也称作天然发酵或酸面团发酵）的面包。

混合发酵面包： 用天然酵母酵头和人工酵母混合发酵（这种发酵方法既保留了天然酵母酵头的味道，又不会使发酵速度变得很慢）的面包。

化学发酵面包： 使用化学发酵剂（泡打粉或小苏打）发酵的面包。

名称	硬面团面包	标准面团面包	乡村面团面包	普通面包
安纳德玛面包（Anadama Bread）		X		
希腊宗教节日面包（Artos）		X		
贝果（Bagels）	X			X
布里欧修（Brioche）		X		
意大利复活节面包（Casatiello）		X		
哈拉（Challah）		X		
夏巴塔（Ciabatta）			X	X
肉桂面包卷（Cinnamon Buns）		X		
肉桂葡萄干核桃面包（Cinnamon Raisin Walnut Bread）		X		
玉米面包（Corn Bread）				
蔓越莓核桃节日面包（Cranberry-Walnut Celebration Bread）		X		
英式麦芬（English Muffins）		X		
佛卡夏（Focaccia）			X	
法式面包（French Bread）		X		X
意式面包（Italian Bread）		X		
恺撒面包（Kaiser Rolls）		X		
亚美尼亚脆饼（Lavash Crackers）	X			
低脂全麦面包（Light Wheat Bread）		X		
大理石黑麦吐司（Marbled Rye Bread）		X		
超级杂粮面包（Multigrain Bread Extraordinaire）		X		
老面（Pain à l' Ancienne）			X	X
法式乡村面包（Pain de Campagne）		X		
西西里面包（Pane Siciliano）		X		
潘妮托尼（Panettone）		X		
那不勒斯比萨（Pizza Napoletana）			X	X 或
波兰酵头法棍（Poolish Baguettes）		X		X
葡萄牙甜面包（Portuguese Sweet Bread）		X		
土豆泥迷迭香面包（Potato Rosemary Bread）		X		
普格利泽（Pugliese）				
基础酸面团面包（Basic Sourdough）		X		X
纽约熟食店黑麦面包（New York Deli Rye）		X		
100%酸面团黑麦面包（100% Sourdough Rye Bread）		X		X
普瓦拉纳面包（Poilane-Style Miche）		X		X
粗黑麦面包（Pumpernickel Bread）		X		
葵花籽黑麦面包（Sunflower Seed Rye）		X		X
史多伦（Stollen）		X		
瑞典黑麦面包（Swedish Rye）		X		
托斯卡纳面包（Tuscan Bread）		X		
维也纳面包（Vienna Bread）		X		
白面包（White Breads）		X		
全麦面包（Whole-Wheat Bread）		X		
土豆奶酪香葱面包（Potato, Cheddar, and Chive Torpedoes）		X		
烤洋葱奶酪面包（Roasted Onion and Asiago Miche）			X	
发芽小麦糙米面包（Sprouted Wheat and Brown Rice Bread）		X	X	
全麦麦芽洋葱比亚利（Sprouted Whole Wheat Onion Bialys）			X	X
超越极限肉桂面包卷和黏面包卷（Beyond Ultimate Cinnamon and Sticky Buns）		X		

营养面包	浓郁型面包	扁平面包	直接面团面包	间接面团面包	人工酵母面包	天然酵母面包	混合发酵面包	化学发酵面包	名称
X				X	X				安纳德玛面包（Anadama Bread）
X				X	X 或		X		希腊宗教节日面包（Artos）
				X	X				贝果（Bagels）
	X			X	X				布里欧修（Brioche）
	X			X	X				意大利复活节面包（Casatiello）
X			X		X				哈拉（Challah）
				X	X				夏巴塔（Ciabatta）
X			X		X				肉桂面包卷（Cinnamon Buns）
X			X		X				肉桂葡萄干核桃面包（Cinnamon Raisin Walnut Bread）
X									玉米面包（Corn Bread）
X			X		X			X	蔓越莓核桃节日面包（Cranberry-Walnut Celebration Bread）
X			X		X				英式麦芬（English Muffins）
X		X	X 或	X	X				佛卡夏（Focaccia）
				X	X				法式面包（French Bread）
X				X	X				意式面包（Italian Bread）
X				X	X				恺撒面包（Kaiser Rolls）
X		X	X		X				亚美尼亚脆饼（Lavash Crackers）
X			X		X				低脂全麦面包（Light Wheat Bread）
X			X		X				大理石黑麦吐司（Marbled Rye Bread）
X				X	X				超级杂粮面包（Multigrain Bread Extraordinaire）
				X	X				老面包（Pain à l'Ancienne）
				X	X				法式乡村面包（Pain de Campagne）
X				X	X				西西里面包（Pane Siciliano）
	X			X			X		潘妮托尼（Panettone）
X		X	X		X				那不勒斯比萨（Pizza Napoletana）
				X	X				波兰酵头法棍（Poolish Baguettes）
X				X	X				葡萄牙甜面包（Portuguese Sweet Bread）
X				X	X				土豆泥迷迭香面包（Potato Rosemary Bread）
									普格利泽（Pugliese）
				X		X			基础酸面团面包（Basic Sourdough）
X				X			X		纽约熟食店黑麦面包（New York Deli Rye）
				X		X			100% 酸面团黑麦面包（100% Sourdough Rye Bread）
				X		X			普瓦拉纳面包（Poilane-Style Miche）
X				X			X		粗黑麦面包（Pumpernickel Bread）
				X			X		葵花籽黑麦面包（Sunflower Seed Rye）
	X			X	X				史多伦（Stollen）
X				X	X				瑞典黑麦面包（Swedish Rye）
X				X	X				托斯卡纳面包（Tuscan Bread）
X				X	X				维也纳面包（Vienna Bread）
X			X 或	X	X				白面包（White Breads）
X				X	X				全麦面包（Whole-Wheat Bread）
X				X			X		土豆奶酪香葱面包（Potato, Cheddar, and Chive Torpedoes）
X				X			X		烤洋葱奶酪面包（Roasted Onion and Asiago Miche）
		X			X				发芽小麦糙米面包（Sprouted Wheat and Brown Rice Bread）
		X			X				全麦麦芽洋葱比亚利（Sprouted Whole Wheat Onion Bialys）
	X		X			X			超越极限肉桂面包卷和黏面包卷（Beyond Ultimate Cinnamon and Sticky Buns）

面包烘焙的12个步骤：
充分唤醒谷物的味道

我在约翰逊－威尔士大学的面包实验室里教授为期 9 天的课程。在第一天的第一堂课上，我就告诉自己的学生："作为面包师，你们的任务是充分唤醒小麦的味道。"我们所做的其他事情都是为这个目的服务的。有些学生从一开始就抓住了这个理念，有些学生直到课程的最后才做到了这一点。（遗憾的是，还有一些学生一直都没能领悟，但是我想，这会为将来的丰收埋下种子。）最重要的是，只有理解了这个理念，他们才能参透我的全部教学内容。如果你没有一个令人信服的理由去这么做，那么解构面包将是一个冗长乏味的过程。幸运的是，我从自己在全国各地教授家庭烘焙者和全日制学生的经验中发现，大家对解构面包有浓厚的兴趣。

这一部分详细地描述了面包烘焙的全部 12 个步骤，概述了如何通过烘焙面包来完成面包师"唤醒味道"的任务。最终，面包师通过对发酵的掌控，使复合碳水化合物分解，释放出小分子糖；通过加热蛋白质，使面包散发一股坚果的味道。在这一过程中，淀粉充分地凝胶化，因此不会掩盖面包的味道。为了让你理解这个神奇的过程是如何发生的，我将列出烘焙世界经典面包的基本原则，包括海绵酵头的使用、预发酵、酵头的使用、烤箱的使用以及天然酵母与人工酵母的对比。其中，很多内容已经在之前的《面包的表皮和内心：面包师的主配方》中介绍过了，其他作者的书也有涉及。但是，和以前的书相比，我将遵照面包师的格言"好的面包是通过一步一步处理好面团得到的"，对此进行更深入的解释。最后，我会根据基本原则补充一些新知识，并将其扩展到前沿领域。

下面的表格是面包烘焙的 12 个步骤，它构成了面包烘焙的基本框架，所有的面

以下是按照时间顺序排列的 12 个步骤：

1.	2.	3.	4.	5.	6.
准备工作（"各就各位"是组织原则）	和面（需要符合3个重要的要求）	初发酵（也称主发酵，这个过程决定了面包的主要味道）	按压(也叫排气，面团进入发酵的第二个阶段，开始形成了自己的特点）	分割（包括分割和称重，面团在这个过程中继续发酵）	揉圆（在面团最终成形前对其进行初步的定型）

包都是经过这些步骤制作出来的。掌握这个框架并不意味着一定能够烘焙出好面包，同样，没有掌握这个框架也不意味着你烘焙不出好面包。多数的商业面包师都没有接受过正式的培训，可以说对这12个步骤一无所知，不过他们知道，只要严格遵守规定，便可以烘焙出合格的面包。然而，我们希望严格控制结果，把自己的面包从"合格"提升到"世界顶级"这个档次，而了解下表中的步骤是掌握烘焙基础知识的第一步。在后面的内容中，我们将以此为基础引入一些更为先进的理念。

从未加工的原材料变成可以食用的面包（现在我称这个过程为"从小麦变成食物的旅程"），所有的面包都需要经历这12个步骤。有些面包（如三明治面包）的某些特定制作步骤有可能同时进行；而另一些面包（如贝果）的制作步骤可能有一些细微的差别。但毫无例外的是，所有的面包经过烘焙都发生了质的变化，从一堆毫无生命的面粉变成了一团具有生命力和生长力的有机体。原本尝起来好像木屑般的面粉，经过烘焙竟然奇迹般地拥有了多层次的口感和味道，给我们的味蕾和灵魂带来了快乐。这一切是怎么发生的呢？是化学反应还是魔法？

面包的成品质量80%取决于初发酵阶段（第3步），其余的20%取决于烘焙阶段（第10步）。它们中间的一些步骤也会对最终的面包产生细微但重要的影响，但是并不会消除发酵和烘焙阶段所产生的影响。这些重要的步骤完全依赖于第1步"准备工作"。判断你的面包烘焙得是否成功并不完全依据最后的成品，而要看你的组织计划。如果你有一个良好的开端，那么其他的环节将水到渠成。

第1步：准备工作

我们将以"准备工作"为起点，开始探索面包烘焙过程，这是从面粉到面包这个改变之旅的第一步。"准备工作"是烹饪中的基本组织原则，它意味着"各就各位"，分清轻重缓急，这不仅是烘焙的起点，也是生活和学习的开端。

面包师只需要很少的几样必需品就可以进行烘焙：经过准确测量或者称重的原材料，一个结实的工作台，包括搅拌碗或者搅拌机在内的各种搅拌工具，一台不错的烤箱，以及能够进行操作的空间——面

7.	8.	9.	10.	11.	12.
静置（也叫中间发酵，在这段时间里，麸质得到松弛）	整形和添加馅料（在烘焙前对面团进行最终的定型）	醒发（也叫二次发酵或最终发酵，这个步骤完成后，面团会发酵成适合烘焙的大小）	烘焙（包括割包和制造蒸汽，面包在这个阶段一定会产生3种重要的"烤箱效应"）	冷却（烘焙阶段的延伸，面包必须在冷却以后才能切片）	储存和食用（在批量生产中，储存非常重要，而家庭烘焙通常更强调食用）

团将在这里经历 12 个步骤的改变。当然，面包师还需要另外一些工具，如温度计、烘焙石板和喷雾器等。

准备工作的关键

下面是准备工作的一些要点：

■ **参见下面的"准备工作"清单，确**保已经准备好了所有需要的物品。

■ **从头至尾阅读说明，设想一下你在**每个阶段将如何操作。多数情况下，这种设想会让你想起缺少的工具或者时间上的冲突。（例如，当你需要烘焙面包的时候，烤肉却还在烤箱中！）

■ **决定是采用称重的方法还是测体积****的方法。**市场上有许多便宜的电子秤，可以精确到 0.25 盎司或者 0.01 克（每盎司大约为 28 克）。如果你选择测体积，请参见第 23 页的表格，但要记住，每个人使用量具的感觉不同。我的许多朋友认为 1 磅面粉相当于 4 量杯，但是我认为应该是 $3\frac{1}{2}$ 量杯；有意思的是，对我来说，1 量杯面粉有 4.5 盎司，而对我的朋友来说，1 量杯面粉只有 4 盎司。在和面的过程中，你无须为面粉的用量操心，因为你可以根据

准备工作

我将这个列表分为"必须具备"和"应该具备"两组，意思是：虽然许多工具都是可以临时凑合的，但是还有一些工具——至少在本书的配方中——是必须具备的，如喷油和烘焙纸。在烘焙面包之前，还有一些小窍门：一定要准备一碗额外的面粉，用来防止面团粘连或者调整面团的黏稠度；也要准备一把塑料刮板和一把金属切面刀；还要准备一碗清水，用来调整面团的黏稠度或者沾湿手指和工具，避免它们和面团粘在一起。如果事先没有准备好这些东西就开始和面，当你伸手想要找东西或者之后清理面团的时候，你就会知道事先做好准备的重要性了。

必须具备

☐ 测量工具
☐ 喷油（买的或者家庭自制的均可）
☐ 烘焙纸
☐ 塑料刮板
☐ 金属切面刀
☐ 橡皮抹刀
☐ 不同大小的搅拌碗
☐ 木制或者金属搅拌勺
☐ 结实的工作台
☐ 额外的面粉
☐ 额外的清水
☐ 速读温度计
☐ 提前称重或者测好体积的配方中出现的所有原材料
☐ 适合烤箱的烤盘
☐ 两种大小的吐司模：8.5 in×4.5 in（适合 1 b 的面包）和 9 in×5 in（适合 $1\frac{1}{2}$ ~ 2 b 的面包）

应该具备

☐ 带有钩形头和桨形头的台式搅拌机或食物理机
☐ 锋利的锯齿刀、法式割包刀或者单面剃刀
☐ 比萨刀（轮刀）
☐ 作为铺面的玉米粉或者粗粒小麦粉
☐ 发酵布或者代替的布
☐ 发酵篮或者代替的碗
☐ 厨房秤（有"磅"和"克"这两种单位模式，至少精确到小数点后两位）
☐ 制造蒸汽的工具
☐ 冷却架
☐ 保鲜膜或保鲜袋
☐ 烘焙石板或者方砖
☐ 木制或者金属长柄铲

面团的手感进行调整。但是食盐和酵母的用量调整起来比较困难，1满小勺和1平小勺（或大勺）的区别非常大。请记住，面包的配方（由百分比而非重量值和体积值组成）列出的只不过是建议用量，并不是绝对的。尽管你已经精确地称好了原材料，但由于品牌和存放时间的差异，你也许不得不调整面粉或者液体的用量。不过，如果一开始就进行精确称量的话，你需要做的调整将非常少，犯错误的可能性也会降低。

■ **准备工作也意味着思想上的准备。**因为这一步主要是处理原材料，所以尽量不要分心，或者告诉自己一定不能分心。尽量减少交谈，否则你可能会漏掉其中一种原材料。如同生活中的点点滴滴，面包烘焙成功的关键在于——专心。

■ **称量出（称重或者测体积）所有的原材料，然后开始处理面团。**

第2步：和面

和面有时指的是揉面，尤其是用手而不是用机器的时候。不过，无论我们怎么称呼这个过程，和面都只有3个目的：使原材料分布均匀、形成麸质和开始发酵。当然，这3个目的的达成情况如何，主要取决于被混合成面团的原材料。下面，我们来看两种截然不同的面团：直接面团和间接面团。

直接面团和间接面团

直接面团中加的是未经预先混合或发酵的原材料。由直接面团制作的面包，其味道大多来自原材料而非发酵过程中面粉产生的味道。在这类面包的配方中，酵母含量通常较高，这样可以使面团在短时间内得到充分发酵。典型的直接面团面包包括标准的营养白面包和风味面包——如奶酪面包(cheese bread)或香料面包(spiced bread)，以及大多数（并非全部）三明治面包和软餐包。

间接面团中有经过预先发酵的面团，经过两个或多个发酵步骤制成。这种发酵方式能在很大程度上提升一些面包的味道，而对另外一些面包来说，它和直接发酵法没有太大的区别。当延长发酵过程对面包（如普通面包）的味道或者质地产生的影响较大时，这种间接发酵法的效果就会比较显著。如果经过预先发酵，法式面包、全谷物面包（尤其是100%全麦面包）和黑麦面包通常就会更好吃一些，因为延长发酵过程能使面包更容易消化，并能更充分地唤醒谷物的香味。

■ **酵头**

酵头是烘焙出好面包的有力工具，它能够延长发酵时间，使谷物分子释放更多的味道。常用的酵头有4种，每一种又可以分成几类，其中有两种是固体酵头（或称为干酵头），另外两种是湿润的酵头（或称为海绵酵头）。固体酵头的欧洲名大家比较熟悉，分别叫中种面团和意式酵头；湿润的酵头包括波兰酵头和普通海绵酵头(在法国被称为酵母发酵酵头)。

中种面团（法文名称是 Pâte fermentée）的制作方法是：从第一次发酵的面团中取出一小块，用于下一批面团中，或者提前制作一块面团留到第二天再使用。加入中种面团能够使新制作的面团马上发酵成熟，这种方法通常用来提升简单的普通面包的味道。

意式酵头是一种意式固体酵头，它和中种面团的不同之处有两点：一，意式酵头不含盐；二，它并不是从制作好的面团中分割出来的一部分，而是作为酵头特别制作的。因为不含盐，所以意式酵头完成发酵时所需要的酵母要少一些。盐会抑制酵母菌发挥作用，增大发酵的难度（这也是盐能够延长某些食品保存时间的原因）。

如果没有盐，酵母菌就不会受到阻碍，可以尽情地消耗糖分，因此这时酵母的需求量比较小。

为什么最好使用少量酵母呢？请记住，我们的任务是充分唤醒小麦的味道。面包的味道来自谷物本身，所以我们要关注的是谷物而不是酵母。面包师的原则就是使用最少的酵母来完成发酵，使谷物的味道最重而酵母的味道最轻。因此，在意式酵头中，鲜酵母的用量可能仅占面粉的 0.5%（快速酵母粉或者活性

直接面团的温度

我们经常会遇到的一个问题是：和面时水或其他液体的温度应该是多少？本书中的许多面团要求使用室温，即 20 ~ 22 ℃的水。但在较冷或较热的季节，其他原材料可能需要和更热或更冷的水混合才能使面团的温度达到大多数配方所要求的 25 ~ 27 ℃。这里，我要介绍一种240要素法，许多面包师都用它来确定水温。

为了阐明这种方法，我将以 80 ℉（27 ℃）作为面团所需的温度。会直接影响这个温度的 4 个要素是面粉的温度、周围环境的温度、水或其他液体的温度以及在搅拌过程中因摩擦产生的温度。我们最容易控制的就是液体的温度。计算液体的温度时，要先将面粉温度、环境温度和摩擦温度（大多数搅拌机的摩擦温度是 30 ℉，如果几乎不搅拌面团，就不会因摩擦生热，这个数值就要降到 20 ℉，即相当于短时搅拌搭配拉伸—折叠所产生的摩擦温度）相加。你一旦确定了这 3 个要素并得到它们的和，就可以用 240 减去这个数值。240 这个数值是由已知要素（面粉温度、环境温度和摩擦温度）的数量——3——乘以面团所需的温度 80 得来的。

用 240 减去这 3 个要素的和，得到的就是水所需的温度。例如：

面粉温度　　65 ℉

环境温度　　69 ℉
摩擦温度　　30 ℉
总和　　　　164 ℉
因此，240–164 = 76 ℉（24℃）

同理，对只需稍微搅拌、主要通过拉伸—折叠来和面、几乎不产生摩擦温度的面团来说，其摩擦温度为 20 ℉，因而三要素的总和为 154 ℉，用 240 减去这个数值，得到的水温应该约为 86 ℉（30 ℃）。如果你用台式搅拌机长时间搅拌面团（总时长超过 6 分钟），就要将摩擦温度增加到 40 ℉，这样三要素的总和为 174 ℉，用 240 减去这个数值，得到的水温为 66 ℉（19 ℃）。

尽管本书中的大多数配方都提供了液体的温度，但是你也可以用这个公式自己计算，并且根据实际的环境温度和你使用的搅拌方法来进行调整。

注意：用240要素法计算时，不能把每一步的数值都换算成摄氏度的数值。如果你习惯使用摄氏度的数值，最好先计算出所有的华氏度数值，然后把最后得出的水的温度转换成摄氏度的数值。如果你不方便使用单位换算程序，就将华氏度的数值减去 32，再乘以 0.5556（或 ⁵/₉），就可以得到摄氏度的数值了。

干酵母的用量可能还要小一些）。

"波兰酵头"之所以叫这个名称是为了向几百年前教会法国人用这项技术改良面包的波兰面包师致敬。这是一种湿润的酵头，通常用等量的水和面粉制成，不含盐，只添加了 0.25% 或更少的鲜酵母，比意式酵头所用的酵母还少。与固体酵头相比，湿润的酵头对面团发酵产生的阻碍要小得多，所以酵母菌能够轻松地将糖转化为二氧化碳和乙醇。正因为如此，少量酵母便能够发挥很大的作用，确保长时间的发酵。使用波兰酵头的时候，我们通常需要在制作最终面团的时候再添加一些酵母来完成发酵，但也并非每一次都需要添加。

酸面团酵头也是酵头，是用天然酵母制作的，可以如波兰酵头一般湿润，也可以如意式酵头一般硬实，我将在后面深入地介绍它们。同样，它们也不含盐。另一方面，与波兰酵头相比，普通海绵酵头的发酵速度通常更快，因为我们在里面提前放了大部分甚至是全部的酵母。这种酵头通常用于制作全麦面包和浓郁型面包，能够增加味道，使谷物更易消化，同时比波兰酵头需要的发酵时间短。普通海绵酵头对味道的提升不像延迟发酵技术那么明显，但是相应的，用它制作面包所需的时间较短。例如，在酵头制作完成 1 小时后，我们就可以进行最后的搅拌了。

波兰酵头（右侧）比较湿润和黏稠，而意式酵头（左侧）无论看起来还是摸上去都像法式面包的面团

浸泡液是另外一种酵头，可能在其他烘焙书的配方中出现过。这是一种没有添加酵母的酵头，其做法通常是把经过粗加工的谷物——如玉米粉、粗黑麦粉或者碎小麦——放在牛奶或者水中浸泡一夜，使谷物中的酶活跃起来，释放一部分被淀粉锁住的糖分，并软化粗糙的谷物。虽然在浸泡液中很少或者没有发生实质的发酵，但浸泡液对面团的影响是不可忽视的。在使用浸泡液的配方中，我会更加详细地说明制作方法。

酵头技术背后隐藏的真正问题，同时也是你此刻最想问的问题是：为什么延长发酵时间能够增加味道？这正是解构面包的真正趣味所在，因为你已开始进入酶的领域，了解糖的作用，而它们正是唤醒谷物味道的关键。我们将在第3步"初发酵"中更加深入地走进酶的世界。

注意：有关酵头的各种术语经常会使面包师感到困惑。有些面包师将所有的酵头都称为海绵酵头，无论它们是由人工酵母还是天然酵母制作的，无论它们是固体的、干的，还是湿润的、黏稠的。而对另一些面包师来讲，海绵酵头只表示湿润的、快速发酵的酵头。有些面包是用快速发酵的海绵酵头制作的，而有些面包是用慢速发酵的海绵酵头（如波兰酵头）制作的。不过，所有的酵头面团都可以被称为海绵酵头，或者其他与之相关的国际通用叫法。无论它们是怎么制作的、被称作什么，它们全部都属于酵头这个家族，也就是将预先发酵或冷藏的面团加入另一块面团，作为整体发酵的一部分。为方便起见，在本书中，当我提到海绵酵头时，我指的是湿润的酵头，无论它是用人工酵母（如波兰酵头）还是天然酵母（如发泡酵头和酸面团酵头）制作的；当我提到固体酵头时，我会说出它们的名称，如意式酵头，或者直接称之为固体酵头（通常是在酸面团面包中）。在本书中，无论我说的是酸面团酵头、酵母、发泡酵头、"起子"还是"主酵头"，这些全部都指用天然酵母而非人工酵母制作的酵头，我将在第90页详加解释。

机器和面与手工和面

无论是使用直接发酵法还是间接发酵法，我们都必须达到和面的3个目的——使原材料分布均匀、形成麸质和开始发酵。"如何做"这个问题揭示了面包烘焙世界中的一个哲学分歧：是再累也要手工和面，还是忠实地拥护机器和面。我不否认手工和面带有一种浪漫而神圣的色彩，但是，从严格的实用或功能的角度来说，两种方法都可以达到目的。

对于重于10磅的面团，使用大型搅拌机更加实用。与手工和面相比，搅拌机有更多不同的设计（虽然我知道一些面包师完全通过手工和面，就算制作再大的面团也不例外）。不大的面团可以使用以下工具搅拌。

■ "厨宝"搅拌机或其他行星式搅拌机（通常最大混合量是2.2磅面粉）。

■ 食物料理机（最大混合量是1磅面粉，除非你有更大型号的食物料理机）。

■ "神磨"搅拌机（最大混合量是5磅面粉）。

■ 其他电动搅拌机，如"凯伍德"和"汉美驰"牌的，它们是由同一家公司生产的

（可以混合 2 ～ 4 磅面粉，具体的数量取决于机型）。和"厨宝"搅拌机一样，它们也被称为行星式搅拌机，因为钩形头和桨形头都是围绕搅拌碗旋转的，就像行星绕着太阳转一样。

■ 任一品牌的带有搅拌功能的电动面包机，可以处理 1 ～ 2 磅面团，有些甚至可以处理 2.5 磅面团。

如果你使用的是电动搅拌机，请记住以下几点。

■ 搅拌机会因为和面产生的压力而在工作台上移动，因此，在机器工作的时候，请不要走开。

■ 如果是在家里烘焙，刚开始的时候，你需要先用桨形头将原材料混合在一起，然后换成钩形头，但是在面包店里不一定需要这样操作。这是因为钩形头在刚开始处理量小的面团时有些困难，原材料会挂在搅拌碗的内壁上。

■ 如果搅拌机看起来工作得很吃力，你可以尝试在搅拌碗中滴几滴清水或者其他液体以起润滑作用并软化面团。现在有些品牌的搅拌机的操作指南建议机器的工作时间不超过 4 分钟，这样可以减小发动机的压力。为了保护机器，你可以在搅拌 4 分钟后将面团静置一会儿，5 ～ 20 分钟后继续开启搅拌机，或者用手和面。记住面包师的原则：适可而止。如果 4 分钟以后面团达到了标准，那就没有必要继续搅拌了。但是如果仍需搅拌的话，还有很多不会损害机器的方法可以延长搅拌的时间。

■ 大多数台式搅拌机在处理不多于 8 量杯的面粉时，效果最好。如果面团向上移动，接近钩形头的顶部，则要将其取出，手工完成余下的工作。

■ 如果你在中途离开，搅拌机或食物料理机有可能工作过热，面团有可能搅拌过度，所以请不要走开。

如果你想要手工和面（或者说手工揉

如何使用食物料理机和面

许多面包师现在都使用食物料理机来和面，如果使用得当的话，它用起来也非常方便——诀窍在于使用点动模式，而非长时间搅拌。同时，由于食物料理机搅拌原材料的速度比原材料吸收水分的速度快，在第一次加水搅拌以后，你必须将面团静置最少 5 分钟，或者将所有的原材料混合成球状。在这段时间里，麸质开始形成，所有的原材料都将吸收水分直至饱和。当你再次开始使用点动模式后，用不了很长时间就可以完成和面。接下来，把机器切换到"开"的状态（不是"点动"），但是搅拌时间不要超过 45 秒。我通常等到面粉和水的用量都调整得恰到好处、面团的手感也非常

合适时，才结束和面。

有些面团，尤其是湿润的乡村面包面团，在搅拌时会出现粘连桨叶的现象。在这种情况下，可以先停止和面，用塑料刮板或者橡皮抹刀将面团取出来（不停地蘸水以防粘连），取下桨叶，清理搅拌碗，之后把桨叶安上去，放入面团，继续搅拌。

注意：一直以来总有关于食物料理机是使用金属桨叶还是塑料桨叶的讨论。人们特意发明了塑料桨叶，因为它在搅拌面团时会更加轻柔，但是多数使用过的人感觉它的效果不太好，我也同意这一点。只要严格按照上述步骤操作，你就会发现金属桨叶比塑料桨叶好用。

面），有许多方法可供选择。我倾向于在搅拌碗中将所有原材料搅拌在一起，使之大致形成一个球，然后将其转移到铺了薄薄的一层面粉的工作台上，用双手揉压。我的一些朋友喜欢将面团当作破布娃娃一样来回拍打，在工作台上重击面团，直到面团伸展到极致，然后把它折叠起来，再次来回击打，以此来充分制造麸质。除了这两种方法，还有很多其他的方法。例如：用一只手按压，再卷－压－卷；还可以用两只手将面团捏成长条，然后分段处理。有些人喜欢在搅拌碗中完成全部的和面过程，如下图所示，要么把一只手像钩形头一样插进面团，另一只手旋转搅拌碗，要么用一把大金属勺、木勺或者塑料刮刀代替手来搅拌。乡村面包的面团非常适合用这种方法制作，因为它含水量较高，在工作台上处理会比较困难。

一旦和面的 3 个目的达到了，通常就没必要继续和面了，应该马上停下来，进入面包烘焙的第 3 个阶段——初发酵。

和面的方法

在专业的面包烘焙操作中，一般会用到 3 种和面方法：加强法、改进法和简易法。根据面团的类型，每种和面方法都有自己的优势。例如，高营养甜面团通常需要长时间、高速的强烈搅拌以使脂肪混合并使麸质充分形成；普通的法式面团最好使用改进法（快速搅拌和慢速搅拌相结合），或者使用长时间、柔和的低速简易法（之后进行一连串的拉伸－折叠）。家庭烘焙者通常会使用改良过的改进法（如果使用电动搅拌机的话）或者简易法，尤其是手工和面的时候，因为没有机器的帮助，手工和面不可能保持较快的搅拌速度。

无论你使用哪种方法，都必须在不破坏或者不降低面团品质的前提下达到和面的 3 个目的，品质降低最常见的情况是和面时间过长或者温度过高（这将导致发酵过度）。

每种面团都有自己的参数和要求。有些需要使用冷水和面，有些需要使用温水；有些能够快速成形，有些则需要更长的时

手工揉制乡村面包的面团

（A）用一把大勺子使原材料分布均匀并进行最初的搅拌。接下来，你可以继续用勺子搅拌。（B）也可以一只手蘸水，像钩形头一样搅拌，另一只手如图中所示旋转搅拌碗。

间来形成麸质。和面的方法和工具的种类直接影响和面时间，为了尽可能地优化和面过程，烘焙者必须做出选择，选择正确与否会在最终的成品中体现出来。

我们要记住，面团的吸水能力会因为天气状况、面粉品牌和存放时间的不同而有所区别。因此，配方中的水分或者含水量的百分比可能永远只是一个大概的数值。基于这个原因，我强烈建议在和面的第一个阶段预留一部分水，直到你确定面团需要更多的水，再加入预留的水；同样的道理，如果你已经加入了全部的水，可是面团仍然很硬，那么可以再加一些水进行调整。加多少水是由你手中的面团而不是书上的配方决定的，如果你觉得自己似乎加多了水，面团过于松软或者发黏，可以再加入一些面粉进行调整。

在进入初发酵阶段之前，这里有一些有助于达成和面 3 个目标的小窍门。

■ 使原材料分布均匀

我们描述的每种和面方法都能够合理地使原材料分布均匀。把原材料放在搅拌碗中时，要避免酵母粉和食盐直接接触，否则食盐会将酵母菌杀死。你可以将食盐放入面粉搅拌均匀，再加入酵母粉；或者将酵母粉和食盐分别放在搅拌碗的两边，然后加水进行搅拌。如果你打算加入预发酵的面团或者固态的酸面团酵头，可以将其分成一块一块的，这样能使其与其他原材料混合均匀。

■ 形成麸质

麸质是小麦中最主要的蛋白质，对面

拉伸 - 折叠

本书第一次出版后的几年里，我对拉伸 - 折叠法的有效性越来越感兴趣。我在第一版里提到过这种方法，但是对它的重视程度不及我在之后几年对它的重视程度。在我后来的许多文章里，我都建议大家用拉伸 - 折叠代替更长时间的搅拌。这样不仅能够节省搅拌时间，还能够降低 β- 胡萝卜素的氧化程度并且提高面团的烘焙弹性和增大膨胀幅度。这种方法很简单，第 20 页的图片和第 121 页夏巴塔配方中的图片都对它有所展示。但是，为了让这种方法更容易操作一些，我还增加了一个名为"抹油"的步骤，它可以让你在折叠时不用添加额外的面粉，并且不会让面团粘在你的手上和工作台上。

首先，在工作台上淋少量（约 ¼ 小勺）橄榄油或其他植物油，并在一个宽约 10 英寸的圆形或正方形区域内将油抹开。用蘸了油的手或者塑料刮板将面团转移到这个区域。接着，轻轻将面团拍平，将面团的一边略微向外拉，然后将被拉伸的那一部分放在面团中央。在面团的另一边重复同样的动作，将被拉伸的部分放在第一次折叠的那一部分上，使两部分完全重合。再从面团的顶部和底部分别重复同样的动作。这样，面团的 4 条边就都被拉伸和折叠过了。接下来，将面团翻面，使得折叠过的边缘朝下，之前朝下的光滑面朝上。这时，你可以将面团放回抹了少许油的碗中，也可以用碗盖住面团。这样就完成了一次拉伸 - 折叠。

面团不同，两次拉伸 - 折叠之间的间隔时间也不同，所以你要按照配方的说明处理。间隔时间可以短到 1 ～ 5 分钟，也可以长到 20 分钟甚至 45 分钟。拿有代表性的普通炉火面包面团来说，3 ～ 4 次拉伸 - 折叠最合适，而且每经过一次拉伸 - 折叠，面团都会变得更加强韧和光滑。

团的结构和味道起决定性作用。麸质由两种蛋白质——麸朊和麦谷蛋白形成。面粉和水混合后，这两种蛋白质可以相互连接起来，形成一种更加复杂的蛋白质，这就是麸质，面粉就是根据所含麸质的总量来分类的。（记住，面粉原本不含麸质。只有在加了水之后，麸朊和麦谷蛋白连接起来才会形成麸质。）正如第24页中所说的，每种面粉的麸质含量都不同，但无论是哪种面粉或其中的蛋白质，都有能力在一定的时间内形成麸质。大多数商业用面粉能够在加水后的6～8分钟形成麸质。一般来讲，蛋白质的含量越高，麸质完全形成所需要的时间就越长，因此，高筋面粉与水混合后，

可能需要8～12分钟才能形成麸质。

面包师减少和面时间（以此来减轻氧化反应带来的面粉自然增白的效果）的方法之一，就是只将面粉和水搅拌几分钟（这段时间足以使面粉完全吸收水分），然后静置20分钟。法国人将这个过程称为"浸泡"。静置时，蛋白质分子完成了吸水的过程，开始自动结合。接下来，向面粉中加入其他原材料，再过2～4分钟便可以完成和面。在此期间，新形成的麸质分子会通过更加复杂的方法继续相互结合。

判断麸质是否完全形成最可信的方法叫"窗玻璃测试法"（见下图），有时也称作"薄膜测试法"。具体做法是取一小块

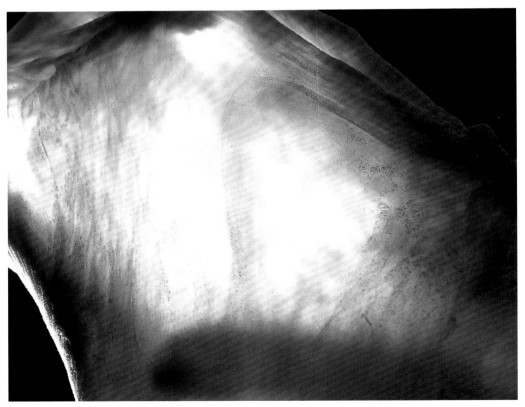

用窗玻璃测试法能够判断麸质是否完全形成

面团，用手轻轻地抻开，看面团能否形成一层极薄的半透明的膜。如果面团在形成这层"窗玻璃"之前就破了，那么需要再和面 1～2 分钟，之后再次进行测试。要把面团搅拌过度——即搅拌到破坏麸质分子连接的程度——还是很困难的。不过，如果使用专业搅拌机或者食物料理机，还是可能出现搅拌过度的现象。幸好大多数家用搅拌机在过度搅拌面团之前，机器自身就过热了。如果是手工和面的话，在破坏麸质之前，你自己就会累得腰酸背痛。我从未见过有人手工和面过度，不过我确实见过氧化了的面团，它由于过度搅拌而损失了一些味道。

■ 开始发酵

酵母的活动和发酵的开始如同麸质的形成一样，都需要水分来促成（水分既可以来自水，也可以来自其他液体，如牛奶或者果汁）。无论使用什么种类的酵母，它必须与水结合并且分布在面团之中，这样才能展现发酵的魔力。

活性干酵母必须先用水浸泡才能使用，除此之外，鲜酵母和快速酵母粉在混合以及和面的过程中都要充分吸收水分才能变得活跃。如果你喜欢，也可以先在水中软化酵母，但是这样做并没有什么必要，我一般会将它和面粉混合再加入清水。

第 3 步：初发酵

许多面包师都没有意识到，好的小麦也有可能烘焙出不好的面包。

面包烘焙的神奇之处在于操作和发酵，而我们所欠缺的……是方法。

——莱昂内尔·普瓦拉纳

烘焙出好的面包归根结底在于一点，即通过控制时间和温度来控制最终的成品。"控制"是一个非常重要的概念，因为烘焙者所做的每一个决定都会体现在最终的面包中。无论是烘焙不完全或者烘焙过度，还是发酵时间过短或者过长，都会在最终的成品中表现出来。烘焙者根据外在环境做出的反应和自身的调节能力体现了他的技术，这也是烘焙中最有趣和最具挑战性的部分之一。

发酵是烘焙出好面包的关键。虽然我们在烘焙阶段（第 10 步）也会提到对时间和温度的控制，但是无论你的烤箱有多高级或者你的整形技术有多出色，如果面包没有经过恰当的发酵，那么它连及格线都达不到。正是在初发酵的过程中，面团从毫无生气的面粉团变成具有生命力的组织。

每种面团都需要满足一系列条件来达到一种微妙的平衡，并在此基础上有了自己独特的发酵要求，这些条件是：酵母总量、酵母培养基、发挥作用的酶、面团温度、发酵时的室温和发酵时间。有些面团被放在加了盖子的碗或盆中，在室温或更温暖一些的环境中发酵，通常需要 1～2 小时；而有些面团在和面之后需要立即冷藏，以此来延长发酵时间，通过延长酶的活动时间使面团释放更多的味道。（后一种就是我向菲利普·戈瑟兰学习的老面包技巧，第175 页。）专业面包房通常会控制环境，严格地监控面团温度和室温，但是家庭烘焙者就不得不凑合一下了。在寒冷的季节找到温暖的地方着实不容易，在忙碌中安排好发酵和醒发的时间也不容易。我在家中烘焙面包时，通常会用一个计时器来提醒我留意时间。

无论面团需要的是什么样的发酵方法，它不外乎是时间、温度、原材料（尤其是糖）之间的配合。糖是产生发酵活动的一种必备原材料，它最终会被酵母菌分解成乙醇和二氧化碳。糖既可以作为原材料加入面团，也可以直接从面粉中转化而来，因为复合淀粉分子会分解成小分子糖，就像在法式面包中发生的那样。面团中添加的营养成分越少，它需要的发酵时间就越长，因为大多数味道都是从小麦中释放出来的，而小麦中的淀粉需要时间来释放自身的天然糖分。在添加了糖、乳制品或者脂肪的面团中，面包的大多数味道都来自营养添加物而非面粉本身，因此需要的发酵时间比较短。

下面的讨论能够帮助你在烘焙过程中进行正确的选择和处理，从而使你成为一名合格的烘焙者。

发酵方法和酵母种类

发酵方法在这里特指酵母发酵的方法。细菌发酵是另一种形式的发酵，也会对面包产生影响（尤其是酸面团面包或天然酵母面包），我将在本章的后面进行介绍。面包中的酵母发酵是通过酵母菌（酵母菌科真菌，说得更具体一些，是酿酒酵母菌）食用葡萄糖（范围再说得小一些，指食用果糖和麦芽糖，不包括蔗糖）进行的。天然酵母中有几种菌种被统称为少孢酵母，它们也可以用于面包发酵，但通常用于酸面团面包的发酵。人工生产的酿酒酵母用于大部分家庭烘焙和专业烘焙中，可以说任何标准面包的发酵都会用到它。

专业面包师通常使用鲜酵母，但是活性干酵母和快速酵母粉用起来也一样方便，你可以按照下面的公式进行替换：

100% 的鲜酵母 =40% ～ 50% 的活性干酵母 =33% 的快速酵母粉

家庭烘焙者可以在专门的天然食品商店中购买鲜酵母，它的保质期只有 2 ～ 3 周，而活性干酵母和快速酵母粉的保质期几乎是无限长的。一条基本规律是：如果配方推荐使用某一类型的酵母，那么我们通常都可以按照上面的比例将其替换成其他种类的酵母。

法国"燕牌"有一款耐渗透性好的快速酵母粉，它适用于非常甜或者非常酸的面团，因为它能够忍受较高的甜度和酸度，而高甜度和高酸度通常会减慢一般酵母的发酵速度。它的包装是金色的，多数面包师把它称为"金燕"，只有为数不多的面包配方需要用到这种酵母。普通的快速酵母粉也适用于这些配方，只是需要更长的时间才能发挥活性。因此，即使你没有这种耐渗透性好的酵母，也完全可以制作这些种类的面包。

更多关于酵母的知识

■ 人工酵母在非常严格的卫生条件下培育和包装，通常在包含糖浆和其他碳水化合物的营养物质中生长。酵母菌的繁殖方式是出芽（有丝分裂），生产厂家通过不断地完善技术来提高真菌的增长速度，并使其在干燥和湿润的环境中都能够存活。

■ 大型面包房有时使用酵母膏，但它并不适用于家庭烘焙。这种酵母和培养基是液态的，因此在高速旋转的搅拌机中非常容易与其他原材料混合。除了像面包房这种每天生产成千上万个面团的地方，酵母膏在其他地方非常少见。

■ 所有品牌的人工酵母的效果都相差无几。由于加工方式不同，与活性干酵母相比，一勺快速酵母粉所含的活性酵母菌的数量要多出 25%，这也是快速酵母粉的用量比活性干酵母小的原因。另外，活性干酵母生长在较大的培养基上，使用以前必须将其用温水溶解（这个过程被称为"唤醒酵母"）；而快速酵母粉生长在很小的培养基上，面团浸湿后它会马上吸收水分，因此可以直接加入面粉。这是我推荐使用快速酵母粉最重要的原因，也是本书配方首选它的原因。但是，如果你手头没有快速酵母粉的话，也可以用活性干酵母甚至鲜酵母代替。

■ 一旦打开了包装，酵母就开始从空气中吸收水分，酵母菌的活性被慢慢地唤醒。打开包装一段时间以后，它便会失去活性。因此，你需要将没用完的酵母保存在密封容器内，再放入冰箱的冷藏室或冷冻室。有些人认为冷冻酵母会杀死酵母菌，但是我已经将我的酵母放在冷冻室中保存了一年多，它完全没有失去活性。

发酵的过程中发生了什么？它是如何改变面团的？

下面是关于酵母菌发酵的最基本的知识：酵母菌以糖为食物，并将糖分转化为二氧化碳和乙醇；乙醇在烘焙过程中蒸发，而二氧化碳使面团膨胀，烘焙后会从面包中散发出去。

烘焙面包有一个原则：用最少的酵母来完成发酵。过多的酵母虽然会加快面团的发酵速度，但同时会将可以利用的糖分消耗殆尽，留下酒精的味道。由于酵母菌渴求糖分，在面粉中的糖分被分解之后，它便会开始分解自身，产生一种我们不希望得到的副产品——谷胱甘肽。谷胱甘肽会制造出一种类似于氨的味道，对面团产生不利影响，并且会减弱麸质的强度。多数标准配方中写明，初发酵的时间为 $1 \sim 1\frac{1}{2}$ 小时，二次发酵或者最后醒发的时间也大致相同。如果由于温度过高或者酵母过多而导致发酵速度过快的话，我们很容易失去对面团的控制，烘焙出质量较差的面包。

酶的重要性

酶是一种蛋白质，食品科学家哈洛德·马基这样解释道："酶是有机催化剂，也就是说，它能够有选择地加快化学反应的速度，否则反应速度将非常缓慢。"这对面包烘焙者来讲是一条非常重要的知识，但是对厨师来讲则有所不同。在大多数烹饪中，酶的作用是加快食物的降解。换句话说，是使食物变质。对大多数的食物来说，发酵是不好的现象，而对面包（或者啤酒和葡萄酒）则不同。在烘焙中，为了使面包发酵膨胀，我们需要尽量发酵谷物，努力使锁在复合淀粉分子中的糖分释放出来。这些释放出来的糖一部分成了酵母菌的食物，但是大多数被保留了下来，提升了面包的味道，也为面包皮增色不少（表皮焦化）。

想象一下，一个淀粉分子（我们称之为一种复合碳水化合物）就像由许多小分子糖织成的线绕成的毛线球，构成了一座坚不可摧的堡垒。当我们品尝生面粉或者生面团的时候，几乎感觉不到任何味道，因为所有的线都交织在一起，使味道难以分辨。面粉尝起来就像木屑一样，因为对舌头来说，它的糖分组成结构过于复杂。现在，催化剂酶像楔子一样将这些毛线球打散，释放糖分，我们的味蕾和酵母菌、细菌这样的微生物就很容易接近这些糖分子。这就是食物、蛋白质、淀粉甚至小分子糖的降解过程。只要有足够的时间，酶就可以将所有的食物分解为单糖，使它们发酵。

无论是否清楚这一点，面包师们都充分利用了这个天然的过程。因此，他们在烘焙（第 10 步）的中途打断它，以便捕捉到复合碳水化合物和蛋白质中最佳的味道。这样做的结果是，面粉中释放的糖分使面包皮呈金色，并形成了生面粉和生面团中没有的甜味。当我一遍又一遍地强调控制时间和温度的重要性时，我指的就是控制酶的分解这个过程。

有关酶的科学原理纷繁复杂，但是对我们这些外行来说，简单地用酶的催化作用来解释就可以了。那种能够影响碳水化合物的特殊的酶叫作淀粉酶，其中又分为 α-淀粉酶和 β-淀粉酶。只要英文名以"ase"结尾的，就是一种能够作用于结尾为"ose"的糖的酶，比如淀粉酶（amylase）作用于淀粉糖（amylose），乳糖酶（lactase）作用于乳糖（lactose）。（还有作用于蛋白质的蛋白酶，它会对像麸质这样的蛋白质产生相同的作用，开启一个主要影响结构而非味道的过程。）淀粉糖是糖中的一大类，包括麦芽糖、蔗糖、果糖和葡萄糖等。例如，有一种叫作淀粉糖化酶的 α-淀粉酶，可以将结构复杂的多糖分解为麦芽糖。如果你在原材料表中看到大麦麦芽粉或者糖化麦芽粉（含活性淀粉糖化酶的麦芽），那就意味着面粉含有活跃的淀粉糖化酶。还有一种非糖化麦芽（淀粉糖化酶被灭活的麦芽），其中的酶被加热到 77 ℃左右，已经失去了活性或者已经变性了。我们通常用这种麦芽来增加味道，而非作为催化剂（经常用在贝果中）。

酵母菌在发酵过程中，只能食用像葡萄糖以及果糖这样的单糖。这些单糖只有少量是天然存在于面粉中的，由于在研磨过程中淀粉分子遭到破坏（葡萄糖链断裂）而产生。正因为有了这些少量的单糖，法式面包的面团在没有添加额外糖分的情况下仍然可以发酵。（即便添加了糖分，酵母菌也不能食用蔗糖，因为它是二糖，这对酵母菌来说过于复杂了。）在发酵的时候，淀粉酶和淀粉糖化酶作用于淀粉，通过释放糖分将复杂的淀粉分子分解成简单的成分。如果时间足够充裕，所有的淀粉都将被分解为小分子糖，这些糖分最终会完全被酵母菌和细菌耗尽，但是烘焙将这个过程打断了，它使面包在味道和质地达到最佳状态时出炉（如果烘焙者的技术很好的话）。（注：酶自身分解淀粉的能力是有上限的，所以它不能释放面粉中所有的糖类，但是这个问题说起来就比较复杂了……）

经过恰当发酵的面团的特点是：能够调节味道和颜色的糖分被充分释放出来，同时还留有足够的淀粉和蛋白质来保持最佳的质地。面包烘焙仿佛一出戏剧，烘焙者要与时间赛跑，使面包在有限的时间内在味道、外观和质地上都达到最佳状态。

现在，大部分高筋面粉中都添加了大麦麦芽粉。发芽的大麦可以激发酶的活性，使大麦淀粉开始向大麦糖（我们通常称为麦芽糖）转化。发芽的大麦会被烘干、研磨成粉或者调配成浆，如果将富含淀粉糖化酶（α-淀粉酶）的一小部分粉末添加到高筋面粉中，就能够促进我们先前提到过的催化反应。酶需要几个小时才能完成任务，这也是长时间发酵能够制作出好面包的原因。上面已经提到过，酶在催化过程中的能力是有限的，这限制了它将淀粉分解为麦芽糖的程度。正因为如此，我们没有必要使用很多麦芽，通常 0.5% ~ 1% 的麦芽就足够了。如果使用过量，面包吃起来会很黏。

大麦麦芽粉中的淀粉糖化酶的作用之一是增加面包皮的色泽。加入少量糖化麦芽粉（0.5%）能够使更多的麦芽糖从面粉的淀粉分子中分解出来，从而在很大程度上增强面包皮的焦化效果。但是大多数情况下我们没有必要这样做，因为高筋面粉在研磨过程中就已经加入大麦麦芽粉了，但是有些配方为了进一步增强分解的效果，会要求在搅拌过程中额外加入少量大麦麦芽粉。

淀粉糖化酶的另一个作用是释放更多先前被锁在小麦中的天然糖分，将其送达味蕾。这是关于酶的最重要的一条知识，依此我们才能够制作出好面包。最大限度地唤醒谷物中隐藏的味道需要一定的时间，面粉中天然存在足够多的酶，只要你给它们足够的时间来完成分解，就不需要再添加大麦麦芽粉。概括地说，预发酵法能够制作出出色的面包，是因为它能够控制时间，通过延长发酵时间，使发生在微生物层面的奇妙的化学反应完成上述过程。

选择不同的发酵方法来达到最佳效果是烘焙者的任务。几乎每种面包都有多种发酵方法可供选择，传统的配方不一定是最好的。例如，只有在现代社会，烘焙者才能使用冷藏设备或者其他方式来控制温度；而仅在 50 多年前，化学家才研究出我们在上文中毫不费力地总结出来的一些内部反应。法式面包曾经需要严格地按照"60 － 2 － 2"（使用 60% 的水、2% 的盐和 2% 的酵母）的方法来制作，现在却可以使用多种配方和多种酵头，或者干脆不经过预发酵，如菲利普·戈瑟兰制作老面包的方法（第175页）。面包世界杯赛（所谓的"面包奥林匹克"）要求使用波兰酵头来烘焙法棍，但是用意式酵头、中种面团甚至它们的组合或者其他技术，都可以烘焙出出色的法棍。

酸面团（天然酵母）发酵和细菌发酵

为了使这一章的内容更为完整，我们还需要谈一谈天然酵母面包，它更为人们熟知的名称是酸面团面包。上文关注的是由酶催化的酵母发酵，但是在酵母菌活动的同时，面团也在进行另一种发酵，即细菌发酵，它会对面包的味道产生不同的影响，下面的一些问答内容可以大致解释这个重要的过程。在第 216 页，你可以学到制作天然酵种的方法，后面还有很多使用这种酵种的面包配方。

■ 关于天然酵母发酵和细菌发酵

是什么造成了酸面团面包和其他常规面包的区别？多数人认为这种区别来自一种特殊的天然酵母，但是那只是原因之一。不错，我们用一类被统称为少孢酵母的天然酵母来制作酸面团面包，而用酿酒酵母来制作常规的面包。但是，复杂的酸味并不是由天然酵母产生的。其他微生物——尤其是乳酸菌和醋酸菌——在食用了酶从面团中释放的糖分以后，会产生乳酸和醋酸，它们正是酸味的来源。例如，旧金山酸面团面包（San Francisco sourdough bread）含有一种特殊的本地细菌，它叫作旧金山

化学发酵

本书中除了一个配方（第 136 页的玉米面包）以外，其他配方全都没有涉及化学发酵的快速面包。但是，由于许多烘焙者都在使用这种发酵方法，我觉得还是应该将一些有关化学发酵的问题讲清楚。我告诉上烹饪课的学生，发酵一共有 3 种方式：生物发酵或天然发酵（使用酵母或者天然酵母发酵）、物理发酵（利用蒸汽或者通气发酵）和化学发酵（使用泡打粉、小苏打、碳酸铵或者碳酸氢铵，这是家庭烘焙很少用到的）。几乎每种面包都可以使用物理发酵，因为只要空气温度升高，面团就会膨胀。但是，大多数用到物理发酵的是分层面包，如松饼、丹麦酥、可颂、脆薄空心松饼（popover）和奶油泡芙（cream puff）等。

化学发酵最常用到的是泡打粉，很多时候也会用到小苏打。碳酸铵的一种形态是从鹿角中提取出来的，因此也叫鹿角精。它在生产中常用于烘焙脆而干的食品（如脆饼），因为必须蒸发掉所有的水分来除去氨的味道。

化学发酵会产生二氧化碳，这和生物发酵是一样的。但是，它产生的二氧化碳并非来自发酵过程本身，而来自中和反应。简单地解释一下：酸的 pH 值较低（pH 值的范围为 1 ~ 14，酸的 pH 值小于 7），能够和 pH 值较高的碱（pH 值大于 7）发生反应，在酸碱中和过程中便会产生二氧化碳这种副产品。小苏打的碱性极强，

而酒石酸的酸性极强，将二者在一杯水中混合，再放进一片阿司匹林，马上就会产生气泡（如果不放阿司匹林，你得到的就是一杯苏打水）。

所有使用小苏打的配方都会搭配一种对应的原材料，如柑橘汁、蜂蜜、醋、酪乳或者酸奶油。通常情况下，配方中小苏打的用量占面粉总重量的 0.5% ~ 1.5%。泡打粉是酸性原材料和碱性原材料的混合，加水或者加热的时候会发生反应。我们在家庭烘焙中经常使用的双重活性泡打粉至少含有两种不同的酸性物质，其中的一种在遇到水之后会立即和碱（通常是碳酸氢钠，也就是小苏打）中和，产生所谓的"碗中的反应"，这种酸通常是酒石酸或者磷酸二氢钙；剩下的一种酸，如硫酸铝钠，遇水不发生反应，但是对温度比较敏感，因此只有加热到 66 ~ 71℃ 的时候，它才会和小苏打发生反应，我们把这称为"烤箱中的反应"。通常情况下，配方中泡打粉的用量占面粉总重量的 1% ~ 5%，但是也有一些配方中的泡打粉的比例达到了 7%。因为这本书致力于让大家了解比例的重要性，所以这些百分比以及上述有关化学发酵的基本知识应当成为你知识库中的重要储备。

要想了解更多有关化学发酵的知识，我推荐阅读雪莉·蔻瑞荷的《烹调巧手》《烘焙巧手》以及哈洛德·马基的《食物与厨艺》。

乳酸菌（真是巧合），它使这款面包的味道非常特殊。与世界上其他地方生产的酸面团面包相比，这种面包味道更酸，表皮更厚。（注：旧金山乳酸菌存在于世界各地，其他地区生产的酸面团面包中也有这种乳酸菌，只不过其数量不及旧金山当地的。）

天然酵母有什么作用？常规的人工酵母（酿酒酵母）就是酿造啤酒使用的酵母菌（这也许能够解释为什么啤酒经常被称作"液体面包"），它并不喜欢酸性环境。如果细菌活动产生的酸过多，这种酵母菌就会死亡，而且使面包的味道变得非常奇怪，尝起来会有氨的味道，酵母菌释放的谷胱甘肽也会使麸质的结构变得脆弱。多数由酿酒酵母发酵的面包，其 pH 值在 5.0 ～ 5.5 之间。

相反，天然酵母（少孢酵母）比较喜欢酸性环境（pH 值在 3.5 ～ 4.0 之间），因此它在细菌产生乳酸和醋酸之后会茁壮成长。由于细菌发酵时间是酵母菌发酵时间的 2 倍，所以只有强健的酵母菌能坚持到最后。这也是用天然酵母能够烘焙出优质酸面团面包的重要原因。

如何培养天然酵母呢？我们并不需要制作酵母菌，因为它就生活在我们周围，存在于空气、植物、谷物和水果中（可以从葡萄、李子的白色果霜中找到它）。但是，我们确实需要捕获并培养它来制作面包，方法是制作酸面团酵头或者发泡酵头。优秀的面包师知道如何在一批又一批的面包制作中保持酵头的生命力和健康，并会为了烘焙可口的面包而调整酵头的用量，这是烘焙技巧的一部分。

培养酵头的主要窍门在于定期用新鲜的面粉和水来喂养，提供给它生存所需的营养和糖分。你也可以将它冷藏或者冷冻起来，让酵头处于休眠状态，这种方法也被用来延迟发酵，因为酵母菌通常在 4 ℃以下就会停止活动。经过适当地培育，健康的酵头可以一直保持活性。通过天天喂养，旧金山一些面包公司的酵头已经使用了 150 多年！在后面的配方中，我们将更加详细地讲解天然酵母酵头的制作过程。

第 4 步：按压（排气）

"按压面团"听起来有些夸张，更精确地说是"排气"。排气一共有 4 个目的：首先，它能够将附着于麸质网络中的一些二氧化碳赶出去，因为过多的二氧化碳会使酵母菌窒息；其次，它能够使麸质松弛；再次，因为面团外部的温度通常低于面团内部的温度，所以排气能够消除内外温差；最后，面团经过排气，其中的营养物质会重新分配，引发新一轮的营养循环。

很多面团在进行二次发酵的时候，都需要将气体完全排出，但是也有很多面团需要轻柔的处理，以便尽可能多地保留其中的气体，从而使最后的成品内部有不规则的大洞。法棍和其他形状的法式面包通常按照其中的洞或者网状结构的质量来进行评价。

制作普通的硬外壳面包时，在进行初发酵之后，很重要的一点是要通过轻柔地按压来尽可能多地保留其中的二氧化碳。那些储存气体的小洞在醒发和烘焙过程中会形成不规则的大洞，这是高质量炉火面包的标志。

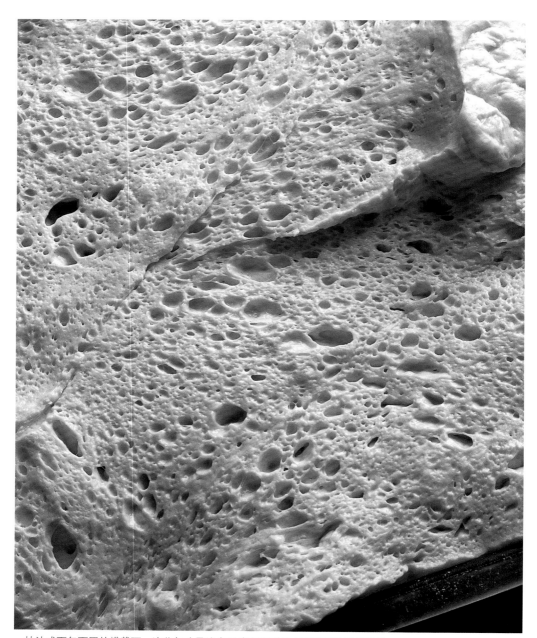

一块法式面包面团的横截面，这些气孔最终会形成面包成品中不规则的网状结构

有些面团需要在按压之后才能进行二次发酵，如法式面包面团这样需要长时间发酵的普通面包面团。从技术上来讲，只要面团没有被切分开，那么无论经过多少次按压，它仍然处在初发酵阶段，二次发酵（第 5 步）只有在面团被分割成小块之后才会开始。因此，如果提到了排气，它便特指在分割和称重之前进行的排气。排气的程度和精确度如何完全取决于所烘焙的面包的种类。有时候，只是简单地将面团从碗中转移到工作台上，便足以释放面团中的二氧化碳，从而达到上述 4 个目的。有时候，如果我们希望面包（如三明治面包或者餐包）中的洞大小适中、分布均匀，那么按压时就需要将气体全部排出。

我喜欢转移像夏巴塔和佛卡夏那样柔软的手工面包面团——把面团从碗中转移到工作台上，然后看着它因重力而下沉，缓慢地释放气体，但是仍然能够保留足够多的气体来维持漂亮而轻盈的麸质结构。处理这种面团的关键在于动作轻柔，尽量不要触碰它，以便尽可能多地保留其中的气体。我们可以在面团上多撒一些面粉，或者把双手浸湿（湿润的面团不会和湿润的双手粘连）。这种湿面团在轻微折叠时不会卷起来。重申一次，我们的目标是尽可能多地保留气体，以便新产生的气体在二次发酵（醒发）的过程中让面团膨胀得更大，形成成品中不规则的大洞，使面包的味道更好。想要烘焙出世界顶级面包的手工面包师面临的最大挑战就是处理面团，用面包老师们的老师雷蒙德·卡尔韦尔教授的话说，就是要有"一双带着天鹅绒手套的铁手"。

第 5 步、第 6 步和第 7 步：分割、揉圆和静置（中间醒发）

大部分由人工酵母或者天然酵母发酵的面包都需要发酵两次。通常情况下，面团首先需要整体发酵（初发酵），之后在分割和整形后进行二次发酵（醒发）。在这两次发酵之间，面团经历了 3 个重要阶段：首先将面团分割成独立的小块，然后将这些小面团揉圆（初步整形），之后静置（有时也叫中间醒发）。这 3 个阶段衔接得非常紧密，因此我们将其放在一起讲解。

分割

首先，我们必须将面团分割并称重。这时面团的大小可能是最终大小，也可能是为了再次分割而分割出的中间大小（如首先分割出 16 盎司重的面团，再将它分割为 8 个 2 盎司重的餐包面团）。下刀的时候，尽量切割精确（是切而不是撕），切口越少越好。面团每被切割一次，都会变脆弱一分。如果面团切小了，需要把两块或者几块合为一块，那么面包成品的质量就会受到影响。分割时，请使用切面刀或者锯齿刀进行精确切割。

揉圆

分割之后，我们需要对面团进行初步整形，通常是将其制作成球形或者鱼雷形。这一步被称为揉圆，它能够再次拉伸麸质，有助于形成面团的表面张力，使面团在最后膨胀的时候保持原来的形状。如果成品内部需要形成不规则的大洞，那么整形时动作要轻柔，尽量不要排气；如果是制作三明治面包或者餐包，那么在揉圆的过程中可以将气体完全排出。

揉圆是对面包成品的初步整形（如果制作的是圆形面包，那么揉圆就是对面包的最终整形）。如果面包是长条形的（如法棍），那么我建议将面团揉成鱼雷形而非球形，因为这样可以使最终整形变得更加简单。有关初步整形的更多说明参见第62～63页。

静置

根据面包的种类将面团分割和揉圆后，要么马上进行最终整形，要么将其放置30分钟或者更长的时间，让麸质松弛下来，这个过程就叫静置。虽然本书中大多数面包的面团都可以在分割之后直接进入最终的整形阶段，但是对于一些很难整形的面团，你可以使用静置的方法。这个方法的唯一目的是在揉圆面团后，给予麸质一定的松弛时间，使最后的整形更加容易。面团是否需要静置取决于影响最终整形的3个特性：延展性、弹性和耐性，这些都是由面团麸质的状况决定的。

■ 延展性、弹性和耐性

如果麸质绷得很紧，面团就会很有弹性。与弹性相对的是延展性，延展性好，面团便质地柔软，容易拉伸。面包的整形通常依赖于这两者的关系，以及第三个特性——耐性。延展性是面团拉伸和保持形状的能力，弹性是它恢复原来形状的能力，而耐性是它在操作过程中不容易被破坏的能力。弹性和延展性主要由小麦或者面粉

的种类决定，但是也会受到处理面团的操作强度的影响。和肌肉一样，当麸质开始工作时，它能够在其原本具备的弹性范围内收紧。耐性是由小麦的品种和混合比例决定的。

影响这3个特性的其他两个因素是面团的含水量（比较湿的面团的耐性和延展性较好，比较干的面团的弹性较好，但是耐性较差）和温度（比较温暖的面团的延展性较好，但是耐性略差）。

例如，在把一大块普尔曼面包的面团分割成小块时，小块面团首先会被揉成球形或者鱼雷形，在最后整形前静置5～20分钟。静置给了麸质一定的松弛时间，因此面包成品不会再恢复到鱼雷形。当为法棍或者其他长条形面包整形时，我们有时需要让分割过的面团静置2～3次，以便一步步将面团拉伸到我们想要的长度。每次当弹性起作用时，我们都可以让面团松弛一段时间，让它更具延展性。静置的时间越长，面团就越松弛，延展性也就越好。

在这些步骤中，理解我们这样做的两个目的——整形和为面团最后的膨胀或者发酵做准备——是很重要的。初发酵已经使大部分味道产生，面团在初发酵时使味道产生的变化最为明显。二次发酵虽然能够继续改变味道，但是它的效果已经不如初发酵那么明显了。

第 8 步：整形和添加馅料

传统的面包有几十种形状，做出这些形状的方法就更多了。一些形状的面包很经典，世界各地有不同的叫法，如圆面包、

鱼雷形面包、法棍，以及 12 英寸的巴黎面包（pain parisiens，在美国也叫长棍面包，是酸面团面包和法式面包最常见的形状）。还有一些形状的面包比较特殊，或者说非常有地域性和周期性。家庭烘焙者近来对传统面包越来越感兴趣，他们渴望学习更加别致、难度更大的整形技巧，甚至对精美的供神面包（showbread）的兴趣也更加浓厚了。

令人吃惊的是，法棍是最难整形的面包之一，虽然它随处可见，价格低廉，结构简单。法棍形也是考核面包师学徒的第一个形状。塑造这种标志性的形状有很多不同的方法，下面的讲解只不过是一个引子。你可能已经掌握了其他方法，或者学习过其他教程。随着你烘焙的面包越来越多，你最终会添加自己的窍门并总结出自己的技巧。无论是有意还是无意，你都会形成自己独特的整形风格。不过，下面的这些方法是将你引入这个领域的敲门砖。

下面将进行细致讲解的形状包括球形、鱼雷形、法棍形、王冠形、麦穗形和其他剪出的形状、裂口形、梯子形、袋形、帽形、普雷结、三明治面包形、鱼雷卷形、餐包形、手撕餐包形、面包结形和辫子形。虽然上述形状并不适合所有的面团，但是它们可以满足大多数面团的整形需求。（像贝果和布里欧修这样特定形状的面包的整形是和配方一起介绍的。）面包的配方中还附有推荐形状。

一些形状的塑造得益于使用特殊的整形工具，如醒发碗或发酵篮、帆布或内衬软棉布，以及各种模具。尽管这些工具能让烘焙变得更加容易，但是没有的话，我们也

可以将一些普通的厨房用具改造为这类实用的整形工具（参见第 28 ～ 31 页的例子）。

大部分面包的初始形状都是球形或者鱼雷形，因此我将从它们开始讲起。

球形

　　球形是将面团塑造为其他形状的基础。因此，我们将从表面张力这个重要的原理开始说起。增大面团的表面张力是使面团变成球形的关键，这能够使面团向上而非向周边膨胀，使面团保持圆柱形而不会摊开，变得扁平。增大表面张力的关键是要牢牢按住面团底部的接缝，使面团表面绷紧（就像除去床单上的褶皱一样）。你可以使用多种方法来达到这个目的，最常见的是用手掌边缘或拇指边缘将裂缝捏在一起，向面团表面施压。一旦掌握了这一点，你就可以按照图片稍稍练习一下，轻松地成为一位高手。

（A）将面团大致团成一个球形。（B）制造表面张力，拉伸面团的表面使其变成椭圆形，尽量不要将面团中的气体挤出来。（C）重复这个拉伸的动作，把椭圆形的两端收拢，使面团形成球形，通过捏紧面团底部的接缝来增大表面张力。（D）将球形面团放在一边醒发，或者等待下一步整形。

鱼雷形

　　鱼雷形的面包通常为 6 ～ 12 英寸长。这种形状不仅可以单独成形，使面包皮和面包心的比例达到平衡，我们也可以在它的基础上塑造其他形状。例如在制作法棍或者三明治面包的时候，我通常将面团预先整成鱼雷形而非球形，因为鱼雷形更接近成品的形状，经过短时间的静置后，完成拉伸会更容易一些。

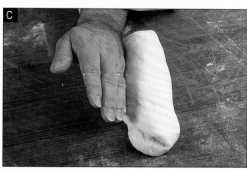

轻轻地拍打面团，使其大致形成一个长方形。（A）不需要排气，将下方1/3的面团折叠至面团的中心，压出一道印，在外侧制造出表面张力。（B）将剩余的部分折到面团上面，这样面团边缘形成了一道新接缝。（C）用手掌边缘或拇指边缘将接缝按平，增大整体的表面张力。（D）将鱼雷形面团放在一边醒发或者等待下一步整形。

法棍形

法棍是典型的城市面包，因为这种形状的面包是在巴黎流行起来的。法棍的长度因地区的不同而不同，但是对家庭烘焙来说，真正的决定因素是烤箱的大小。即使你可以做出一根长达3英尺的完美法棍，你的烤箱可能也只能容纳12英寸或18英寸长的面团。因此，下面的说明是针对家用烤箱和家用烘焙石板的，制作出的法棍重8盎司、长15英寸。如果你可以使用标准大小的商用烤箱，可以将面团的重量增大到14盎司，长度增加到24英寸。如果你可以使用面包店的烤箱，就可以制作出长28～36英寸、重16～19盎司的法棍，那将是一个惊人的面包。

看操作流程图之前，我们有必要再次强调表面张力的重要性，就像在"球形"那个部分中解释的一样。表面张力不仅可以使面团膨胀为管状，还可以使烘焙前的割包更加容易。

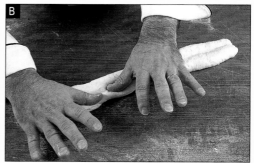

对鱼雷形面团进行静置、使麸质松弛后，拿起面团轻轻地从两端向外拉伸。（A）在面团的中线处向下压，像制作鱼雷形面团那样折叠面团，好像折信纸一样。（B）紧贴着工作台封住接缝来制造表面张力。（C）双手从面团的中间开始逐渐向两端移动，轻柔而稳定地来回滚动并揉搓面团，将它抻到所需的长度。如果面团弹性太大，收缩得比需要的长度短，那么将其再次静置5分钟，然后重复来回滚动和揉搓的动作。（D）将法棍形面团放在一旁醒发。

王冠形

将面团整成球形，在中间掏出一个洞。（A）轻柔地拉伸面团，使其成为一个较大的圆环，就像面包圈一样。（B）将它放在预先撒好面粉的工作台上，用细木棍或擀面杖在四边按压出凹槽，在凹槽处撒上面粉，防止它们合拢。将"王冠"放在一旁醒发。

麦穗形和其他剪出的形状

像制作法棍一样对面团进行整形和醒发。将面团直接放在铺了烘焙纸的烤盘中。（A）在开始烘焙的前一刻，用剪刀剪出一些锐角，使切口几乎与面团平行，几乎一直剪到面团的底部，但是不要剪断（面团必须连在一起）。（B）将剪开的部分分别向外摆，使其和面团主体分开，尽可能地使各部分保持较远的距离。也可以先用法棍形面团制作出一个面包圈，然后按照上面的方法剪开，制作出花环的形状。我们还可以用剪刀为任何一种炉火面包剪出有趣的样子，如图C和图D中餐包的样子。

裂口形

在鱼雷形或者较短的法棍形面团上撒面粉。（A）用细木棍或擀面杖按压，一直按到面团的底部，注意不要将其切断。（B）拿掉木棍后，将面粉撒在凹槽中。再次用木棍或者擀面杖按压面团，缓慢地扩大并加固凹槽，然后再次撒入面粉。（C）轻轻地抬起面团，将其翻转过来，让有凹槽的一面向下进行醒发。醒发完成以后，再将其翻回来，让有凹槽的一面向上，最后进行烘焙。

梯子形 / 佛卡夏形

方法一：（A、B）在烘焙之前，用切面刀将经过醒发的法棍形面团从中间划开，再将切口分开。

方法二：在烘焙之前，将一块经过醒发的鱼雷形面团按扁，（A、B）然后用小刀划出你喜欢的花纹，并将切口分开。

餐包形和手撕餐包形

清除工作台上所有的面粉，用湿布擦拭工作台以增大摩擦力。把手掌握成杯子的形状，将面团放在手掌内。
（A）紧紧地将面团按在工作台上，好像要把它嵌入工作台一样，同时旋转自己的手做圆周运动，用手掌的外侧旋转面团。（B）面团应该会挤到你的掌中，形成一个紧致的圆球。经过练习，你可以用双手同时整形。
（C）将任意数量的餐包一个挨一个放在铺有烘焙纸的烤盘中，这样，它们膨胀之后会连在一起。烘焙后这些餐包很容易撕开。

袋形

将面团制作成球形，静置10分钟以使麸质松弛，然后将面粉撒在面团上。（A）用擀面杖将球形面团的一半擀成薄面片。（B）在另一半球形面团上刷植物油。（C）将面片折起来盖在另一半上，放在一旁醒发。

帽形

将一块面团制作成球形。另取一块面团，其大小是球形面团的$1/4$，将其压平。（A）将压平的面团擀成和球形面团顶部一样大的圆形面片，在球形面团顶部刷少量植物油，将面片放在上面。（B）用手指按压面团中央，使两者粘连在一起。你也可以将一小块面团放在凹陷处，然后在表面撒上芝麻。最后，将面团放在一旁醒发。

普雷结形

将一块3~5盎司重的面团拉成12~15英寸的长条。（A）将面团的两端交叉，形成一个环形，然后再拧一圈，使其固定。（B）将面团两端一起提起来放在环形最宽的地方，让两端正好在面团的边缘上。

鱼雷卷形

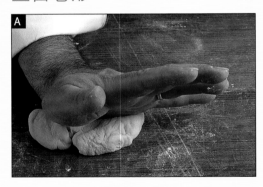

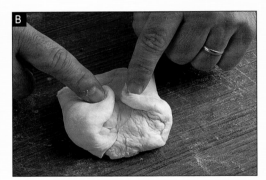

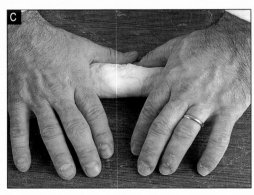

（A、B）轻轻地将称过的面团按平，将4条边向中间折叠，使面团成为方形。再将面团卷起来，像处理鱼雷形面团那样压平接缝，增大表面张力。（C、D）将面团揉成鱼雷形：用力揉搓两端，使其逐渐变细。（你也可以像处理裂口形面团那样处理它，制造出不同寻常的形状。）

三明治面包形

将称过的面团按平，将4条边向中间折叠，使面团变成一个边缘平整的长方形，大约宽5英寸、长6～8英寸。（A、B）从面团的短边开始，将一截面团卷起来，每卷一圈，就用手按压接缝来增大表面张力。随着面团被卷起来，它的短边会被抻长，最终变成8～9英寸。（C）用手掌边缘或者拇指将最后的接缝压实，然后滚动面团以使其变得平滑，不要按压两端，使面团朝上的一面保持平整。（D）将面团放在刷了少许油的模具中，其两端需要接触到模具的两端，这样才能保证面团膨胀均匀。

面包结形

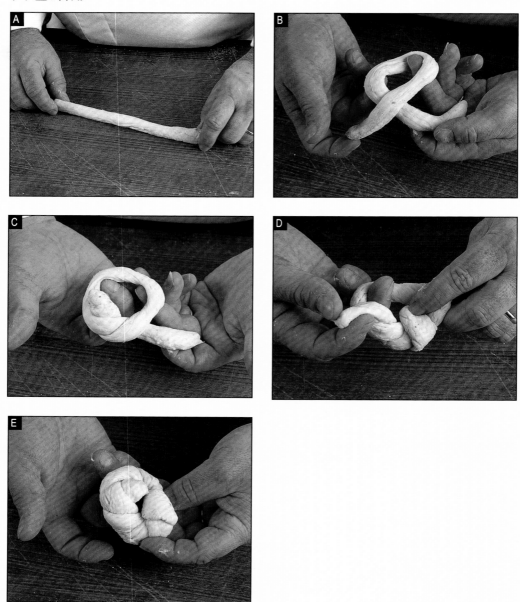

（A）将一块经过称重的面团搓成一根6～8英寸的长条（餐包面团为2盎司，三明治或恺撒面包面团为3盎司或4盎司）。（B、C）简单地打一个结。（D、E）将两端再次穿过中心。可以将面包环想象为表盘，一端应当从7点钟的位置穿过，另一端应当从5点钟的位置穿过（一端向下穿过面包环，另一端向上穿过面包环，中间留下一个小小的结）。

辫子形

　　将面团整成辫子形最重要的原则就是要保证搓成长条的面团的重量和长度一样。另外还要记住，后面图中面团上的数字标注的是每根面团在工作台上的实际位置（从你的左手开始数起），而不是面团的序号（因此，在编辫子的过程中，表示某一根面团的数字会发生改变）。把面团整成长条要像制作法棍形面团一样来回滚动和揉搓。

两股辫

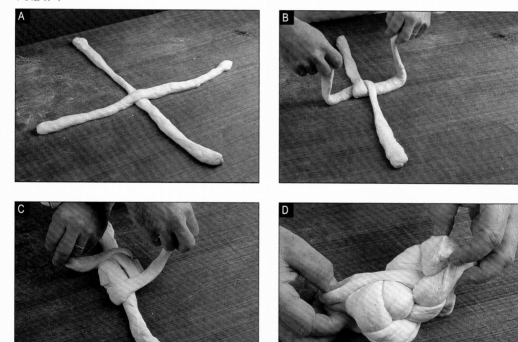

（A）将2根相同重量和长度的长条形面团交叉，然后提起下面那根的两端再次交叉。（B）用相同的方法将另外一根的两端也交叉。（C）继续用这种方式轮流交叉两根长条形面团，直到长度不够。（D）将所有的尾端两两捏拢。把编好辫子的面团侧过来放着。

三股辫和双层辫

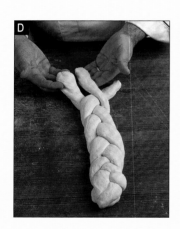

这是唯一一种从中间开始编起的辫子。将3根相同重量和长度的长条形面团垂直放在你面前，使它们平行。从左侧开始给它们编号，分别为1、2和3。从面团的中间开始，向着你自己的方向按照这样的顺序操作：将右侧靠外的面团放在中间的面团上（3压2）；（A）将左侧靠外的面团也放在中间的面团上（1压2）。重复上面的操作，直到编完。（B）将尾端捏拢，（C）将面团旋转180°，让没有编的部分朝向自己。（D）继续编辫子，但是这次将靠外的面团放在中间的面团下面，直到编完。（E）将尾端捏拢，完成整形。双层辫（节日面包或者庆典面包）：制作两个三股辫面团，其中一个的总重量是另外一个的2倍（例如，3根6盎司重的长条形面团和3根3盎司重的长条形面团）。（F）将小辫子放在大辫子顶部中央。

四股辫

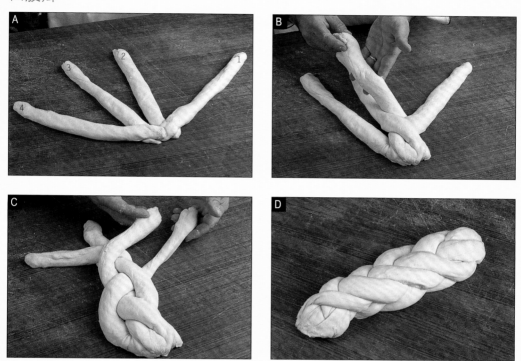

（A）将4根相同重量和长度的长条形面团的一端捏拢，另一端朝向自己。从左侧开始，面团编号依次为1、2、3、4。（B、C）按照这个顺序编辫子：4放在2上面，1放在3上面，2放在3上面。重复这个操作，直到面团长度不够。（D）将尾端捏拢。

五股辫

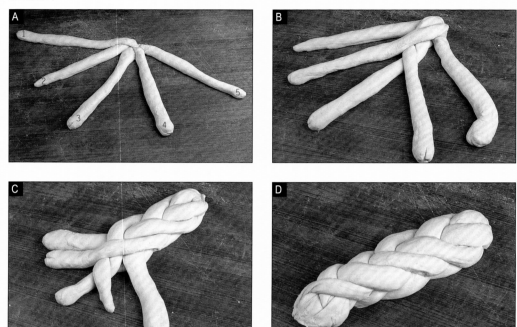

（A）将5根相同重量和长度的长条形面团的一端捏拢，另一端朝向自己。从左侧开始，面团编号依次为1、2、3、4、5。（B）按照这个顺序编辫子：1放在3上面，2放在3上面，5放在2上面。（C）重复这个操作，直到面团长度不够。（D）将尾端捏拢。

六股辫（无图）

（A）将6根相同重量和长度的长条形面团的一端捏拢，另一端朝向自己。从左侧开始，面团编号依次为1、2、3、4、5、6。（B）把6放在1上面以加固连接在一起的面团（现在6变成1，5变成6）。（C）按照这个顺序编辫子：2放在6上面，1放在3上面，5放在1上面，6放在4上面。（D）重复这个操作，直到面团长度不够，最后将尾端捏拢。

第 9 步：醒发（二次发酵）

"醒发"是面包师对二次发酵阶段的简称。初发酵和二次发酵都是发酵的形式(即酵母菌已经使面团变得活跃)，将这两个步骤都称为发酵也是正确的。但是在专业术语中，"发酵"通常指的是初发酵，而"醒发"指的是二次发酵。

从一大块面团被分割成小块起（第 5 步），二次发酵便开始了。"醒发"是二次发酵的顶点，面团在此阶段完成了烘焙前的最后膨胀。要使面团膨胀，发酵时就必须产生二氧化碳和乙醇，这也会使面团的味道更加丰富。但二次发酵对味道的改变不像初发酵那样显著，它最重要的作用是使面团膨胀到适合烘焙的大小。通常情况下，经历这个过程后的面团要达到最终成品大小的 80% ~ 90%，因为面团在烤箱中还会膨胀（这种能力称作烘焙弹性）。但是有的时候，面团完全没有或者基本没有烘焙弹性，我们就会让它醒发到最终大小再进行烘焙。多数情况下，独立醒发的面团（如餐包或者法棍的面团）在膨胀到 2 倍大之前就已经进入烘焙阶段了，因为人们期望它们在烤箱中会完美地膨胀。（如果在醒发时面团的体积就已经增大了 1 倍，那么它在割包时就有可能塌陷。）

醒发需要吐司模、醒发碗或者铺有烘焙纸的平边烤盘（参见第 28 页的"整形和醒发工具"），重点是要选择与面团大小相匹配的容器。后面配方中给出的说明包括选择大小合适的醒发工具和为醒发做的准备工作。

自制醒发箱

专业的面包房通常使用能够控制环境的醒发箱。这种箱子既能控制温度和湿度，又能帮助烘焙者精确地计算醒发时间。它的温度通常设置为 32 ℃ 左右，湿度大约为 80%。在生产环节中，控制环境和时间尤为重要，因为烤箱必须在面包刚好适合烘焙时做好准备。如果烤箱已经准备好了而面团还没有发酵好，那么面包师就损失了时间和金钱；如果面团过快地完成了发酵，那么它在等待烤箱完成上一轮的烘焙任务时可能会发酵过度，导致面团塌陷或者不能理想地膨胀，从而达不到预期的质量。烘焙如同生命，时间就是一切。

家庭烘焙者通常不用过多考虑这些，但是也需要谨慎地控制好这个步骤。没有了昂贵的醒发箱的控制，我们要么在室温下进行醒发，要么制造出一个能够控制温度的环境。温度对控制醒发时间来说是极其重要的，每改变 8 ℃，醒发时间都会增加 1 倍或者减少一半。例如，如果在 21 ℃ 的环境中或平均室温下，面团的体积增大 1 倍需要 $1^{1}/_{2}$ 小时，那么在 31 ℃ 时只需要 45 分钟；相反，如果将温度降到 12 ℃，那么需要 3 小时。在一定的范围内，任何的温度变化都会成比例地影响面团膨胀的时间。

醒发箱还可以控制湿度，这一点也非常重要。因为，如果空气很干燥，面团的表面就会形成一层"外壳"，它会阻碍面团膨胀，而且会影响成品的质量，使面包皮较硬，非常难嚼。湿润的空气则会使面团的表面保持柔软。在家中，我们有很多方法来保持空气湿润。

保鲜袋能够提供一个可以控制的环境。它能保护面团免受流动的空气的影响——流动的空气会使面团的表面变干——同时也能锁住水分，使面团表面保持柔软。虽然保鲜膜也能够保护面团，但是保鲜袋的另一个好处是它只会松松地接触面团，因此不会阻碍面团膨胀。

你也可以用一个倒过来的碗，如不锈钢搅拌碗或者较大的沙拉碗盖住面团。碗必须足够大，以便给面团的膨胀预留出一定的空间。如果碗足够大，你甚至可以将一杯沸水放在面团旁边来提高温度和湿度，然后将碗盖上。

你也可以在烤箱或者微波炉中使用同样的方法。（如果你的烤箱有烤箱灯的话，那么其中的温度对醒发来讲可能过高了，因此操作时要小心一些。在凉爽的天气里可以使用 15 分钟，然后将面团取出，在室温下完成醒发。）使用微波炉时，你可以先放入一杯接近沸点的水，再放入面团，关上微波炉门。

还有一种适用于寒冷天气的更加极端的方法，是我从面包烘焙书作者洛拉·布罗迪那里学到的——使用电动洗碗机。首先启动程序（不要放洗涤剂），使洗碗机中充满蒸汽。然后将整形完毕的面团放进去，关好门。里面的温度比其他任何自制醒发箱的温度都要高，因此发酵的速度会很快，大约为室温发酵速度的 2 倍。这个方法非常适合营养三明治面包，因为这种面包对发酵过程中产生的味道的需求不像普通面包那么高。但是，洗碗机中的温度对需要长时间发酵的面包来说就太高了，对多数面团来讲，它会导致发酵速度过快，因此

成品的味道不会太好。这种方法很适合最后的醒发，可以使面包在 30 ~ 45 分钟内膨胀。

如果不赶时间，让面团在室温下缓慢地发酵是最好的选择，这也是多数配方的建议。这样一来，我们可以最大限度地控制时间，面团也会产生最好的味道，但这通常需要 1 ~ 2 小时，有时甚至更长。如果需要的话，我们可以寻找一些较为温暖的地方，如冰箱的顶部或者有阳光的地方，这样可以缩短发酵时间。

刷面和装饰

有时，我们需要将蛋液或者蛋白刷在面团的表面，如在制作哈拉和布里欧修时；或者用各种籽和其他的装饰配料进行点缀，如使用荷兰脆皮（第 255 页）。我们最好在面团完全膨胀之前进行这项工作，因为一旦面团过大，它就会变得非常脆弱，不能承受刷子的压力，会排气或者塌陷。在最合适的时间处理面团可能是这个步骤中最重要的技巧。例如，法式面包在完全发酵后才进行割包，烤出来的面包就会是扁平的；而在面团膨胀的过程中完成割包，面包在烤箱中就会充分膨胀，切口会绽开。我们将在第 10 步"烘焙"中进一步讨论这个问题。

有些面包非常适合刷面和装饰。例如，人们通常会在黑麦面包的表皮上刷打匀的蛋白，使面包的外壳看起来非常透亮。餐包和布里欧修通常需要刷上用整个鸡蛋打匀的蛋液，因为蛋黄可以为蛋白的光泽增色。我们最常用的是水，因为它不仅不会影响面包表皮的颜色，还可以粘住装饰用

的籽和薄片（如燕麦片或者麦麸），同时也可以提高面包的烘焙弹性和增加光泽。我曾经看到过要求刷白醋的配方，但是从未尝试过，觉得那样做意义不大。同样，我也不使用玉米淀粉水。但是，我确实喜欢用荷兰脆皮装饰维也纳面包，有时还会用它装饰三明治面包。

面包最常用的装饰配料是芝麻、燕麦片和其他谷物的薄片，有时也会用到麦麸、葛缕子籽和其他的籽，甚至直接使用面粉。我们通过在面团的表面洒水或者刷水（或蛋液）将装饰配料粘在面团上，或者将面团在湿毛巾上滚动后放到装有装饰配料的盘中蘸满配料。第一种方法可以用在面团醒发之前或者之后，而第二种方法必须用在面团醒发之前。

装饰面包的时候，请记住基本的烹饪原则：装饰物必须具有实用性（可以食用）和观赏性，同时能够增加味道。装饰物通常会给烘焙新手带来多数人难以想象的麻烦，如果操作不当，有时会使他们在实践考试中丢掉很多分，甚至可能使他们失业。举例来说，或许用薄荷叶来点缀一道甜点能够增加视觉上的美感，但是它的味道也一样合适吗？面包的装饰也是同理。我们确实先用眼睛来"品尝"，因此任何装饰物都必须满足视觉需求。但是，一定要确保装饰物能够为面包增加味道，而不会影响甚至掩盖面包的味道，或者更糟糕——毁掉面包的味道。如果在面包表面撒了过多的面粉或者干谷粒，通常会造成这种灾难性后果。

第 10 步：烘焙

在此阶段我们还有很多工作，包括割包、准备烤箱、将面包放入烤箱、烘焙和判断生熟。烘焙阶段最关键的部分发生在烤箱中，在那里，面团一共发生了 3 个重要的反应：淀粉的凝胶化、糖的焦化以及蛋白质的凝固和烘烤。这些是决定面包成品质量的最后几个关键点。

我们先提一些实用的建议，然后谈谈背后的科学。

割包

割包的目的是释放面团中的部分气体，从而使面团具有良好的烘焙弹性，使成品的外观更加漂亮。割包产生的切口既具有功能性，又具有艺术性。通常，它可以防止面团中无法排出的气体聚集在一起，在面包内部形成过大的通道或者孔洞（很多面包师都将其戏称为"面包师睡觉的地方"）。割得巧妙的话，切口能够在很大程度上强化面包的外部线条。无论是直的还是弯曲的，有力的线条都是面包品质的证明。

通常，在将面团放入烤箱之前才进行割包；但是，我们偶尔也需要将这个步骤提前。它叫作划线、切割或者剪切，是介于第 9 步和第 10 步之间的步骤。我们将"割包"放在"烘焙"这个步骤中介绍，是因为切口除了具有艺术性外，对烘焙本身也有帮助。

最典型的切口是法棍和其他欧式炉火面包的切口。我们最好使用锋利的刀片，如安全剃刀或者是带手柄的双面刀片。割包的时候，只使用刀的尖端，这样可以避免刀刃的后半部分拉起面团（这样刀会撕裂面团而非将它切开）。我经常告诉自己的学生，在割包的时候一定要念叨"割"这个词，以此强调它和其他切割动作（比如撕开信封的动作）的不同。下刀时刀不应该是垂直的，而应该有一个角度，让切口几乎和面团表面平行。这样，切口的一边就会和面团的其他部分分离，形成"耳朵"。烘焙时，面团会在烤箱中膨胀，从最脆弱的地方——切口处——释放一些气体，使表面裂开，形成法国人称为"咧嘴笑"、我们称为"开花"的形态。在比赛中，面包的好坏很大程度上取决于切口的整齐和一致程度，以及"开花"的质量。

切口的形状因人而异，相似种类的面包可能有不同的切口。例如，餐包既可以割出井字形或者螺旋形的切口，也可以割出纵向的切口（交叉或者不交叉都可以），如星号或者放射状切口。也就是说，传统

用割包刀切割的法棍

的欧式面包系统中虽然存在规范和约定俗成的标准，但是对切口确实没有任何规定，只要它可以满足面包的审美需求并在烘焙时发挥作用即可。

如果你想使用锋利的锯齿刀或其他类型的刀，记住要让刀自己来完成工作。不要急着插入刀刃对面团施压，而要将刀轻轻地刺入面团，再轻轻地划开，利用刀的重量和锋利来完成割包，而不要自己用力，这样可以使切口更加整齐。记住，我们要让面团自己裂开，而非在手施加的压力下塌陷。

为炉火烘焙准备烤箱并放置面团

本书中的很多面包都是炉火面包，也就是直接在炉床上或者加热的烤板上烘烤的面包。炉火烘焙的目的是让热量尽可能迅速地直接进入面包，以此来提高面包的烘焙弹性和面包外壳的酥脆程度。炉火烘焙需要使用蒸汽来增大膨胀幅度，使烤出的面包外壳更加光亮。多数专业烤箱有蒸汽发生器，我们只需按下一个键，烤箱就可以产生很多蒸汽。多数家庭烤箱没有这个功能，可能只有少数会配有蒸汽装置。

虽然没有一种方法能够完全匹敌专业烤箱的保温性和散发蒸汽的能力，但是在家中，你还是有很多种方法能够模拟专业烤箱的功能。首先是使用烘焙石板（或烤板）或无釉方砖，正如第81页的图片所示，你可以用（A）烤盘的背

面或者（B）撒满粗粒小麦粉、玉米粉或面粉的长柄木铲，将炉火面包的面团直接滑到烘焙石板或方砖上。（有时候，我们也可以将面团放在烤盘上直接烘焙，配方中会提到。）虽然几乎所有的面包都可以直接放在烘焙石板上烘烤，但是我建议有些类型的面包还是要在烤盘中烘烤，如营养面包（像土豆泥迷迭香面包），因为如果让它直接接触烘焙石板的话，它可能会被烤焦；还有那些因为形状而不容易移动的面包，如麦穗法棍。如果你对自己的炉火烘焙技术充满信心，也可以不遵循我的烤盘烘焙说明。

另一种代替专业炉火烤箱的方法是使用双重蒸汽技术。并非所有的面包都需要蒸汽，但是蒸汽对炉火面包来说是非常重要的。蒸汽可以延缓凝胶化，给面团足够的时间在烤箱中膨胀， 还可以增加面包的光泽和颜色。但是，蒸汽只在烘焙的前半段有价值，之后，面包需要一个干燥的环境来形成酥脆的表皮。因此，所有的蒸汽都是在烘焙的最初几秒钟产生的，随着面包的烘烤，蒸汽逐渐消失。在烘焙过程中，

晚一些产生蒸汽没有任何好处，即使是在烘焙开始几分钟以后，因为那时面包的表皮已经开始形成了。

我以前只建议向烤箱的四壁喷水，但是现在，我发现了一个更好的方法。预热烤箱的时候，将一个空的厚烤盘（铸铁煎锅更好，较薄的烤盘在高温下容易变形）放在烤箱的顶部或者底部作为蒸汽烤盘。将面包放入烤箱之前，在旁边准备好热水，水越热越好（接近沸腾的最好）。不要使用冰块，因为它转化成蒸汽需要从烤箱中吸收太多热量。我们需要的是瞬间产生的蒸汽，而不仅仅是水分。把面团放入烤箱时，如下页图（A）所示，将热水倒入蒸汽烤盘。倒水时要侧着身体并戴上隔热手套，以免被蒸汽烫伤。

除了使用蒸汽烤盘之外，如图（B）所示，我们还可以使用喷雾器或者更大的园林压力喷壶来制造蒸汽。喷壶价值15～20美元，能够盛放大量的水，需要用力打气才能产生压力，喷出的水能够在短时间内形成大量蒸汽。一定要记住，我们需要制造蒸汽，而非将面团打湿，否则面包表面会产生污

将面团放入烤箱

珍妮弗用烤盘的背面将面团滑到烘焙石板上

亚历克斯用一把撒满粗粒小麦粉的长柄木铲将法棍面团直接滑到烘焙石板上

点。在喷壶或者喷雾器中灌满室温的清水，朝烤箱的四壁和后部喷洒，水一接触烤箱四壁就会马上变成蒸汽。要远离烤箱灯或任何玻璃部件，我们可以将一条毛巾盖在烤箱的玻璃门上，然后向烤箱喷水和往蒸汽烤盘中倒水。因为只要有一滴水滴在热玻璃上（即使是耐热玻璃），玻璃就会发出可怕的爆裂声，让你的心情因为破财而落到谷底。喷水之后，马上关闭烤箱门，30 秒后再次喷水。我通常以 30 秒为间隔，一共喷 3 次水，尽可能地制造出专业烤箱能够产生的蒸汽。但是，烤箱在每次喷水时都会损失一部分热量，这也是在预热阶段要将烤箱调得比所需温度高 10 ～ 38 ℃的原因。只有在喷完最后一次水后，我才会将烤箱设置到烘焙所需的温度，通常是 232 ℃或者 218 ℃，具体温度取决于面包的种类。喷完水后，烤箱的温度可能比需要的温度低，但是如果刚开始就将烤箱设定为232 ℃，那么它恢复到所需温度花费的时间会更长。

在使用多数（但也不是全部）家用烤箱时，我们都需要将面团水平旋转 180°以便受热均匀。我通常在建议的烘焙时间的中途翻转，但是要记住，每台烤箱的烘焙能力不同，烘焙时间只是一个建议时间，并不是一成不变的。判断面包是否烤熟的最好方法，是将一个速读温度计插在面包中心，确保面包的内部温度已达到建议的温度。

了解烤箱中的反应

淀粉的凝胶化

淀粉在面粉中约占 80%，其中一些在发酵的过程中转化为各种糖链，但是大多数仍然以复合淀粉分子和颗粒结构存在。正如雪莉·蔻瑞荷在她的著作《烹调巧手》中描述的那样，"淀粉就是由成百上千个葡萄糖分子连接在一起构成的"。换句话说（根据雪莉的说法），"它们很简单，就是连接在一起的糖"。小麦和多数用来做面包的谷物中的淀粉被称为直链淀粉（木薯淀粉、竹芋淀粉和玉米淀粉的主要成分是支链淀粉）。凝胶化是淀粉和液体经过加热产生的化学反应，它随着内部温度的升高而加剧，淀粉吸收并锁住足够多的水分后会爆发，淀粉分子随着液体流出，使混合物变得黏

双重蒸汽技术

将热水倒入预热好的烤盘来制造蒸汽

向烤箱的四壁喷清水以制造更多蒸汽

稠。多数直链淀粉的爆发点在 82 ~ 100 ℃ 之间，这就解释了为什么 82 ℃ 是面包中心必须达到的最低温度（面包中心的温度永远不会超过 99 ℃）。随着淀粉达到最高爆发点，它逐渐变清，变得半透明，形成一团足以切割的固体。

面包师的任务是充分唤醒谷物的味道，从这个角度出发，凝胶化之所以重要的原因有两点。首先，我们需要使淀粉变得黏稠，使它从面团变成面包。其次，味觉对凝胶化的淀粉和未凝胶化的淀粉产生的反应不同。复合碳水化合物中的糖分子是紧紧地连在一起的，好像一团毛线球，面粉尝起来像木屑，生面团尝起来像胶水。发酵的过程和淀粉酶使小分子糖从淀粉中释放出来，这是我们在第 3 步中讨论过的。在凝胶化的过程中，热量将剩余的淀粉转化为透明的胶体，从而使清爽干净的味道代替了生面团平淡的味道。淀粉本身并没有味道，但是凝胶化之后，它们为其他味道让路，从而将被复合淀粉分子掩盖的味道释放了出来。

糖的焦化

糖被加热到 163 ℃ 时开始变硬，同时颜色开始变深，我们将这个过程称为焦化。从上面对凝胶化的解释中，我们得知面包内部的温度仅仅能达到 82 ~ 99 ℃，这样的温度不足以使糖焦化。但是面包外部的温度会和烤箱的温度保持一致，面包表皮的温度几乎能够达到烤箱的设置温度，因此表皮中的糖会焦化，这也是面包表皮经常呈现棕色的原因。不仅如此，随着糖被加热，糖分子会与其他原材料（包括蛋白质）重新组合。在一定的结构下，这些糖和蛋白质的组合在低温时也会呈现棕色。这被称为美拉德反应（非酶棕色化反应），它比一般的焦化反应需要的温度低，是以 L.C. 美拉德博士的名字命名的，因为是他首先发现了这种焦化反应。多数糖链经过焦化会呈现不同程度的棕色。一个耗时 4 小时的"年轻"普通面包面团，焦化后会呈现金黄色；而一个用 50% ~ 100% 的酵头制作的面团，或者是在冰箱中延迟发酵一夜的面团，焦化后会呈现红金色，因为酶有机会释放更多困在直链淀粉中的麦芽糖和葡萄糖。焦化反应可以影响面包的外观和口感，它受发酵时间、酶的活动和烤箱的温度影响。

蛋白质的凝固和烘烤

从蛋白质的变性到蛋白质的凝固是烤箱中发生的第三个反应。随着面团温度的升高，蛋白质进入了烘烤阶段。蛋白质分

钟形罩

一种模仿炉火烘焙的方法是使用钟形罩烘焙器（本书并不要求）。这是一种小型的陶瓷罩，刚好适合你的烤箱，使用起来很有意思。它可以很好地锁住水分，使面包具有良好的烘焙弹性并散发光泽。它比较昂贵（约 60 美元），掉在地上会碎。烘焙时，钟形罩会变得很热，不小心的话你很容易烫伤自己。但是，如果你有的话，请尽管使用！按照它的说明，每次烘焙一个面包。

子受热时，首先发生的改变是变性。之后，当温度达到 60 ~ 63 ℃时，紧紧缠绕在一起的蛋白质分子会散开变直，但是马上又会与其他相似的变性分子缠绕起来，结合成比较紧密的蛋白质链，这个过程就是凝固。以炒鸡蛋或者煎鸡蛋为例，在一定的温度下，液态和半透明的生鸡蛋会逐渐变得不透明并且凝固。面包烘焙也是同理。高筋面粉大约含有 12% 的麸质，正是这种蛋白质形成了骨架结构，将二氧化碳锁在面团中进行发酵。随着烘焙温度的升高，蛋白质被更加彻底地加热，发生的改变不仅限于凝固。烘焙指用热量将烤箱中的食物加热，去除凝胶化的淀粉中没有被锁住的水分。这就像浓缩，将味道集中起来。随着蛋白质链暴露在越来越高的温度下，越来越多的微妙的、坚果般的味道从支撑面包的麸质中散发出来。再次强调，面包师的真正任务是从原材料中发掘味道。

判断面包的生熟

本书中的每个配方都给出了判断面包生熟的办法，下面这些是通用的原则。

■ 酥脆的硬面包在内部温度达到 93 ~ 99 ℃时完成烘焙（多数情况下，我将这个温度设定为 96 ℃）。当然，如果面包皮即将从金棕色变成黑色，也就是焦糖即将变成碳，你就必须在面包内部达到那个温度之前取出面包。你也可以用铝箔纸甚至烘焙纸盖住它，这样可以多烤几分钟。烘焙的意义是去除多余的水分，以便集中所有的味道。较高的温度能够保证淀粉完全凝胶化，从而可以唤醒谷物更多的味道。

■ 软面包（如营养餐包和三明治面包）

的内部温度需要超过 82 ℃。温度一旦超过了 82 ℃，个头儿较小的面包（如餐包）便会很快烤熟。但是对于那些标准大小的面包，我建议在面团内部达到 85 ~ 88 ℃时才算烤熟，这样能够保证中间没有未熟的部分。如果我们敲打面包的底部，听到的应该是空洞的回响而不是沉闷的声音。同时，面包的四周应该是坚硬的而不是柔软易碎的，颜色应该是发生焦化后的金色而不是白色或者本色。

■ 测量内部温度时一定要测量面包的正中心。我的意思是，要将温度计从面包底部或者顶部的中央扎到面包里面。那里是受热最晚的部分，因此也是温度最低的部分。如果那里达到了你需要的温度，那么其他部分肯定也达到了那个温度。

■ 冷却是烘焙的重要组成部分，我们将在下一步详细说明。

第 11 步：
冷却（耐心是烘焙的美德）

多数人都认为，我们的工作在面包经过烘焙以后就完成了。有的制作方法只列出了 10 个步骤，"烘焙"是最后一步。但事实上，"冷却"这一步也非常重要，因为它是烘焙的延续。

当面包内部达到 82 ℃时，我们便可以将面包从烤箱中取出了，通常这个温度还会再高一些。我们根据面包的大小来决定冷却的时间，面包大概需要 2 小时才能降到室温。在此期间，面包会继续蒸发水分，逐渐干透，因此味道会更加浓郁。当面包的温度还在 71 ℃以上时，严格来说，它仍然处于凝胶化的过程中。这就是为什么当你切开一个刚刚从烤箱中取出的面包时，即使它的内部温度已经达到 93 ℃，它看起来似乎还是没熟或者烘焙不足。这时，淀粉虽然已经吸收了足够多的水分，但是仍处在凝固变硬的过程中，留在其中的蒸汽要么通过面包皮蒸发掉，要么重新凝结成水珠，被面包心吸收。这个过程需要淀粉独自完成，才能达到最佳效果。如果我们在面包还很烫时就切开或者掰开它，阻碍了这个过程，那么面包内部就会变得很软、很湿。

味道是否浓郁是至关重要的。在世界各地的烹饪学校中，学生受到的教育都是"味道优先"（味道规则便是箴言）。在本书的配方中，各个步骤的安排也是为了挖掘出面包最可口的味道。我鼓励学生们尽可能长时间地烘焙面包，也同样鼓励他们尽可能长时间地冷却面包。简而言之，我们需要有耐心。

大多数面包的最佳食用时间是在面包内部冷却到 27 ℃ 左右的时候，因为只有到了这个温度，残留的热量才不会掩盖味道——虽然有些人认为酸面团面包并不适用于这个规则。很多人喜欢吃温热的面包，因为那时面包的口感很好。这没有错，但是如果你想要品尝到面包真正的味道，分辨它那些细微的不同之处，那就要等到它完全冷却再食用。最好将面包放在冷却架上，在室温下冷却，这样可以避免蒸汽在面包底部或面包倾向的任意一面凝结。

要想加快冷却速度，你可以让风扇对着面包吹。流动的空气能够带走热量和水分，这会将冷却时间减少一半，但也会使面包皮变得有些干。虽然很多人觉得将热面包放入冷藏室或者冷冻室会加快冷却，但这样做其实并无益处，因为这种做法只能给面包的表面降温，而不能真正降低面包内部的温度。流动的空气更加有效，许多面包房装有成排的风扇，它们可以对着架上的面包吹，大约 1 小时就可以完成冷却。产量较大的面包房甚至将面包放在传送带上送入风仓冷却，这能使面包房在下一批面包出炉前将上一批面包装好。

第 12 步：储存和食用

在上文中，我提到面包通常在完全冷却后味道最佳。此时，掩盖味道的温度已经降低，水分也蒸发掉了，因此面包味道浓郁，吃起来很松软，入口即化，这时人们只要尽情享用就好了。但是，当面包已经过了最佳食用时间，我们就不太容易处理了。

严格来说，烘焙的第 12 个也是最后一个步骤是"储存"，"食用"无须我们多说。在生产过程中，储存是更为实际的问题。下面简述了各种储存方法，之后我会提供一些分辨好面包的办法。

储存小窍门

■ 普通的硬外壳面包和柔软的营养面包的储存方式不同。要想保持普通面包酥脆的外壳，最好将面包放在纸袋中储存，但是一天之后它依然会变得不再新鲜，所以最好在烘焙当天吃完。要想储存一天以上，就需要将冷却后的面包用保鲜膜仔细包好（即把四面完全包住，防止空气进入），然后将其冷冻或者放在阴冷的地方储存。你也可以使用带拉链的保鲜袋，在密封前挤出所有的空气。冷冻之前，可以将面包切片，这样在食用时你可以只拿出需要的量，而不必将整个面包解冻了。小拉链袋适合装切成片的面包。

■ 柔软的营养面包（如三明治面包）最好放在保鲜袋中，冷冻或者放在阴凉处储存。（暴露在阳光下会使面包中的水分蒸发，增加袋中的水汽，最后使面包发霉。）冷冻前最好将三明治面包切成片，这样每次只需取出足够食用的量解冻就可以了（这比解冻一整个面包花费的时间短）。

■ 如果你的面包未经切片就冷冻了，那么至少在食用前 2 小时将它从冷冻室中拿出来。不要试图将它放在烤箱或者微波炉中加速解冻，这只会让面包脱水。当然，在紧急情况下，当你马上需要面包但是忘了提前解冻时，你可以用微波炉和烤箱快速解冻。防止它脱水的最好方法是将它放在一条湿毛巾下面。将烤箱预热至 204 ℃，将面包放在烤盘中，把一块浸过温水并且拧干的毛巾盖在面包上加热。每隔 10 分钟检查一下毛巾，看它是否需要重新浸水。解冻一个标准大小的面包需要 20 ～ 30 分钟，解冻法棍需要 10 ～ 20 分钟。如果你想要恢复面包酥脆的口感，就在最后几分钟拿开毛巾，并将烤箱的温度升至 232 ℃。

储存禁忌

■ 不要将面包放在冷藏室中储存。即使在密封的保鲜袋中，面包也会脱水。

■ 不要将酥脆的面包放在保鲜袋或者包在保鲜膜中储存，除非你想要用烤箱重新烤出酥脆的外皮。

■ 不要将柔软的营养面包放在纸袋中储存，除非你想使它变干，制成面包屑或者面包丁。

■ 不要将你想要用来制作面包屑的面包放在保鲜袋或者包在保鲜膜中储存。如果蒸汽不能充分挥发的话，面包会发霉。

■ 不要将温热的面包放在保鲜袋或包在保鲜膜中。等到面包完全冷却（一点儿也不热）再放，这样可以防止蒸汽在袋中凝结，从而减缓发霉。

食用

烹饪学校有很多开发味觉的训练。如同葡萄酒方面的专业培训包括分辨各种红酒在味道上的细微差别并为它们搭配合适的食物一样，任何烹饪和烘焙也都依赖于了解味蕾是如何分辨味道的。烹饪的艺术实际上是不同的味道如何通过协作来达到和谐或者不和谐的艺术。

面包烘焙也不例外，尤其是涉及其他的食物和味道时。面包师面临的挑战是将生淀粉的寡淡无味转化成所谓的"好面包的味道"，它应该是甜的，带有坚果的香味，而且层次丰富。这种转化主要是在初发酵和二次发酵的过程中实现的，随后在烘焙过程中完成。

我们在食用烘焙得当的面包时，它在口中的感觉应该是凉爽绵密的，这种感觉的对立面是干巴和颗粒感。如果面包心中还残留有淀粉，它吃起来就会很干，没有绵软的口感，反而像粉尘或者沙子。不仅没有烤熟的面包会有这种口感，没有完全发酵的面包也会有。由于我们的味蕾不能接受被锁在淀粉这种复合碳水化合物中的味道，为了形成良好的味道，淀粉需要在发酵过程中被缓慢地转化成小分子糖。在烘焙得当的面包中，大部分小分子糖已经从淀粉中脱离，其中有一些转化为酵母菌的食物，另一些糖分在面包皮中焦化，很多之前被束缚的糖分子现在可以被5种味觉（甜、咸、苦、酸，以及最近增加的鲜味）感受区感受。就像在到达凝胶点的时候，肉汁会变得清澈闪亮一样（菜谱书中经常说将其加热到即将沸腾的状态），面包心也会发生同样的情况。我们把一片薄面包片放在灯下，它会反光、闪耀。有时，当面包内部的温度达到或超过了96 ℃，它甚至会是半透明的。

当面包被加热到大约63 ℃时，麸质就会产生味道。在面包的温度达到82 ～ 96 ℃时，它会继续增加面包的味道。和咖啡豆、肉类或者其他蛋白质食品一样，面包中的蛋白质经过烘烤会释放更多的味道。在面包中，蛋白质的含量占面粉重量的12% ～ 20%，因为面粉的种类和配方中其他富含蛋白质的原材料的不同，蛋白质在发酵过程中产生的氨基酸及其对烘焙的反应也不同，所以会释放微妙的、富有层次感的味道。烘焙越充分，蛋白质释放的味道就越复杂。这也是软面包通常只需要烤至82 ～ 88 ℃的原因——它并不需要那么强烈的味道，它的味道主要来自那些富含营养的原材料，而非来自发酵或者烘焙的技术。相反，普通的硬外壳面包的味道几乎全部依赖于发酵和烘焙师的技术，因此增加烘焙时间和提高温度对改善面包的味

道很重要。

烤箱中发生的3种反应对味道的影响大部分取决于面团最终发酵的质量。如前所述，普通的硬外壳面包需要保留不规则的大洞，或者说是大的面包心。洞越大，水分在烘焙时就越容易从面包中蒸发，因此可以更好地通过深度烘烤蛋白质和使淀粉充分凝胶化来增加味道。洞小的话，水分难以蒸发，内部温度也就很难升至96 ～ 99 ℃。烘焙阶段就是面包皮和面包心的赛跑，它们需要同时完成自己必须完成的任务——当面包皮中的糖焦化时，面包心中的淀粉也在凝胶化，蛋白质正在被烘烤。当所有这些结合起来并同时达到顶峰的时候，就产生了世界顶级的面包，而这一切都在烘焙者对烤箱和烘焙过程的掌控之中。柔软的营养面包通常需要分布均匀的、中等大小的洞，并不需要世界顶级炉火面包所需的高温。每款面包都各具特色，无论是法国布里欧修和意大利潘妮托尼这样的浓郁型面包，还是白面包这样的三明治面包，抑或是洞比较密集的黑麦面包和100% 全麦面包，它们的味道和评价标准都不尽相同。

但是，重要的一点在于，烘焙者要知道自己在烘焙每款面包时需要获得什么样的结果，然后运用在"面包烘焙的12个步骤"中学到的知识来达成目标。如果说烘焙者面临的最大挑战是唤醒谷物中所有的味道，那么完成挑战的关键是能够在每一步中控制好时间和温度。迎接挑战的知识和本领已经在你的掌握之中，你的面包将迈向成功！

第三章

配方

本书中的面包配方是按照英文字母表顺序排列的，方便查找。所有的酸面团面包被归为一类，因为相关的介绍信息适用于这一类中的所有面包。在每一个配方的开头，你都能看到对面包的简单介绍以及制作过程中每个阶段大致所需的时间。其中，"面包简况"里重新提到了第38～39页的面包分类信息，而时间指的是面团在制作过程中每个阶段所需的大概时间，这样可以帮助你完善自己的烘焙计划。列在每个配方中的烘焙百分比是以最终面团的重量而非总面团的重量为基础计算出来的（两者的区别参见第36页的详细说明）。总面团配方单独列在一个表格中。

阅读配方之前，请花些时间阅读前面几章的内容，这样在提到一些术语、定义和理念的时候，我们才能够达成共识。你可能已经有了一定的烘焙经验，或者已经知道了相关知识，但是或许它们和书中的知识属于不同的体系，或许用了不同的表达方式。教授面包烘焙的方法有很多，我

的方法只是其中之一。如果你掌握了前几章中介绍的知识，并能学以致用，我保证你能够烘焙出可口的面包。最起码，你能够发现自己做的面包的问题，而且能更好地理解面包内部发生的变化。你甚至可以重温一下自己喜欢的配方，对其进行改良和再创造，烘焙出更加可口的面包。

请记住，我的目标是让你成为掌握精髓的烘焙者，而不是照本宣科的学生。当你对面团产生感觉的时候，就意味着你已经做到这一点了。你可以在和面时体会，不断地调整面团的状态，直到你刚好有了感觉（你一定会知道什么时候有了感觉！）。当你培养出这种感觉的时候，你也就渐渐地有自信去做其他调整，根据自己的口味和需要去改变配方。最终，我希望你能够掌握这些配方，把它们作为你创造的基础。在你踏上烘焙面包的"探险"之旅前，我要送给你面包师的祝福：祝愿你烘焙的面包表皮酥脆，发酵永远成功！

酵头：中种面团、波兰酵头和意式酵头

本书中的很多配方都建议使用酵头，这是烘焙者控制时间最有效的工具之一。使用酵头的主要目的是改善面包的味道和质地，每种面包需要的酵头量都不同，所以我会提供一些制作酵头的方法，它们适用于不同大小的面团。

配方中一旦出现了中种面团，多数面包的味道就会立即得到改善，变得更加浓郁。第一种方法是按照下页的说明准备一块面团（事实上，它就是法式面包面团），然后将它放在冰箱冷藏室中静置一夜。在第152页的法式面包配方中，你需要在最终面团中使用一整块中种面团，但是书中其他配方中中种面团的用量可能不同。因此，在本书的配方中，最重要的是每一种原材料的比例。有了这个比例，你就可以根据自己的需要改变面包的大小，精确地算出每种原材料的用量。

第二种方法是从每次做好的法式面包面团中留出一小部分，作为下次烘焙的酵头。如果你将预留的面团放在密封袋中，它在冰箱冷藏室中可以保存3天，在冷冻室中至少可以保存3个月。

波兰酵头是一种湿润的酵头，做法简单，最好每次使用的时候现做。不过，它在冰箱冷藏室中也可以保存3天，如果需要的话，也可以冷冻起来。它的制作成本低廉，所以你大可多做一些，用不完就扔掉。波兰酵头是所有酵头中最容易制作的一种，你只需要将面粉和清水按照1∶1的比例用勺子混合均匀就可以了。

意式酵头是源自意大利的一种固体酵头，制作它和制作法式面包的面团一样容易，二者看上去也十分相似（它与中种面团的不同之处是不添加食盐，因此需要的酵母较少）。再次强调，比例是最重要的，按照一定的比例，你可以根据需求制作任意分量的酵头。

在配方中，波兰酵头和意式酵头可以互相代替（你可以从一块面团中留出一些，用在以后的面团中）。但是，你需要调整最终面团的含水量，以此来弥补两种酵头的含水量的差距。

湿润的酵头（发泡酵头）和固体的天然酵母酵头也可以互相代替，你同样需要调整最终面团的含水量。不同的酵头会导致最终面团的味道和质地不同，因此烘焙者需要对酵头进行选择。在大多数的酸面团面包配方中，我会用湿润的酵头制作固体酵头，然后用固体酵头制作面团，但有时我也会直接用湿润的酵头制作面团，第223页有详细的说明。重点是酵头是可以互换的，而你可以通过改变酵头来寻找自己喜爱的味道。

中种面团 (Pâte Fermentée)

制作约 468 g

（足以制作一炉第 152 页的法式面包、第 180 页的法式乡村面包或第 184 页的西西里面包）

原材料	重量	体积	百分比（%）
未增白的中筋面粉	142 g（5 oz）	1⅛ 量杯（264 ml）	50
未增白的高筋面粉	142 g（5 oz）	1⅛ 量杯（264 ml）	50
食盐	5.5 g（0.19 oz）	¾ 小勺（3.8 ml）	1.9
快速酵母粉	1.5 g（0.055 oz）	½ 小勺（2.5 ml）	0.55
室温下的清水	184 g（6.5 oz）	¾ 量杯 1 大勺（191 ml）	65
总计			167.5

1. 将面粉、食盐和酵母粉放在一个 4 qt（3784 ml）的碗（或电动搅拌机的碗）中搅拌。加入水，搅拌（或使用桨形头低速搅拌 1 分钟），直到所有原材料混合在一起，大致形成球形。根据需要调整水和面粉的用量，使面团既不黏也不硬。（如果做不到恰到好处，那就宁可让面团黏一些，这样在和面的过程中还比较容易调整。一旦面团成形，再加入水就比较困难了。）

2. 在工作台上撒一些面粉，将面团转移到工作台上。和面 3 ~ 4 分钟（或用钩形头中速搅拌 3 ~ 4 分钟），或一直揉到面团柔软光滑、发黏但不粘手。这时，面团内部的温度应该为 25 ~ 27 ℃。

3. 在碗中涂抹少量油，将面团转移到碗中，来回滚动使其沾满油。用保鲜膜将碗盖住，在室温下发酵 1 小时，或直到面团开始膨胀。

4. 将面团从碗中取出，轻轻和面使气体排出，然后放入碗中，用保鲜膜盖住碗口，在冰箱冷藏室中静置一夜。中种面团在冷藏室中最多可以保存 3 天，装在密封的保鲜袋中冷冻最多可以保存 3 个月。

点评

❉ 你可以在使用酵头的当天制作中种面团，只需要让它在室温下发酵 2 小时而不需要冷藏。但我建议让它发酵一夜，这样它会产生更加丰富的味道。

❉ 如果你只有高筋面粉或者中筋面粉，也可以只用一种面粉制作这种酵头，不过配方中的搭配效果最佳。水的用量通常只是一个近似值，因为它可能需要进行细微的调整，至于增加或减少多少，则由你使用的面粉的品牌决定。不过，水的烘焙百分比应该不低于 65%。

波兰酵头 (Poolish)

制作约 652 g

（足以制作第 123 页的波兰酵头版本的夏巴塔）

原材料	重量	体积	百分比（%）
未增白的高筋面粉	319 g（11.25 oz）	2½ 量杯（588 ml）	100
快速酵母粉	1 g（0.03 oz）	¼ 小勺（1.3 ml）	0.27
室温下的清水	340 g（12 oz）	1½ 量杯（353 ml）	107
总计			207.3

　　将面粉、清水和酵母粉在搅拌碗中搅拌，直至所有的面粉吸收了水分。面团应该是柔软黏稠的，看起来像黏稠的煎饼糊。用保鲜膜盖住碗口，在室温下发酵 3 ~ 4 小时，或直到酵头开始起泡。然后马上将它放在冷藏室中，让它在冷却的过程中继续发酵。它在冷藏室中最多可以保存 3 天。

点评

✿ 你可以按照配方所需用量来制作波兰酵头；也可以一次多做一些，剩余的用来制作其他面包，如波兰酵头法棍（第 200 页）。

✿ 波兰酵头可以在发酵之后马上使用，但是，就像制作其他酵头一样，我喜欢将它静置一夜，让它产生更加丰富的味道。如果你需要当天使用它，就让它在室温下多发酵 2 ~ 4 小时，然后加到最终面团中。

✿ 意式酵头和波兰酵头可以互相代替，只要调整最终面团的含水量即可。

意式酵头 (Biga)

制作约 510 g

（足以制作第 126 页的意式酵头版本的夏巴塔或者第 156 页的意式面包）

原材料	重量	体积	百分比（%）
未增白的高筋面粉	319 g（11.25 oz）	2½ 量杯（588 ml）	100
快速酵母粉	1.5 g（0.055 oz）	½ 小勺（2.5 ml）	0.49
室温下的清水	213 g（7.5 oz）	¾ 量杯 3 大勺（221 ml）	66.7
总计			167.2

1. 将面粉和酵母粉放在一个 4 qt 的碗（或电动搅拌机的碗）中搅拌，加入清水，再次搅拌（或使用桨形头低速搅拌 1 分钟），直到所有原材料混合在一起，大致形成球形。根据需要调整水和面粉的量，使面团既不黏也不硬。（如果做不到恰到好处，那就宁可让面团黏一些，这样在和面的过程中还比较容易调整。一旦面团成形，再加入水就比较困难了。）

2. 在工作台上撒一些面粉，将面团转移到工作台上。和面 3 ~ 4 分钟（或用钩形头中速搅拌 3 ~ 4 分钟），或一直揉到面团柔软光滑、发黏但不粘手。这时，面团内部的温度应该为 25 ~ 27 ℃。

3. 在碗中涂抹少量油，将面团转移到碗中，来回滚动使其沾满油。用保鲜膜将碗盖住，在室温下发酵 2 小时左右，或直到面团明显膨胀，但体积未增大至原来的 1½ 倍。

4. 将面团从碗中取出，轻轻和面使气体排出，然后放到碗中，用保鲜膜盖住碗口，在冰箱冷藏室中静置一夜。这种酵头在冷藏室中最多可以保存 3 天，在密封的保鲜袋中冷冻最多可以保存 3 个月。

点评

✽意式酵头可以在发酵之后立即使用，但是就像制作波兰酵头和中种面团那样，我喜欢将它静置一夜，让它产生更加丰富的味道。如果你需要当天使用它，就让它在室温下多发酵 1 ~ 2 小时，然后加到最终面团中。

✽在意大利，几乎每种酵头（包括天然酵母酵头或酸面团）都被称为意式酵头。因此，如果你在其他地方看到需要意式酵头的配方，一定要弄清楚它指的是哪一种酵头。在本书中，意式酵头专指按照这个配方制作的酵头。

✽如果你喜欢，可以用中筋面粉代替高筋面粉，或将中筋面粉和高筋面粉混合起来使用，就像制作中种面团那样。

安纳德玛面包
(Anadama Bread)

面包简况

营养面包，标准面团面包，间接面团面包，人工酵母面包

制作天数：2 天

第一天：制作浸泡液 5 分钟。

第二天：制作酵头 1¼ 小时；搅拌 15 分钟；发酵、整形、醒发 2¾ ～ 3¼ 小时；烘焙 40 ～ 50 分钟。

在加利福尼亚州生活了 22 年之后，1999 年，我搬到了普罗维登斯市。我感觉自己需要重温一下伟大的新英格兰面包——安纳德玛，并为热衷于制作面包的人们提供一个最可靠的配方。关于这个名称的起源众说纷纭，在朱迪思和埃文·琼斯精彩的《面包之书》中，这款面包与马萨诸塞州罗克波特的一个男人有关。这个男人的老婆离开了他，只留下一些玉米楂和糖蜜。愤怒的他将玉米楂和糖蜜混合在一起，又加了一些酵母粉和

面粉，嘴中抱怨道："安娜，他妈的！"后来，一位更有修养的当地人在讲述这个故事时，美化了他的发音，就有了"安纳德玛"这个名称——虽然在我听来，这二者差不多。

这款面包的传统配方是使用直接发酵法，但是我这次使用了浸泡液和海绵酵头，以此来唤醒谷物中更多的味道。玉米含有大量的天然糖分，而糖分被困在了淀粉这种复合碳水化合物中，因此我们需要将糖分释放出来，完善原本已经很棒的味道。

制作 2 个 680 g 的面包或 3 个 454 g 的面包

原材料	重量	体积	百分比（%）
浸泡液（第一天）			
玉米粉，最好是粗玉米碎 （包装上也会写成玉米楂）	170 g（6 oz）	1 量杯（235 ml）	29.5
室温下的清水	227 g（8 oz）	1 量杯（235 ml）	39.5
总计			/
面团			
未增白的高筋面粉	574 g（20.25 oz）	4½ 量杯（1058 ml）	100
快速酵母粉	6 g（0.22 oz）	2 小勺（10 ml）	1.1
温水（32 ～ 38 ℃）	227 g（8 oz）	1 量杯（235 ml）	39.5
浸泡液	397 g（14 oz）	所有的	69
食盐	11 g（0.38 oz）	1½ 小勺（7.5 ml）	1.9
糖蜜（见"点评"）	113 g（4 oz）	6 大勺（90 ml）	19.8
室温下的植物油或无盐黄油	28 g（1 oz）	2 大勺（30 ml）	4.9
用来做铺面的玉米粉（可选）			
总计			236

左侧的是超级杂粮面包（第172页）及其切片，烤盘中的是安纳德玛面包，右侧的是安纳德玛面包的切片

1. 在烘焙面包的前一天制作浸泡液。将玉米粉和水在一个小碗中混合，用保鲜膜盖好碗口，在室温下静置一夜。

2. 第二天，制作面团。将 2 量杯(255 g)面粉、酵母粉、浸泡液和水放在搅拌碗（或电动搅拌机的碗）中搅拌，用一块毛巾或保鲜膜盖住碗口，发酵 1 小时，直到海绵酵头开始冒泡。

3. 加入剩余的 2¹⁄₂ 量杯 (319 g) 面粉、食盐、糖蜜和油搅拌（或使用桨形头低速搅拌），直到所有的原材料形成球形。如果需要的话，可以加水来使面团柔软、略微发黏。

4. 在工作台上撒面粉，将面团转移到工作台上，开始和面（或用钩形头中速搅拌）。如果需要的话，可以再撒一些面粉，制作出发黏但不粘手的面团。和好的面团应该结实而柔软，且完全不粘手。我们需要和面 10 分钟或使用电动搅拌机搅拌 4 ~ 8 分钟。面团需要通过窗玻璃测试（第 50 页），温度为 25 ~ 27 ℃。

5. 在碗中涂上薄薄的一层油，将面团转移到碗中，来回滚动使面团表面沾满油。用保鲜膜盖住碗口，在室温下发酵 1¹⁄₂ 小时，或直到面团的体积增大 1 倍。

6. 将面团从碗中取出，将其分成 2 个 680 g 的面团或 3 个 454 g 的面团。将面团整成三明治面包的形状（第 71 页），放在刷了薄薄的一层油或喷好油的模具中（较大的面团应该使用 23 cm × 13 cm 的吐司模，较小的面团应该使用 22 cm × 11 cm 的吐司模）。向面团表面喷油，松松地盖上保鲜膜。

7. 在室温下醒发 1 ~ 1¹⁄₂ 小时，或直到面团充满模具。（如果你想将面团保存一段时间，可以把它放在冰箱中不进行醒发，这样最多可以保存 2 天。在烘焙前 4 小时将它从冰箱中取出，在室温下醒发，直到醒发完成。）

8. 将烤箱预热至 177 ℃，将烤架置于烤箱中层。将模具放在烤盘上，拿掉保鲜膜，向面团表面喷水，然后撒上玉米粉。

9. 将烤盘放入烤箱，烘焙 20 分钟。将烤盘旋转 180°，使面包受热均匀，继续烤 20 ~ 30 分钟或烤至面包呈金棕色（包括两侧和底部）。面包内部的温度应该为 85 ~ 88 ℃，敲打面包底部应该能听到空洞的声音。

10. 面包烤熟后，马上将其从烤盘中转移到冷却架上，在切片或上桌之前至少冷却 1 小时。

点评

✻ 糖蜜的品牌和种类会影响成品的味道。试过这个配方的人推荐布雷尔兔牌金糖蜜，因为它的味道比较温和。糖蜜富含铁和其他矿物质，但是有些品牌的糖蜜比较粗糙，颜色比较深。我建议使用能够找到的味道最温和、提纯度最高的糖蜜，除非你喜欢颜色较深的面包的浓郁味道。你也可以使用高粱糖浆，它的味道比较清淡。

✻ 面粉的用量会根据你使用的糖蜜的种类而不同，因此，如果需要加入更多的面粉使面团更加结实，那么尽管去做，根据面团的软硬度来决定需要使用的面粉量。面团应该稍微发黏但不粘手，并且足够柔软，这样容易整形。

阿托斯 (Artos)：希腊宗教节日面包
(Greek Celebration Breads)

面包简况

营养面包，标准面团面包，间接面团面包，人工发酵面包或混合发酵面包

制作天数：1 天或 2 天

发泡酵头版本：酵头回温 1 小时；搅拌 15 分钟；发酵、整形、醒发 2³/₄ ～ 3¹/₄ 小时；烘焙 40 ～ 45 分钟。
波兰酵头版本
第一天：制作波兰酵头 3 ～ 4 小时。
第二天：波兰酵头回温 1 小时；搅拌 15 分钟；发酵、整形、醒发 2³/₄ ～ 3¹/₄ 小时；烘焙 40 ～ 45 分钟。

假日面包和节日面包的品种和秘制家庭配方可谓数不胜数。如果我们将它们分解为最基本的组成部分，就会发现它们全都是根据一个主题产生的不同变化，这一点尤其体现在各种希腊面包中。阿托斯是希腊宗教节日面包的统称，但是面包在不同的节日会有不同的名称和不同的扭曲造型。这些造型是这些面包的特别之处，其中蕴含着节日气氛、历史和家庭的传统。举例来说，圣诞节面包和复活节面包使用的水果的颜色不同，因为圣诞节是纪念耶稣出生的节日，而复活节是纪念耶稣复活的节日。家庭烘焙者通常会把面包带到当地的教堂，在那里他们会得到牧师的祝福，然后将面包带回家放在桌子上或者分给那些需要的人。我喜欢节日面包克里斯托弗 (christopsomos) 的设计：两根长条形面团交叉放在一块圆面团上面。我也喜欢包裹了复活节彩蛋的辫子形复活节面包 (lambropsomo)。加了白兰地和橙子的希腊新年蛋糕是在新年的时候为了纪念圣巴兹尔而制作的，里面通常会藏一枚金币，它与新奥尔良和西班牙文化中的三王蛋糕 (three kin gs cake) 有异曲同工之妙。

下面的这个主配方可以用于制作上述的任何一款面包，后面还补充了个别特殊的节日面包的做法。配方使用了天然酵母酵头和少量人工酵母，以便烘焙出味道正宗的面包。现在，大多数配方全部使用人工酵母，但这只是最近的创新。如果你手头没有发泡酵头（主酵头），也可以用等量的波兰酵头代替，发酵和醒发时间保持不变。

希腊宗教节日面包 (Greek Celebration Bread)

制作 1 个大面包

原材料	重量	体积	百分比（%）
发泡酵头（主酵头，第 218 页） 或波兰酵头（第 92 页）	198 g（7 oz）	1 量杯（235 ml）	43.8
未增白的高筋面粉	454 g（16 oz）	3$\frac{1}{2}$ 量杯（823 ml）	100
食盐	9 g（0.31 oz）	1$\frac{1}{4}$ 小勺（5 ml）	2
快速酵母粉	5 g（0.17 oz）	1$\frac{1}{2}$ 小勺（7.5 ml）	1.1
肉桂粉	3 g（0.11 oz）	1 小勺（5 ml）	0.7
肉豆蔻粉	0.85 g（0.03 oz）	$\frac{1}{4}$ 小勺（1.3 ml）	0.2
多香果粉	0.85 g（0.03 oz）	$\frac{1}{4}$ 小勺（1.3 ml）	0.2
丁香粉	0.85 g（0.03 oz）	$\frac{1}{4}$ 小勺（1.3 ml）	0.2
切碎的橙子皮或柠檬皮 （或橙子香精、柠檬香精）	4.5 g（0.16 oz）	1 小勺（5 ml）	1
杏仁香精	4.5 g（0.16 oz）	1 小勺（5 ml）	1
略微打散的鸡蛋	93.5 g（3.3 oz）	2 个大号的	20.6
蜂蜜	76 g（2.67 oz）	$\frac{1}{4}$ 量杯（58.8 ml）	16.7
橄榄油	57 g（2 oz）	$\frac{1}{4}$ 量杯（58.8 ml）	12.5
温热的全脂或低脂牛奶（32 ~ 38 ℃）	170 g（6 oz）	$\frac{3}{4}$ 量杯（176 ml）	37.5
总计			237.5

可以选择的装饰

2 大勺（30 ml）清水

2 大勺（30 ml）砂糖

2 大勺（30 ml）蜂蜜

1 小勺（5 ml）橙子香精或柠檬香精

1 小勺（5 ml）芝麻

1. 在制作面团前 1 小时从冰箱中取出称好重量的发泡酵头或波兰酵头。（如果使用波兰酵头，则需要提前 1 天做好。）

2. 在一个大搅拌碗（或电动搅拌机的碗）中，把面粉、食盐、酵母粉、肉桂粉、肉豆蔻粉、多香果粉和丁香粉搅拌在一起。加入发泡酵头（或波兰酵头）、果皮或水果香精、杏仁香精、鸡蛋、蜂蜜、橄榄油和牛奶。使用结实的勺子搅拌（或使用桨形头低速搅拌），直到面团形成球形。

3. 在工作台上撒一些面粉，将面团转移到工作台上，开始和面（或用钩形头中速搅拌）。如果需要的话，可以多加一些牛奶或面粉，制作出柔软、发黏但不粘手的面团。我们大约需要和面 10 分钟（或用搅拌机搅拌 6 分钟）。面团需要通过窗玻璃测试（第 50 页），温度应该为 25 ~ 27 ℃。

4. 在碗中刷薄薄的一层油，然后将面团转移至碗中，来回滚动面团使其沾满油。用保鲜膜将碗盖住，在室温下发酵 1$\frac{1}{2}$ ~ 2 小时，或者直至面团的体积增大 1 倍。

5. 将面团从碗中取出，整成球形（第

62 页）。将它放在事先铺好烘焙纸的烤盘中，向面团喷油，用保鲜膜松松地盖住。

6. 在室温下醒发 1 ~ 1½ 小时，或直到面团的体积几乎增大 1 倍。

7. 将烤箱预热至 177 ℃，将烤架置于烤箱中层。

8. 烘焙 20 分钟。将烤盘旋转 180° 使面包受热均匀，继续烤 20 ~ 25 分钟，或烤至面包呈金棕色，内部温度达到 88 ℃。敲打面包底部应该能听到空洞的声音。

9. 你可以等面包一出炉（无须从烤盘中取出）就在上面刷糖霜（可选）。制作糖霜时，将清水和砂糖放在一个平底深锅中混合煮沸，加入蜂蜜和水果香精后关火。如果需要的话，在使用之前将其再次加热。把糖霜刷在面包的表皮上，然后马上撒上芝麻。

10. 把面包转移到冷却架上，在切片或上桌之前至少冷却 1 小时。

点评

✱ 如果你能够找到正宗的中东香料马哈利（也叫马哈利种子，它是从圣卢西樱桃的果核中提取出来的）以及乳香粉，也可以用等量的马哈利代替肉桂、肉蔻和多香果，用等量的乳香代替丁香。

希腊复活节面包 (Lambropsomo)

制作 1 个大面包

希腊宗教节日面包面团
³/₄ 量杯（176.3 ml/128 g）金色葡萄干
¹/₄ 量杯（58.8 ml/43 g）切碎的杏干
¹/₂ 量杯（117.5 ml/57 g）经过轻微烘焙的杏仁片（去皮）
3 个煮熟的鸡蛋，染成红色

准备 1 块节日面包面团，在步骤 3 的最后 2 分钟加入葡萄干、杏干和杏仁。接下来和制作节日面包的步骤一样，但是在把面团整成球形之前，将面团等分成 3 份，按照第 74 页三股辫的编法编辫子。最后把鸡蛋塞进编好的辫子的空隙中。

克里斯托弗 (Christopsomos)

制作 1 个大面包

希腊宗教节日面包面团

½ 量杯（117.5 ml/85 g）深色、金色或两种颜色混合的葡萄干

½ 量杯（117.5 ml/85 g）蔓越莓干、樱桃干或切碎的无花果干（或它们的组合）

½ 量杯（117.5 ml/57 g）经过轻微烘焙的切碎的核桃

准备 1 块节日面包面团，在步骤 3 的最后 2 分钟加入葡萄干、水果干和核桃。接下来和制作节日面包的步骤一样，但是在把面团整成球形之前，要将面团分成两份，其中一份是另一份的 2 倍大。将较大的面团整成球形（第 62 页），按照步骤 5 和步骤 6 进行醒发。将较小的面团放在保鲜袋中，放入冷藏室。当较大的面团可以进行烘焙时，将较小的面团从冰箱中取出，分成两半，分别制作成 25 cm 长的长条。按下面的说明给面团整形。

克里斯托弗的整形

（A）将两根长条形面团在大面团上交叉，用切面刀将每一根长条形面团的两端切开。（B）将它们卷起来做成十字花边。

贝果
(Bagels)

面包简况

普通面包，硬面团面包，间接面团面包，人工酵母面包

制作天数：2 天

第一天：制作海绵酵头 2 小时；搅拌 10 ~ 15 分钟；发酵、整形、醒发 1 ~ 1½ 小时。

第二天：煮和装饰 10 分钟；烘焙 15 ~ 20 分钟。

世界上有两种人，一种喜欢劲道的煮制贝果，一种喜欢柔软的蒸制贝果。我从小生长在美国的东海岸，那里是犹太人的聚居地，所以我自然认为正宗的贝果就是表皮较厚、口感紧致的煮制贝果。之所以称它为煮制贝果，是因为它是在一锅沸腾的碱水中煮熟的。（我也喜欢鸡蛋贝果，这种贝果中加了鸡蛋来提高脂肪含量，不过它也是煮熟的。）

大多数喜欢较软的新型贝果的人并不知道，让它变得又大又软嫩的原因是使用了经过长时间醒发的、含有更多气泡的面团。这种贝果不能用水煮，因为它内部空气过多，在沸水中不能保持原来的形状。它很适合用那种可以注入蒸汽并且带有旋转烤架的烤箱烘焙，这样就不需要经过两次处理了。（烤箱为面包提供了"蒸气浴"，以此来代替煮沸的过程，之后烤箱会将整个烤架升高并旋转，使面包受热均匀。）

根据民间传说，贝果是17世纪在奥地利被发明的，当时它是献给战争胜利者、波兰国王约翰三世·索别斯基（也称杨·索别斯基）的贡品，发明者是按照挂在国王马鞍上的马镫为模型制作的。这是一款在德国和波兰流行的大众面包，后来由德国和波兰的犹太移民引入美国，因此我们认为它是一种犹太面包。现在，因为较软的蒸制版贝果的出现，贝果再次成为一种大众面包。但是，现代的蒸汽技术引发了"什么是正宗贝果"的辩论，怀旧情怀使我们渴望品尝到地道的贝果的味道。为什么煮得恰到好处的贝果都不能唤起人们以前的回忆呢？对此，每个热爱贝果的人似乎都各有看法。有些人认为这和水的质量有

关——纽约人表示"纽约的贝果无可匹敌，因为纽约的水棒极了"；而有些人认为这和面粉的质量有关；还有人认为原因在于调味的东西。有些人归咎于由汤姆·阿特伍德于20世纪50年代发明的自动贝果整形机。（几年前，80多岁的汤姆告诉我，在此之前，所有贝果都是用第106页图片所示的绕圈方法手工整形的。）我的看法是，没有哪种味道可以超越记忆中的味道，但是我们可以尝试做出和过去的贝果味道相近的贝果，虽然它永远也无法赶上我们记忆中的贝果。

作为一名专业面包师、一名面包教师和一个喜欢煮制贝果的人，我用了几年的时间尝试制作完美的贝果。现代的蒸汽技术使贝果进入主流市场，现在还有很多面向专业面包师和家庭烘焙者的新技术，它们在波兰国王杨的时代是不存在的。老一辈的贝果烘焙师虽然对产品的感觉和直觉已经达到了极致，但也不完全懂得我们现在掌握的关于面包的科学知识。我在尝试一种近期由新一代面包师引进的手工技巧，用这种方法制作的煮制贝果足以和我们儿时记忆中的贝果匹敌，也足以满足我们的怀旧情怀——你可以自己来判断一下。我认为这款贝果是《面包的表皮和内心》中的贝果的升级版，虽然我在创作那本书时认为那个配方已经够棒的了。这个版本使用了更容易制作的海绵酵头，同时也需要一整晚的发酵来最大限度地改善味道。我在约翰逊－威尔士大学的学生都太年轻，没有经历过贝果的"美好旧时代"，因此，即使他们十分喜爱贝果，他们可以参考和对比的范围也十分有限。但是我的妻子苏

珊和我一样，在食物和贝果的圣地费城长大，她觉得这一款就是"过去的贝果"，我的一些在纽约（纽约人称之为"贝果之城"）长大的朋友也持同样的看法。

家庭烘焙者很难买到大多数贝果店使用的两种原材料：一种是筋度更高的面粉，另一种是非糖化麦芽糖浆。这种高筋面粉的蛋白质含量高达 14%，普通高筋面粉的蛋白质含量只有 12.5%，而中筋面粉只含有 10.5%。因此，用这种高筋面粉做出的煮制贝果弹性十足且非常劲道。你至少有 3 种办法买到这种面粉：第一种是网上订购，比如通过"面包师目录"（由"亚瑟王面粉"整理，参见第 283 页的"资料来源"）订购；第二种是从特色食品商店或天然食品商店购买（如购买未增白的硬质春小麦面粉）；第三种方法——可能不容易想到——就是前往当地的贝果店，告诉店主你是一位家庭烘焙者，想要烘焙正宗的贝果，希望能购买几磅面粉，这种方式是很有效的。如果这些方法都不管用，那么你不妨尝试使用普通的高筋面粉，用它也能烘焙出不错的贝果，只是没有那么劲道罢了。

你也可以通过同样的方法获得麦芽糖浆（在天然食品商店中你可以在"大麦糖浆"标签下找到它）。多数贝果店使用的是液态的非糖化麦芽，那是一种黏稠厚重得像糖蜜一样的糖浆。"糖化"指的是大麦麦芽中的淀粉酶分解二氧化碳并释放困在面粉中的味道。非糖化麦芽经过加热，其中的酶失去了活性，因此提供给我们的只是它的味道。不过，我经常使用活性糖化麦芽，它是粉末状或者晶体状的，可以通过网上订购或从啤酒原材料商店购买。这种活性麦芽能够加快面粉淀粉中天然糖分的释放速度，改善味道。无论你使用哪种麦芽，做出的贝果都会具有与贝果店出售的产品相似的味道。如果你买不到麦芽但还想做下去的话，可以用蜂蜜、龙舌兰蜜或红糖代替，那样味道也很好，只不过不那么正宗。

在我走访过的所有贝果店中，我从来没有发现哪一家使用了我接下来要讲的海绵酵头技术。但是我敢肯定，这种方法不仅能够使贝果有更好的味道和质地，还能使贝果比商业生产的贝果更易冷冻和解冻，因为它含有更多的天然酸性物质。使用这种制作方法的前提是保证发酵时间更长、过程更慢，这样既可以改善味道，又能延长保质期。和任何一家出色的贝果店都在使用的隔夜延迟发酵技术一样，海绵酵头技术或酵头技术也是一种延长发酵时间的方法。在我看来，如果不隔夜发酵的话，就很难烘焙出味道纯正的贝果，但是我阅读过的很多书中的配方都没有提到这个重要的步骤。请相信我，如果不经过长时间的缓慢的冷藏发酵，你永远无法烘焙出传奇的贝果，因为只有这样的发酵才能够使天然的酶（以及麦芽中的酶）释放淀粉中的味道。缺了这个步骤的贝果就如同刚刚灌入酒瓶中的红酒一样，虽然有味道，但是味道没有完全呈现出来。（未成熟的红酒和面包缺失味道的原因相同——小分子糖没有足够的时间从束缚它的复合碳水化合物中挣脱出来。）

制作贝果所用的面团可能是面包王国中最硬的一种面团。通常情况下，大多数面团中的液体占面粉重量的 55% ~ 65%。但是，制作贝果所用的面团中的液体通常仅占面粉重量的 50% ~ 57%。这种硬度使面团能够经受住水煮的考验，而不会塌陷或变形。如果你用法式面包面团制作贝果，它就会在水中来回跳动，出锅时会变成扁扁的椭圆形。我无法给出一个明确的含水量，因为不同品牌的面粉的吸水能力不同，即使是同一品牌的面粉，每一批产品的吸水能力也不同。所以我经常建议学生们培养对面团的手感，根据面团的实际情况决定最终需要加多少水和面粉。再加入一些面粉总是比再加入一些水容易，尤其是面对较硬的面团时。因此，我鼓励在后期一点点地加入面粉，逐渐使面团变硬。与十分粘手的法式面包团或普通面包团不同，最终的贝果面团应该有弹性但不粘手。

　　水煮是另一项有争议的技术。有些人在煮贝果时坚持在水中加小苏打、食盐、糖、蜂蜜、麦芽糖浆、牛奶或者它们的混合物。一些贝果店用食用碱液煮，另一些仅仅用清水煮。我尝试过各种煮贝果的办法，最后发现结果如何并不取决于向水中添加了什么，而取决于贝果在水中煮的时间。然而，我还是建议在水中加少量随处可见的小苏打，这样可以使水碱化，它的味道也和商用碱液最为相似。碱性的水会使面团表面的淀粉在发生凝胶化时略有不同，会使面团表面更具光泽，在烘焙的时候，它焦化的程度也会更高。碱水的味道并不太明显，大多数品尝贝果的人都不会注意到它。（你可能更喜欢在水中加蜂蜜、麦芽糖浆或糖而非小苏打，它们都能增添味道。）但是，对那些坚定地认为没有一种贝果能够同费城、芝加哥、纽约或洛杉矶的贝果媲美的人来说，这种方法可能是最后的撒手锏——让他们回忆起自己的青少年时期。我同意我妻子和朋友的观点：这就是真正的煮制贝果，是那个时代的贝果。

制作 12 个大贝果或 24 个迷你贝果

原材料	重量	体积	百分比（%）
海绵酵头			
快速酵母粉	3 g（0.11 oz）	1 小勺（5 ml）	0.31
未增白的高筋面粉或面包粉	510 g（18 oz）	4 量杯（940 ml）	51.4
室温下的清水	567 g（20 oz）	2½ 量杯（588 ml）	57.1
面团			
快速酵母粉	1.5 g（0.055 oz）	½ 小勺（2.5 ml）	0.16
未增白的高筋面粉或面包粉	482 g（17 oz）	3¾ 量杯（881 ml）	48.6
食盐	20 g（0.7 oz）	2¾ 小勺（13.8 ml）	2
麦芽粉	9.5 g（0.33 oz）	2 小勺（10 ml）	0.94
或者深色或浅色麦芽糖浆、蜂蜜或红糖	14 g（0.5 oz）	1 大勺（15 ml）	
总计			160.5
最后			

1 大勺（15 ml）小苏打，加到沸水中（可选；或用 1 大勺蜂蜜或者麦芽糖浆代替小苏打）

用来做铺面的玉米粉或粗粒小麦粉

芝麻、犹太盐、蒜蓉或洋葱（可选）

1.制作海绵酵头。将面粉放在一个 4 qt 的搅拌碗中，加入酵母粉搅拌。再加入清水，不停搅拌直到形成光滑、柔软的面糊（像煎饼糊）。用保鲜膜盖住碗口，在室温下静置约 2 小时，或直到面糊起泡。面糊应该膨胀近 1 倍，如果在工作台上轻叩搅拌碗的话，面糊会塌陷。

2.制作面团。在同一个搅拌碗（或电动搅拌机的碗）中，向海绵酵头中加酵母粉并搅拌。然后加入 3 量杯（383 g）面粉和所有的食盐、麦芽粉并搅拌（或用钩形头低速搅拌约 3 分钟），直到面团大致形成球形，慢慢地加入剩余的 ¾ 量杯（99 g）面粉以提高面团的硬度。

3.将面团转移到工作台上，至少和面 8 ~ 10 分钟（或用钩形头低速搅拌约 6 分钟）。面团应该较硬，比法式面包面团硬，但仍然是光滑柔软的。面团上不能有生面粉，每种原材料都应该吸收水分。如果面团看起来很干和易裂，就加入几滴清水并继续和面；如果面团看起来很黏，就加入一些面粉以使面团达到所需的硬

度。和好的面团应该光滑柔软但不粘手，能够通过窗玻璃测试（第 50 页），温度为 25 ~ 27 ℃。

4.马上将面团分割成重 128 g 的小块用于制作标准大小的贝果，或者分割成重 71 g 的小块用于制作迷你贝果。将小块面团整成餐包的形状（第 68 页）。

5.用湿毛巾将面团盖住，大约静置 20 分钟。

6.向 2 个铺有烘焙纸的烤盘稍微喷一些食用油。用下面的任意一种方法为面团整形。

7.将整形完毕的面团放在准备好的烤盘中，使其间隔 5 cm。在面团上喷一点儿油，将 2 个烤盘分别放进保鲜袋中或用保鲜膜松松地盖住。立即将烤盘放入冰箱的冷藏室或冷冻室静置一整夜。面团在冷藏室中最多可以保存 3 天，但是第二天烘焙效果最佳。

8.当你准备烘焙贝果的时候，将烤箱预热至 260 ℃，将 2 个烤架置于烤箱中间的两层。烧开一大锅清水(锅口越大越好)，

贝果的整形

方法1：（A）在球形的贝果面团中间弄出一个洞。（B）围绕洞轻柔地旋转大拇指，将洞的直径扩大到约 6 cm（制作迷你贝果的话扩大到 4 cm），尽可能均匀地拉伸面团（尽量避免某些地方过粗或过细）。

方法2：将面团整成长约20 cm的长条（如果面团的弹性太好、总是回缩的话，你可能需要滚动面团，将面团静置3分钟，然后再次拉伸，直到达到需要的长度）。（A）将面团缠绕在手上，将两端放在拇指和食指之间，使其重叠5 cm。（B）在工作台上用手掌按压重叠的部分，来回滚动以封口。

加入小苏打，再准备一个漏勺。

9. 从冰箱的冷藏室中取出贝果面团，用"漂浮测试法"测试它们能否进行烹煮。用一个小碗装一些冰水或室温下的清水，如果面团能够在水中漂浮10秒，那么它就可以进行烹煮了。取一个面团进行测试，如果它能够漂浮，就马上将它放回烤盘，轻轻拍干，再把烤盘盖上，放回冷藏室直至锅里的水沸腾。如果面团没有漂浮，就将它放回烤盘，轻轻拍干，在室温下继续醒发，每隔10～20分钟检查一次，直到测试的面团能够漂浮。面团发酵到能够漂浮所需的时间不同，主要由周围的温度和面团的硬度决定。如果水沸腾了但面团还不能通过漂浮测试，就将火关小，盖上锅盖，使水保持沸腾。

10. 将面团从冷藏室中取出，轻轻地放在水中煮，一次不要放太多（在10秒之内，它们应该漂浮在水面上）。30秒后，将它们翻面，继续煮30秒。如果你喜欢非常劲道的贝果，可以每面煮1分钟。煮面团的时候，在原来那个铺有烘焙纸的烤盘上撒玉米粉或粗粒小麦粉。（如果你想要更换烘焙纸，一定要在新的烘焙纸上喷油，防止面团粘在烘焙纸上。）如果你想要装饰面团，就需要在将它们从沸水中取出后、趁它们还是湿的时马上完成。你可以使用原材料表中的任意原材料，或将它们混合使

用，我经常将食盐和种子混合起来用。

11. 煮完所有的面团后，将烤盘放在烤箱中间的 2 个烤架上，烘焙大约 7 分钟。然后将两个烤盘互换位置，并将烤盘分别旋转 180°。（如果你只使用一个烤盘，就把它放在中层的烤架上，并且中途将它旋转 180°。）旋转之后，将烤箱的温度降至 232 ℃，继续烘焙 7 ~ 8 分钟，或直到贝果变成浅金棕色。如果喜欢，你可以将贝果烘焙至更深的颜色。

12. 从烤箱中取出烤盘，将贝果放在冷却架上冷却 15 分钟或更长时间，然后享用。

点评

✻ 要想制作酸面团版本的贝果，你可以将海绵酵头替换成 5 量杯（992 g）天然酵母发泡酵头（主酵头，第 218 页），然后将最终面团中快速酵母粉的用量增大至 1½ 小勺（5 g）。要想贝果更酸，就完全不用快速酵母粉。之后，像制作普通贝果一样，按照指示操作。这样，贝果既有酸面团面包特有的酸味，又会保留经典贝果的劲道口感。不过，制作酸面团版本的贝果之前，你需要按照以上说明制作一次普通贝果，以便熟悉操作技术。

✻ 我的每一本书几乎都有贝果的新配方，有些使用了酵头，有些没有使用酵头；有些使用了各种完整的谷物甚至发芽的谷物。它们都很棒，每个配方都证明了，哪怕你没有纽约的水，也可以在世界上的任何一个地方制作出好吃得令人难以置信的贝果，只要你拥有优质的面粉并且知道一个小窍门——隔夜发酵。它是制作绝妙贝果的关键。在漫长的冷藏发酵过程中，面团发生了奇妙的变化，而制作方法非常简单的贝果就依赖于这种奇妙的变化，从普普通通的面团变成让人满足和热爱的面包。

优化方法

肉桂葡萄干贝果

制作肉桂葡萄干贝果时，要将最终面团中的酵母粉用量增大至 1 小勺（3 g），同时向最终面团中加 1 大勺（14 g）肉桂粉和 5 大勺（71 g）砂糖。用温水洗 2 量杯（340 g）未压紧的葡萄干，冲掉表面的糖分、酸性物质和野生酵母菌。在搅拌的最后 2 分钟加入葡萄干，按照上面的步骤操作，但是不要用任何装饰物装饰贝果。如果需要的话，你可以将熔化的黄油趁热刷在刚出炉的贝果上，然后将贝果在肉桂糖中蘸一蘸，制成有肉桂糖表皮的贝果。

布里欧修 (Brioche) 及
布里欧修的 "亲属"

面包简况

浓郁型面包，标准面团面包，间接面团面包，人工酵母面包

制作天数：1 天或 2 天

第一天：制作海绵酵头 20 ～ 45 分钟；搅拌 20 分钟（穷人版布里欧修：发酵、整形和醒发 3 小时；烘焙 15 ～ 50 分钟）。

第二天：整形、醒发 2¹/₂ 小时；烘焙 15 ～ 50 分钟。

　　布里欧修是所有浓郁型面包的评判标准。实际上，当我们提到浓郁型面包时，我们通常会将它们和布里欧修比较，或者视它们为布里欧修的 "亲戚"。布里欧修的特点是：含有少量糖、大量鸡蛋和很多黄油——至少超过 20%（黄油占面粉重量的比例），有的达到 50% 甚至更高。

　　我很少看到商业生产的布里欧修中黄油的含量超过 75%，但是我曾经见过使用 100% 黄油的配方。布里欧修有无数版本，有些用海绵酵头或其他酵头制作，有些用直接面团制作；有些是直接发酵，然后进行整形和烘焙，有些则需要隔夜冷藏发酵。

　　关于这款面包有不少奇闻趣事，其中包括玛丽·安托瓦内特女王的故事。这位女王的遗言非常有名，翻译过来是 "让他们吃布里欧修吧"，而不是 "让他们吃蛋糕吧"。可能这句译文有杜撰的嫌疑，但是它的确指出了一个问题：为什么会有人想到这句话？这可能是因为在法国大革命之前，布里欧修有两个版本：一个版本是为富人准备的，因此被称作富人版布里

欧修，它富含黄油（70% 甚至更高）；另一个版本是为平民大众准备的，因此被称作穷人版布里欧修，它的黄油含量很低（20% ～ 25%）。后来，布里欧修成了很多事情的象征，其中就包括穷人和富人之间的阶级斗争。因此，女王在马上就要掉脑袋的时候说出这句话也就可以理解了——大多数革命者都是穷人，为什么不让他们享用富人版布里欧修呢？ "是的，我们当然可以这样做。"但是为时已晚，而且她的姿态还过于傲慢。

　　我们一看到富人版布里欧修的配方就会发现一个明显的问题：它的面粉、脂肪和糖的比例与派几乎一样，它们之间的主要区别在于酵母和鸡蛋的用量。大部分派，无论是原味的还是甜味的，无论是酥的还是粉的，都是用众所周知的 "1 - 2 - 3 法" 的一些衍生方法制作的。也就是说，要使用 3 份面粉、2 份脂肪和 1 份水（对甜味的派来说，还要用 1 份砂糖）；对 100% 的面粉来说，脂肪的比例占到了 66.6%。布里欧修——至少是富人版——的黄油含量

在 50% ~ 80% 之间，也处在派的脂肪含量范围之内。这也就意味着，布里欧修面团原则上可以制作成非常好吃的软派或挞，它们是法式糕点的代表。它也可以用来制作乳蛋饼或卡仕达挞，我曾经在巴黎丽思酒店的面包房中亲眼见过用它制作的克拉芙缇小挞，他们每天为客人制作几百个这样的挞，但依然供不应求。

布里欧修面团还可以用于制作典型的法式吐司、佐茶和咖啡的糕点、肉卷和蔬菜卷外面的饼皮，最著名的是长了"脑袋"的布里欧修小挞。此外，它还可以用于制作无数种地区性的面包和假日面包，从意大利黄金面包（Italian pandoro）到潘妮托尼，到咕咕霍夫（kugelhopf），再到德国和瑞士的史多伦，以及用肉和奶酪做馅料的意大利复活节面包。

下面提供了 3 个版本的布里欧修，你可以根据需要来选择黄油的用量。根据玛丽女王的话，我将它们分别称为富人版布里欧修、中产阶级布里欧修和穷人版布里欧修，这些布里欧修的面团在面包王国应用广泛。

富人版布里欧修 (Rich Man's Brioche)

制作 16 ~ 24 个布里欧修小挞，2 ~ 4 个大布里欧修挞，或 3 个 454 g 的面包

原材料	重量	体积	百分比（%）
海绵酵头			
未增白的高筋面粉	64 g（2.25 oz）	½ 量杯（118 ml）	12.3
快速酵母粉	9.5 g（0.33 oz）	1 大勺（15 ml）	1.8
温热的全脂牛奶（32 ~ 38 ℃）	113 g（4 oz）	½ 量杯（118 ml）	22
面团			
略微打散的鸡蛋	234 g（8.25 oz）	5 个大号的	45.2
未增白的高筋面粉	454 g（16 oz）	3½ 量杯（823 ml）	87.7
砂糖	35 g（1.25 oz）	2½ 大勺（37.5 ml）	6.8
食盐	11 g（0.38 oz）	1½ 小勺（7.5 ml）	2
室温下的无盐黄油	454 g（16 oz）	2 量杯（470 ml）	87.7
1 个鸡蛋，打散至起泡，用来刷面			
总计			265.5

1. 制作海绵酵头。将面粉和酵母粉放在一个 4 qt 的搅拌碗（或电动搅拌机的碗）中搅拌。加入牛奶，直到所有的面粉都吸收了水分。用保鲜膜盖好碗口，发酵 20 分钟，或直到酵头膨胀。如果轻轻叩碗的话，酵头会塌陷。

2. 制作面团。将鸡蛋加在海绵酵头中搅拌（或用桨形头中速搅拌），直到酵头变得光滑。另取一个碗，将面粉、砂糖和食盐混合均匀。把面粉混合物加在酵头混合物中搅拌（或继续用桨形头低速搅拌约 2 分钟），直到所有的原材料都变湿并分布均匀。将混合物静置 5 分钟，等待麸质形成。然后用大勺子搅拌（或用桨形头中速搅拌），同时缓慢地加入黄油，每次大约加入 ¼，等上一批黄油完全被面团吸收再加入下一批，这将花费几分钟的时间。继续搅拌 6 分钟以上，或直到面团混合均匀，

光滑柔软。面团会粘在碗壁上，你需要不时将面团从碗壁上刮下来。

3. 将烘焙纸铺在烤盘中，喷上薄薄的一层油。将面团转移到烤盘中，将它摊开以形成一个大而厚的长方形，大约为 15 cm×20 cm。向面团表面喷油，用保鲜膜盖住烤盘或将烤盘放在大保鲜袋中。

4. 马上将烤盘放在冷藏室中冷藏一整夜，或至少冷藏 4 小时。

5. 将面团从冷藏室中取出，趁面团温度较低时整形。如果它温度升高或变软，就重新放回冷藏室中。如果你制作的是布里欧修挞，就在模具上刷（或喷）薄薄的一层油。制作布里欧修小挞时，将面团分成 16 ~ 24 份；制作大布里欧修挞时，将面团分成 2 ~ 4 份。每份的大小需要符合模具的大小，布里欧修小挞面团通常每个重 42.5 ~ 57 g，大布里欧修挞面团则每

个重 454 ~ 907 g。无论你制作的是多大的挞，面团都不能填满模具的一半，以便较大的那部分面团在醒发时有膨胀的空间。给大布里欧修挞整形时，将小块的面团整成餐包形（第 68 页），将大块的面团整成球形（第 62 页）。布里欧修小挞按照下面的说明整形。整形后，将模具放在烤盘中。如果你制作的是布里欧修面包，就在 3 个 22 cm×11 cm 的吐司模中抹或喷少许油。然后将面团分成 3 份(或分成 2 份，制作 2 个更大的面包)，将它们整成三明治面包的形状（第 71 页）。

6. 向面团表面喷油，用保鲜膜松松地盖住面团，或将烤盘放在保鲜袋中。醒发面团，直到它几乎充满整个模具，布里欧修小挞需要醒发 1½ ~ 2 小时，大布里欧修挞需要的时间更长。轻轻地在面团顶部刷上蛋液，用喷过油的保鲜膜盖住面团。继续醒发 15 ~ 30 分钟，或直到面团充满整个模具。

7. 烤布里欧修小挞前，将烤箱预热至 204 ℃，将烤架至于烤箱中层；烤大布里欧修挞前，将烤箱预热至 177 ℃。

8. 布里欧修小挞需要烘焙 15 ~ 20 分钟，

布里欧修小挞的整形

方法1：手上蘸满面粉，（A）手掌边缘滚动着按压面团，将面团分成一个大球和一个小球，但是不要把面团压断。（B）将大球放在涂过油的布里欧修模具中，用指尖按压大球边缘以形成浅槽，使小球刚好陷在大球中间。

方法2：将面团滚成条状，使一端较细。（A）用指尖在较粗的一端挖一个洞。（B）将细的一端插进洞中，使得顶部突出形成一顶"帽子"。将"帽子"整成球形，放在整个面团的中间。将整个面团放在涂过油的布里欧修模具中。

大布里欧修挞需要烘焙 35～50 分钟。布里欧修小挞的内部温度需要达到 82 ℃以上，大布里欧修挞的内部温度需要达到 88 ℃以上。当你敲打挞底部的时候，应该能听到空洞的声音，它的颜色应该是金棕色。

9. 从烤箱中取出之后，马上将布里欧修挞或布里欧修面包从模具中取出，放在冷却架上，布里欧修小挞至少冷却 20 分钟，大的至少冷却 1 小时，然后享用。

点评

✻如果一个配方需要用到很多脂肪，那么无论你用的是黄油、起酥油还是食用油，最好等到面团的麸质形成之后再加入脂肪。如果一开始就加入脂肪的话，脂肪会包裹住蛋白质分子（麸朊和麦谷蛋白），阻碍它们结合成更长、更坚固的麸质分子。在加入脂肪前等待 5 分钟，以便水合作用完全发生。当然，某些类似于蛋糕的布里欧修会特意要求将黄油加到面粉之中，从而烘焙出像磅蛋糕（pound cake）一样的口感软嫩、质地紧实的面包。如果你喜欢这种面包，只需要免去降温的环节，提早加入黄油，在初发酵之后马上用勺子或抹刀将面糊转移到涂了油的模具中即可。

✻你需要用特制的布里欧修模具来制作布里欧修小挞，它可以在美食厨房商店买到。这些模具的大小不同，我发现小号的 2 盎司模最实用，较大的模具则比较适合假日面包或节日面包，如潘妮托尼。要记住，我们应该根据面团的大小调整烘焙时间。（这 3 种布里欧修都可以整成标准的餐包形，整形方法见第 68 页。）

✻富人版布里欧修的味道比《面包的表皮和内心》中的布里欧修还要浓郁。那个配方中黄油占面粉重量的 70% 左右，而这个配方中黄油占面粉重量的 88%！因此，为了发酵，酵母粉的比例也提高了一些，这样海绵酵头膨胀得很快，只需要 20 分钟就可以完成发酵。和面时，最好使用电动搅拌机的桨形头，但是你也可以借助于结实的勺子和有力的胳膊来手工和面。

中产阶级布里欧修 (Middle-Class Brioche)

制作 12 ~ 16 个布里欧修小挞，2 ~ 4 个大的布里欧修挞，或 2 个 454 g 的面包

原材料	重量	体积	百分比（%）
海绵酵头			
未增白的高筋面粉	64 g（2.25 oz）	½ 量杯（118 ml）	14
快速酵母粉	6 g（0.22 oz）	2 小勺（10 ml）	1.4
温热的全脂牛奶（32 ~ 38 ℃）	113 g（4 oz）	½ 量杯（118 ml）	25
面团			
略微打散的鸡蛋	234 g（8.25 oz）	5 个大号的	51.6
未增白的高筋面粉	390 g（13.75 oz）	3 量杯（705 ml）	86
砂糖	28 g（1 oz）	2 大勺（30 ml）	6.25
食盐	9 g（0.31 oz）	1¼ 小勺（6.3 ml）	1.9
室温下的无盐黄油	227 g（8 oz）	1 量杯（235 ml）	50
1 个鸡蛋，打散至起泡，用来刷面			
总计			236.2

按照制作富人版布里欧修的步骤操作，将海绵酵头的发酵时间延长至 30 ~ 45 分钟。

点评

✿中产阶级布里欧修中，黄油占面粉重量的 50%。这款面团可以制作很多种面包，非常适合做肉桂面包卷或黏面包卷以及柔软的吐司面包和布里欧修挞。这是布里欧修最常见的配方，因为它的成本比富人版布里欧修的低，所含的黄油也较少（虽然黄油仍占面粉重量的 50%！）。和富人版布里欧修相比，它更容易制作。

穷人版布里欧修 (Poor Man's Brioche)

制作 12 ～ 16 个布里欧修小挞，2 ～ 4 个大的布里欧修挞，或 2 个 454 g 的面包

原材料	重量	体积	百分比（%）
海绵酵头			
未增白的高筋面粉	64 g（2.25 oz）	½ 量杯（118 ml）	13.2
快速酵母粉	6 g（0.22 oz）	2 小勺（10 ml）	1.3
温热的全脂牛奶（32 ～ 38 ℃）	113 g（4 oz）	½ 量杯（118 ml）	23.5
面团			
略微打散的鸡蛋	187 g（6.6 oz）	4 个大号的	38.8
未增白的高筋面粉	418 g（14.75 oz）	3¼ 量杯（764 ml）	86.8
砂糖	28 g（1 oz）	2 大勺（30 ml）	5.9
食盐	9 g（0.31 oz）	1¼ 小勺（6.3 ml）	1.8
室温下的无盐黄油	113 g（4 oz）	½ 量杯（118 ml）	23.5
1 个鸡蛋，打散至起泡，用来刷面			
总计			194.8

1. 制作海绵酵头。将面粉和酵母粉放在一个大搅拌碗（或电动搅拌机的碗）中搅拌。加入牛奶，直到所有的面粉都吸收了水分。用保鲜膜盖好碗口，发酵30 ～ 45 分钟，或直到酵头膨胀。如果轻轻叩碗的话，酵头会塌陷。

2. 制作面团。将鸡蛋加在海绵酵头中搅拌（或用桨形头中速搅拌），直到酵头变得光滑。另取一个碗，将面粉、砂糖和食盐混合均匀。把面粉混合物加在酵头混合物中搅拌（或继续用桨形头低速搅拌约 2 分钟），直到所有的原材料都变湿，并分布均匀。将混合物静置 5 分钟，等待麸质形成。然后用大勺子搅拌（或用钩形头中速搅拌），同时缓慢地加入黄油，每次大约加入 ¼，等上一批黄油完全被吸收再加入下一批。

3. 将面团转移到工作台上，至少和面10 分钟。如果需要的话，可以再加入少量面粉，直到面团变得光滑柔软但不粘手（有

些类似于法式面包的面团）。（也可以继续用钩形头低速搅拌 6 ～ 8 分钟，或直到面团被搅拌均匀，不粘在碗壁和碗底。）

4. 在碗中刷少量食用油，然后将面团转移到碗中。在面团表面喷油，用保鲜膜盖好。发酵大约 1½ 小时，或直到面团的体积增大 1 倍。

5. 按照富人版布里欧修的说明给面包整形，将醒发时间减少到约 1 小时。之后，按照说明烘焙并冷却。

点评

✱ 穷人版布里欧修的面团特别适合制作白吐司或三明治面包，因为它是迄今为止最容易处理的版本。这款面包仍然属于浓郁型面包，黄油占面粉重量的 20% 以上，但是和那些脂肪含量更高的面包相比，它缺少了入口即化的细腻的口感。

意大利复活节面包
(Casatiello)

面包简况

浓郁型面包，标准面团面包，间接面团面包，人工酵母面包

制作天数：1 天

制作海绵酵头 1 小时；搅拌 12 分钟；发酵、整形、醒发 3 小时；烘焙 40 ~ 60 分钟

这是一款浓郁而轻柔的意大利精制布里欧修，充满了奶酪和肉（最好是萨拉米香肠）的味道。我最初是在卡罗尔·菲尔德的《意大利面包师》中看到这个配方的，也试着加过培根片、不同种类的鲜香肠或腊肠，甚至是非肉制品。这种面包的传统做法是放在纸袋中或潘妮托尼模具中烘焙，也可以在吐司模中烘焙。或许我们最好把它想象成另一个版本的潘妮托尼，只不过奶酪和肉代替了蜜饯和坚果。这款面包冷热皆宜，趁热食用，奶酪十分软嫩；放凉后切片食用，每一片尝起来都像三明治一样。

这是我最受欢迎的配方之一。即便是《学徒面包师》出版 15 年后的今天，我依然会收到热情讨论这个配方的读者来信。

制作 1 个大面包或 2 个小面包

原材料	重量	体积	百分比(%)
海绵酵头			
未增白的高筋面粉	64 g (2.25 oz)	½ 量杯 (118 ml)	12.3
快速酵母粉	9.5 g (0.33 oz)	1 大勺 (15 ml)	1.8
温热的全脂牛奶或酪乳（ 32 ~ 38 ℃ ）	227 g (8 oz)	1 量杯 (235 ml)	43.8
面团			
未增白的高筋面粉	454 g (16 oz)	3½ 量杯 (823 ml)	87.7
食盐	7 g (0.25 oz)	1 小勺 (5 ml)	1.4
砂糖	14 g (0.5 oz)	1 大勺 (15 ml)	2.7
略微打散的鸡蛋	93.5 g (3.3 oz)	2 个大号的	18
室温下的无盐黄油	170 g (6 oz)	¾ 量杯 (176.3 ml)	32.9
脱水意大利萨拉米香肠或其他肉制品（见"点评"）	113 g (4 oz)	1 量杯 (235 ml)	22
粗略撕碎或磨碎的波萝伏洛干酪或其他奶酪（见"点评"）	170 g (6 oz)	¾ 量杯 (176.3 ml)	32.9
总计			255.5

意大利复活节面包（前面）和布里欧修小挞（左后）

1. 制作海绵酵头。将面粉和酵母粉放在大碗中搅拌，加入牛奶继续搅拌，制成像煎饼糊一样的面糊。用保鲜膜盖好碗口，在室温下发酵 1 小时。酵头应当起泡，如果轻轻叩碗的话，酵头会塌陷。

2. 在酵头发酵的时候，将萨拉米香肠切成丁，用煎锅稍微炒一下，使其变得酥脆。（或烹煮撕碎的培根，炒鲜香肠或萨拉米香肠的替代品，直到它们变得酥脆，保留炒出的油脂。）

3. 制作面团。将面粉、食盐和砂糖放在一个大搅拌碗（或电动搅拌机的碗）中，用勺子搅拌均匀。加入鸡蛋和海绵酵头，再次搅拌均匀（或用桨形头低速搅拌），直到所有的原材料大致形成球形。如果碗中还有一些松散的面粉，就滴入少量清水或牛奶，将其混入整个面团。搅拌约 1 分钟，然后静置 10 分钟以便形成麸质。将黄油分成 4 份，分批加入面团，用勺子充分搅拌（或用搅拌机中速搅拌）。此时面团虽然柔软，但是并不呈糊状。继续用勺子或用手和面（手上需要蘸一些面粉），将面团揉到光滑发黏，这大约需要 12 分钟。（如果用电动搅拌机和面，就用塑料刮板或橡胶抹刀将面团从碗壁上刮下来，然后换钩形头搅拌 4 分钟。面团会从粘手的状态变为发黏，最后与碗壁分离。如果操作时达不到这样的效果，就再加入一些面粉，直到面团大致成球形，与碗壁分离。）

4. 面团变得光滑以后，加入肉丁并和面（或搅拌），直到肉丁在面团中分布均匀。然后轻轻地揉入（或拌入）奶酪，直到奶酪分布均匀。此时的面团应当柔软而有弹性，发黏但是不粘手。如果粘手的话，

再加入一些面粉直到面团变硬。在一个大碗中涂抹少量食用油，将面团转移到碗中，来回滚动使其表面沾满油，最后用保鲜膜盖住碗口。

5. 在室温下发酵约 1½ 小时，或直至面团至少膨胀到原来的 1½ 倍大。

6. 将面团从碗中取出，可以制作 1 个大面包，也可以将面团分成 2 份来制作 2 个小面包。面包可以放在白色或棕色的三明治纸袋中，然后在大小合适的金属罐（如 10 号罐子或咖啡罐）中烘焙；也可以用 1 个大的或 2 个小的吐司模烘焙。（你也可以使用从厨房用品商店购买的纸质或金属的潘妮托尼模具，或使用直径 20 cm 的蛋糕模，见上页的图片。）如果使用纸袋烘焙的话，需要向里面喷油，我们可以用 1 个大的或 2 个小的棕色或白色三明治袋，或者使用午餐袋大小的纸袋。在双手和面团上稍微撒一些面粉，将面团整成球形（第 62 页）。将面团放在准备好的纸袋中，将袋子的顶端卷起来，一直卷到距离面团顶部约 5 cm 的地方，然后将纸袋放在大小合适的金属罐中。如果使用吐司模烘焙的话，向 1 个 23 cm × 13 cm 的吐司模或 2 个 22 cm × 11 cm 的吐司模里喷油。在双手和面团上稍微撒一些面粉，将面团整成三明治面包的形状（第 71 页），再分别放在模具中。向面团顶部喷油，用保鲜膜或毛巾松松地盖住袋子或模具。

7. 醒发 1 ~ 1½ 小时，或直至面团膨胀到纸袋或模具的顶部。

8. 将烤箱预热至 177 ℃，将烤架放在烤箱的下 ⅓ 区。

9. 将装有面团的罐子或模具放在烤箱

中，烘焙 20 分钟，然后将它们旋转 180°。如果用罐子烘焙的话，要将烤箱的温度降至 163 ℃；如果用普通的吐司模烘焙的话，不要降低烤箱的温度。用吐司模烘焙的面包要继续烤 20 ~ 30 分钟，用罐子烘焙的面包要继续烤 40 分钟左右，或直至面包的内部温度达到 85 ~ 88 ℃。面包的顶部和四周应该呈金棕色，奶酪会溢出成为酥脆的棕色薄皮，面包会膨胀到纸袋的顶部。

10. 烘焙完成以后，将面包从烤箱中取出，放在冷却架上。如果使用的是吐司模，就将面包从模具中取出；如果使用的是纸袋，将面包从罐子中取出后，可以直接去掉纸袋，也可以把纸袋剪开，让里面的蒸汽散发。面包需要冷却至少 1 小时，然后切片或上桌。

点评

✿我们可以用其他奶酪来代替波萝伏洛干酪，但是替代的奶酪必须易熔化，并具有独特的味道，比如瑞士奶酪、古达干酪、切达干酪以及它们那数也数不清的"亲戚"。我很少使用马苏里拉奶酪和杰克奶酪，因为它们的味道有些清淡；也很少使用帕尔玛干酪或其他干酪，因为它们太咸，而且不容易熔化。但是，如果我只有那些品种的话，就会把马苏里拉奶酪或杰克奶酪与碾碎的干酪混合起来使用，这样它们更容易熔化，味道也更好一些，而且两类奶酪能够互补。

✿这是一款快速海绵面包，整个面包从开始制作到结束只需要 5 小时。你也可以提前 1 天制作面团，然后在第二天整形、烘焙，就像制作布里欧修一样。把面团从搅拌机中拿出来以后，你需要马上把它放在冰箱中，防止发酵过度。

✿配方建议使用全脂牛奶，但是我经常使用酪乳，因为我喜欢它那微酸的味道。

✿你可以选用任何现成的或喜欢的肉制品。萨拉米香肠和意大利辣味香肠是比较理想的选择，因为经过烹饪后——尤其是在把它们放入面团以前用油炒一下——它们的味道会被放大，即使是一小块也能产生浓郁的味道。炒过的碎培根和意式培根也是不错的选择，炒出来的油脂可以代替等量的黄油加在面团中，使面包的味道更加浓郁。可以作为替代品的还有脆脆的西班牙辣香肠、意式香肠、新鲜牛肉萨拉米香肠（切丁后炒到有些发脆）和其他新鲜香肠，以及素培根片（豆制品）和切成小块的熏豆腐干。

✿如果喜欢，你可以将黄油从中间切开，只使用一半的量，同时多加一些牛奶，使液体和固体的比例达到平衡。

哈拉 (Challah)

面包简况

营养面包，标准面团面包，直接面团面包，人工酵母面包

制作天数：1 天

搅拌 10 ~ 15 分钟；发酵、整形、醒发 3½ 小时；烘焙 20 ~ 45 分钟，具体操作时间根据面包的大小而定。

哈拉是犹太教安息日的辫子面包，也是欧洲的庆典面包，象征着上帝的仁慈和慷慨。传统上，辫子将面包分成 12 个独立的部分，象征以色列的 12 个支派。在传统的犹太社会，"收获"被看作许多活动中的一种。人们认为，如果在犹太教安息日前不用掉多余的鸡蛋，就难以收获新的鸡蛋，而在面包中使用鸡蛋可能是用掉多余鸡蛋的一种方法。

我曾经用过很多方法制作哈拉，因此发现了这个很棒的配方。按此配方能够制作出柔软的金黄色面包，端上餐桌时它还会闪闪发光。制作外观诱人、引人注目的哈拉的诀窍是把面团编起来，这样面包的两头会形成锥形，而中间会鼓起来。

这个版本与第一版《学徒面包师》中的略有不同，因为近来我发现多加一些蛋黄并做一些微调能够让哈拉的味道更好。蛋白可以留下来用于刷面，或者留作他用。另外，我只给出了清水的大致用量，具体的用量应该根据需要进行调整，因为鸡蛋的重量并不完全一致。最终面团应该是柔软的，但是比法式面包面团硬，而且几乎不发黏，这样用它编的辫子不容易变形。

制作 1 个大辫子面包，2 个小辫子面包，或 1 个大的双辫子节日面包

原材料	重量	体积	百分比（%）
未增白的高筋面粉	510 g（18 oz）	4 量杯（940 ml）	100
砂糖	35 g（1.25 oz）	2½ 大勺（37.5 ml）	6.9
食盐	8 g（0.3 oz）	1¼ 小勺（6 ml）	1.6
快速酵母粉	5 g（0.18 oz）	1½ 小勺（7.5 ml）	1
植物油	35 g（1.25 oz）	2½ 大勺（37.5 ml）	6.9
略微打散的鸡蛋	47 g（1.65 oz）	1 个大号的	9.2
蛋黄	85 g（3 oz）	4 个大号的	16.7
室温下的清水（见注释）	198 g（7 oz）	¾ 量杯 2 大勺（206 ml）	39
1 个蛋白，加 1 大勺（15 ml）清水打散至起泡，用来刷面			
装饰用的芝麻			
总计			181.3

注：如果鸡蛋和蛋黄是冰冷的，就用温水（32 ~ 38 ℃）浸泡以回温。

1. 将面粉、砂糖、食盐和酵母粉放在大搅拌碗（或电动搅拌机的碗）中搅拌。另取一个碗，加入植物油、鸡蛋和蛋黄以及清水搅拌。然后将鸡蛋混合物倒入面粉混合物，用勺子搅拌（或使用桨形头低速搅拌），直到所有的原材料成球形。如果需要的话，再加一些清水，使面团粗糙且略微发黏。

2. 在工作台上撒面粉，将面团放在工作台上，和面 6 ~ 10 分钟（或使用钩形头中低速搅拌 4 ~ 6 分钟）。如果需要的话，再加入一些面粉或清水，制作出柔软、饱满、微黏但是不粘手的面团。面团应该通过窗玻璃测试（第 50 页），温度为 25 ~ 27 ℃。

3. 在一个大碗中涂抹薄薄的一层油。将面团整成球形（第 62 页），然后放在碗中，来回滚动使面团表面沾满油。用保鲜膜盖住碗口，在室温下发酵 1 小时。

4. 将面团从碗中取出，和面 2 分钟以使面团排气。将其重新整成球形，再次放在碗中，盖上保鲜膜，继续发酵 1 小时。它至少应该膨胀到原来的 1½ 倍大。

5. 将面团从碗中取出，等分成 3 份来制成 1 个大辫子面包，或等分成 6 份来制成 2 个小辫子面包。（制作节日哈拉时，将其等分 3 份，然后将其中的 2 份合在一起，制作成 1 个大面团。之后，将这个大面团等分成 3 份，再将那个小面团也等分成 3 份。最后，你将得到 3 个较大的面团和 3 个较小的面团。）无论你要制作多大的面包，都需要将每个面团整成球形，然后用毛巾盖住，在工作台上静置 10 分钟。（注：你也可以将面团等分成若干份，用于编 4 股、5 股或 6 股的辫子，具体做法参见第 75 ~ 76 页。）

① 《旧约全书》中提到的从天而降的食物。

6. 将面团揉搓成长短相等的长条，每根长条中间较粗，两端较细，用三股辫的编法（第 74 页）将它们编起来。（如果制作节日哈拉，就将小辫子放在大辫子上，并轻轻按压以固定。）将烘焙纸铺在烤盘中，再将面团放在烤盘中，在面团的表面刷蛋白液。然后给面团喷油，用保鲜膜松松地盖住面团，或将烤盘放在保鲜袋中。

7. 在室温下醒发 1 ~ 1¼ 小时，或直到面团膨胀到原来的 1½ 倍大。

8. 将烤箱预热至 177 ℃（烘焙节日哈拉需 163 ℃），将烤架置于烤箱中层。再次在面团的表面刷蛋白液，然后撒上芝麻。

9. 烤 20 分钟。将烤盘旋转 180°，再烤 20 ~ 45 分钟，具体时间根据面包的大小定。面包应该呈鲜亮的金棕色，内部温度达到 88 ℃。

10. 烘焙完成后，将面包放在冷却架上至少冷却 1 小时，然后享用。

点评

✱双辫子节日面包或节日哈拉通常用在婚礼或成年礼上，这种双层的辫子面包——也就是小面包放在大面包上——通常被放在所有面包中间。

✱曾经尝试过这个配方的埃伦·凡斯特提醒我：辫子面包也可以做成圆环形，尤其是在犹太新年的时候。圆环形象征世界无头无尾，3 股的辫子象征真理、和平和美，螺旋形的卷象征上帝的降临。还有一种习俗，就是额外添加一些砂糖（你可以将砂糖的用量翻倍）使面包变得更甜，这象征新年伊始甜甜蜜蜜。埃伦还告诉我，用种子——如芝麻——来装饰面包，象征吗哪①从天而降；在安息日用餐时用布盖住哈拉，象征上天的雨露保护着吗哪。埃伦，谢谢你！

夏巴塔
(Ciabatta)

面包简况

普通面包，乡村面团面包，间接面团面包，人工酵母面包

制作天数：2 天

第一天：制作波兰酵头或意式酵头 2 ～ 4 小时。

第二天：波兰酵头或意式酵头回温 1 小时；搅拌 10 ～ 15 分钟；发酵、整形、醒发 3 ～ 4 小时；烘焙 20 ～ 30 分钟。

这款面包有着大大的气孔和不规则的形状，在过去的 50 年里在意大利久负盛名，现在又像风暴一样席卷美国。尽管它来自古老的乡村，由松弛的面团制作而成，但直到 20 世纪中叶才得名夏巴塔。这个名字是意大利北部科莫湖地区的一位面包商起的，通过观察，他发现这种面包特别像该地区舞者所穿的一种拖鞋，因此将这种面包命名为"科莫湖的拖鞋面包"（意大利语为 ciabatta di Como）。一个全新的传统就此诞生，在 20 世纪的后半叶，夏巴塔面包成为意大利的国家面包（尽管未经官方认可），代表了意大利乡村面包的劲道和乡土美味。和普格利泽一样，夏巴塔的面团就像许多意大利面包（如比萨和佛卡夏）和法国乡村面包的面团一样，不仅可以整成科莫湖拖鞋的形状，还可以整成其他很多不同的形状。

你可以使用大量波兰酵头或意式酵头制作这款面团，后面附有使用这两种酵头的配方；你也可以加入一些牛奶或橄榄油以使面团变软。换句话说，这种面包可以

有多种变化，只要你将其整成拖鞋的形状，就可以叫它"夏巴塔"。

完成《面包的表皮和内心》以后，我继续完善着这些乡村面包的配方，把对时间和温度的要求推向极致，试着唤醒面粉中隐藏的每一种味道。在第 175 页的老面包配方中，我们将制作一款类似的面团，但

除了经典的拖鞋形状以外，这款乡村面团还可以整成很多形状，如长条形、长方形或圆形

是不需要使用酵头，也不需要长时间冷藏发酵。每种技术上的不同都会造成小麦味道的轻微差异，而每个人都有自己的偏好。在这个版本中，165% ~ 180% 的酵头比例看起来是不可思议的，它在 4 ~ 5 小时之内就能将面包的味道最大化。这款面包有些发酸，酵母味较重，这是很多人喜欢的，在他们看来"这才是真正的面包味道！"。我觉得用意式酵头和波兰酵头做出的面包的味道几乎没有区别，它们全都棒极了。

波兰酵头版本的夏巴塔 (Ciabatta, Poolish Version)

制作 2 个 454 g 的面包或 3 个小一些的面包

原材料	重量	体积	百分比（%）
波兰酵头（第 92 页）	645 g（22.75 oz）	3¹/₄ 量杯（764 ml）	168.5
未增白的高筋面粉	382 g（13.5 oz）	3 量杯（705 ml）	100
食盐	12.5 g（0.44 oz）	1³/₄ 小勺（8.8 ml）	3.25
快速酵母粉	5 g（0.17 oz）	1¹/₂ 小勺（7.5 ml）	0.75
温热的清水（32 ~ 38 ℃），也可以全部或部分用温热的全脂牛奶或酪乳代替（见"点评"）	213 g（7.5 oz）	³/₄ 量杯 3 大勺（221 ml）	44.5
用来做铺面的粗粒小麦粉或玉米粉			
总计			317

总面团配方和烘焙百分比

原材料	重量	百分比（%）
高筋面粉	709 g（25 oz）	100
食盐	12.5 g（0.44 oz）	1.8
快速酵母粉	5 g（0.17 oz）	0.7
清水	532 g（18.75 oz）	75
总计		177.5

1. 在烘焙前 1 小时，将波兰酵头从冰箱中取出，让它的温度恢复为室温。

2. 制作面团。将面粉、食盐和酵母粉放在一个 4 qt 的搅拌碗（或电动搅拌机的碗）中搅拌，再加入波兰酵头和清水，用一把大金属勺子（或用桨形头低速）搅拌，直到所有的原材料形成一个粘手的圆球。如果还剩下一些面粉没搅匀，看情况再次加入清水并继续搅拌。如果是手工和面，就用一只手旋转碗（第 48 页），用另一只手或金属勺子不停地蘸冷水，像钩形头一样将面团搅拌至光滑的状态。反向操作几次，使面团内部产生更多麸质。搅拌 5 ~ 7 分钟，或直到面团光滑，原材料分布均匀。如果是用电动搅拌机和面，就用桨形头中

速搅拌 5 ~ 7 分钟，或直到面团变得光滑、发黏。在搅拌的最后 2 分钟换钩形头。和好的面团应该与碗的四壁分离，但底部应粘在碗底。你可能需要再次添加面粉，使面团变得更硬，能与碗干净地分离，但是面团仍然保持柔软、发黏的质地。

3. 在工作台上撒足够多的面粉，使其覆盖边长约 20 cm 的区域（或使用第 49 页介绍的抹油法）。用刮板或抹刀蘸水，将黏黏的面团转移到撒了面粉的区域，使用第 49 页和第 125 页介绍的拉伸－折叠法处理面团。向面团顶部喷油并撒面粉，用保鲜膜或保鲜袋松松地盖住面团。静置 30 分钟。再次拉伸和折叠面团，喷油并撒粉，然后盖上保鲜膜或保鲜袋。让面团在工作台上

发酵 1½ ～ 2 小时。面团应该膨胀，但不必增大到原来的 2 倍。

4. 如第 29 页描述的那样准备发酵布（或者在烤盘上撒面粉或粗粒小麦粉）。小心地将面团上面的保鲜膜去掉，按照第 125 页的说明为面团整形。向面团表面喷油，再次撒面粉，然后盖上一块毛巾。在室温下醒发 ¾ ～ 1½ 小时，或直到面团明显膨胀。按照第 80 ～ 82 页所述，准备烤箱用于炉火烘焙，在烤箱中预备一个空的蒸汽烤盘，然后将烤箱预热至 260 ℃。

5. 在长柄木铲上或烤盘的背面多撒些粗粒小麦粉或玉米粉，小心地将面团转移到长柄木铲上或烤盘背面，如果需要，可以用切面刀帮忙。提起面团的两端，将面团拉伸至 23 ～ 30 cm。如果面团中间过于突出，可以用指尖轻轻地将凸起按下去，使面包保持一致的高度。将 2 个面团（如果你喜欢，也可以每次烘焙 1 个）滑到烘焙石板上（或直接用烤盘烘焙）。将 1 量杯热水倒在蒸汽烤盘中，关闭烤箱门。30 秒后，打开门，向烤箱四壁喷水，然后关闭烤箱门。每隔 30 秒喷一次水，一共喷 3 次。最后一次喷水之后，将烤箱的温度调到 232 ℃，烘焙 10 分钟。如果需要，可以将面包旋转 180°以使其受热均匀，继续烘焙 5 ～ 10 分钟，或直到烤熟。面包内部的温度需要达到 96 ℃，表面应该呈金黄色（但面包皮上会布满面粉）。面包最初很硬，较为酥脆，但是冷却后会变软。

6. 将面包从烤箱中转移到冷却架上，至少冷却 45 分钟，然后切片或上桌。

点评

✿ 你可以加入 ¼ 量杯（57 g）橄榄油，也可以用全脂牛奶或酪乳代替全部或部分的清水（就连波兰酵头也可以用牛奶制作）。与无脂肪只添加清水的面包相比，添加了橄榄油、牛奶或其他营养成分的面包更加柔软和细腻。如果你添加了橄榄油，可能还需要加入一些面粉——让面团决定它是需要更多的面粉还是液体。

✿ 你熟练掌握处理湿面团的方法以后，可能还想尝试更加湿润或黏稠的面团。只要面团能够成形并且能够拉伸和折叠，就越湿越好。正是在拉伸-折叠的阶段，麸质有了增强的机会，面团中才能产生这款面包引以为傲的大气孔。

✿ 使用食物料理机制作这款面团很方便，详细说明参见第 47 页。

✿ 我们还可以进行一些巧妙的调整，比如加入蘑菇、奶酪或炒过的洋葱，后面有详细说明。

拉伸-折叠法

（A）在面团的表面撒上大量面粉，将面团拍打成长方形。等待2分钟让面团松弛。双手蘸满面粉。（B）提起面团的两端，将面团拉伸为原来的2倍长。（C）像折信纸一样将面团折叠起来，使其恢复为长方形。

夏巴塔的整形

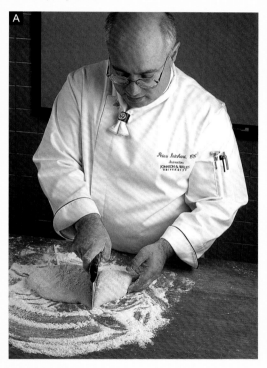

（A）用一把蘸了水的切面刀将面团分成2个或3个长方形，注意不要让面团排气。将更多的面粉撒在面团表面，将切面刀放在面团下面，轻轻地从工作台上拿起面团，放在面粉中来回滚动，使面团沾满面粉。（B）将面团放在布上，像折信纸一样，从左到右轻轻地折叠每一个面团，使面团边变成15 cm长的长方形。（C）将面团之间的布提起来隔开面团。（另外一种方法是，在烤盘上撒大量面粉或者黑麦粉、粗粒小麦粉、高筋面粉或其他类似原材料的混合物。将整形好的夏巴塔面团放入烤盘滚动以沾满面粉，然后把它们接缝朝下放在烤盘上。在面团表面喷油，松松地盖上保鲜膜或毛巾。30分钟后，小心地翻转面团，使接缝朝上，继续醒发，直到送入烤箱烘焙。）

意式酵头版本的夏巴塔 (Ciabatta, Biga Version)

制作 2 个 454 g 的面包或 3 个小一些的面包

原材料	重量	体积	百分比（%）
意式酵头（第 93 页）	454 g（16 oz）	3 量杯（705 ml）	178
未增白的高筋面粉	255 g（9 oz）	2 量杯（470 ml）	100
食盐	10.5 g（0.37 oz）	1½ 小勺（7.5 ml）	4.1
快速酵母粉	5 g（0.18 oz）	1½ 小勺（7.5 ml）	2
温热的清水（32 ~ 38 ℃），也可以全部或部分用温热的全脂牛奶或酪乳代替（见"点评"）	227 g（8 oz）	1 量杯（235 ml）	88
橄榄油（可选）	28 g（1 oz）	2 大勺（30 ml）	11
总计			383.1

总面团配方和烘焙百分比

原材料	重量	百分比（%）
高筋面粉	524 g（18.5 oz）	100
食盐	10.5 g（0.37 oz）	1.8
快速酵母粉	5 g（0.18 oz）	0.7
清水	411 g（14.5 oz）	78.4
橄榄油（可选）	28 g（1 oz）	
总计		180.9/186.4

1. 在烘焙前 1 小时，将意式酵头从冰箱中取出。用切面刀或锯齿刀将它分成 10 份，用毛巾或保鲜膜盖好，静置 1 小时。

2. 制作面团。将面粉、食盐和酵母粉放在一个 4 qt 的搅拌碗（或电动搅拌机的碗）中搅拌，再加入意式酵头、清水和橄榄油（如使用），用一把大金属勺继续搅拌（或用桨形头低速搅拌），直至所有的原材料形成一个粘手的圆球。如果还剩下一些面粉，就看情况再加入清水并继续搅拌。然后，按照波兰酵头版本的夏巴塔的制作方法操作。

野生菌夏巴塔 (Ciabatta al Funghi)

制作 2 个 454 g 的面包或 3 个小一些的面包

5 个去柄并切碎的干香菇或牛肝菌

6 大勺（90 ml）温热的清水（38 ℃）

454 g（1 lb）鲜蘑菇或香菇（去柄），切成 0.6 cm 厚的薄片

4 瓣压碎或碾碎的大蒜

¼ 量杯（58.8 ml）橄榄油

食盐和现磨黑胡椒

波兰酵头版本的夏巴塔面团（第 123 页），或意式酵头版本的夏巴塔面团（第 126 页）

1. 将切碎的干蘑菇放在清水中浸泡 30 分钟（你可以在制作面团的时候或提前 1 天完成此步骤）。同时，在一个大号煎锅中用橄榄油将鲜蘑菇和大蒜一起用中火翻炒，直到蘑菇变软。将锅中的汁液过滤出来，加入泡着干蘑菇的碗中。在炒过的鲜蘑菇中加入食盐和黑胡椒调味，放在一旁冷却。

2. 按照主配方制作面团，在和面的时候加入浸泡干蘑菇的汁液，尽量多加一些汁液，做出柔软而粘手的面团。

3. 按照你选择的配方完成制作。在进行两次拉伸－折叠时，每拉伸－折叠完一次，都将 ¼ 的炒过的鲜蘑菇撒在上面（如果你制作 3 个小面包的话，可以少加一些）。如果拉伸－折叠时有蘑菇掉落，只需要在下一次折叠的时候再加进去，或塞到两层中间。

点评

✽或许野生菌夏巴塔是在我的学生中最流行的面包。我在《面包的表皮和内心》中写过一个制作这款面包的很棒的配方，但是后来又发现了一种新技术（拉伸－折叠法），将它用在本书的新配方中，制作了这款野生菌夏巴塔和其他口味的夏巴塔。这里只列出了 3 个配方，但你在制作时有无限的选择。

奶酪夏巴塔 (Ciabatta with Cheese)

制作 2 个 454 g 的面包或 3 个小一些的面包

波兰酵头版本的夏巴塔面团（第 123 页），或意式酵头版本的夏巴塔面团（第 126 页）
2 量杯（470 ml）磨碎的或碾碎的帕尔玛干酪、罗马诺奶酪、马苏里拉奶酪、杰克奶酪、切达干酪、波萝伏洛奶酪、瑞士奶酪或蓝纹干酪，或上述奶酪的任意组合

按照主配方制作面团，在进行两次拉伸－折叠时，每拉伸－折叠一次，都将 ¼ 的奶酪混合物撒在上面（如果你制作 3 个小面包的话，可以少加一些）。按照你选择的配方完成制作。

焦洋葱香草夏巴塔

(Caramelized Onion and Herb Ciabatta)

制作 2 个 454 g 的面包或 3 个小一些的面包

4 量杯（940 ml）切碎的黄洋葱或白洋葱
¼ 量杯（58.8 ml）橄榄油
2 大勺（30 ml）砂糖
1 大勺（15 ml）意大利香醋
1 量杯（235 ml）切碎的新鲜混合香草（欧芹、罗勒、牛至、龙蒿或其他香草的任意组合）
食盐和现磨黑胡椒
波兰酵头版本的夏巴塔面团（第 123 页），或意式酵头版本的夏巴塔面团（第 126 页）

1. 在前 1 天或至少在制作面团的前 1 小时准备洋葱和香草混合物。在大号煎锅中倒橄榄油，用中火炒洋葱，直到它开始焦化或变成棕色（需要 10 ~ 15 分钟）。加入砂糖继续炒，直到砂糖熔化，洋葱变成金棕色。加入香醋翻炒，直到洋葱均匀地挂满醋汁。关火，加入香草，来回翻动使之变软并混合均匀。加入食盐和黑胡椒，放在一旁冷却备用。

2. 按照主配方制作面团，在进行两次拉伸－折叠时，每拉伸－折叠一次，都将 ¼ 的洋葱撒在上面（如果你制作 3 个小面包的话，可以少加一些）。按照你选择的配方完成制作。

肉桂面包卷和黏面包卷
(Cinnamon Buns and Sticky Buns)

面包简况

营养面包，标准面团面包，直接面团面包，人工酵母面包

制作天数：1 天

搅拌 15 分钟；发酵、整形和醒发 3¹/₂ 小时；烘焙 20 ~ 40 分钟。

我的学生们通常想学习制作一种肉桂面包卷，它的味道和 Cinnabon（美国售卖肉桂面包卷的连锁店）以及特许经营店里出售的面包卷一样。在我看来，用这个配方制作的肉桂面包卷比所有面包店出售的都好吃。那些在宾夕法尼亚州东部长大的人，对黏面包卷——如那些源自宾夕法尼亚州荷兰裔移民郡的面包——怀有特殊的感情。坦白地说，不同地方的美国人似乎都有自己的偏好，有些喜欢挂满白翻糖糖霜的甜肉桂面包卷，有些喜欢挂满焦糖糖霜的黏面包卷。不管面包皮是用砂糖装饰还是用焦糖装饰，选用哪种坚果（通常在核桃和美洲山核桃之间选择），以及是否

放葡萄干，制作这种可口的食物的关键还是在于将柔软、轻盈、细嫩、微甜的面团进行恰当的烘焙。

用这个配方制作出的是营养但不油腻的面包，因为面团的脂肪含量略低于20%。我曾经制作过脂肪含量高达50%的甜面团，但是那样的话我们干吗还要吃黏面包卷呢？它所含的脂肪会直接长到你的臀部。（或者就像我的一个顾客曾经说过的：

"它之所以被叫作黏面包卷，就是因为它会直接粘到你的臀部上。"）起酥油、鸡蛋、砂糖和牛奶等营养丰富的原材料能使面团变软，而且不会增加脂肪含量。不过，如果你想烘焙出更加"堕落"的肉桂面包卷或黏面包卷，可以尝试使用第113页的中产阶级布里欧修面团，或者尝试使用第263页的新增配方，在那个配方中，我将脂肪的用量提升至极限。

制作 8 ~ 12 个大的或 12 ~ 16 个小的肉桂面包卷、黏面包卷或其他甜面包卷

原材料	重量	体积	百分比（%）
砂糖	92 g（3.25 oz）	6½ 大勺（97.5 ml）	20
食盐	7 g（0.25 oz）	1 小勺（5 ml）	1.6
室温下的无盐黄油、起酥油或植物油	78 g（2.75 oz）	5½ 大勺（82.5 ml）	17
略微打散的鸡蛋	47 g（1.65 oz）	1 个大号的	10.3
柠檬香精	5 g（0.18 oz）	1 小勺（5 ml）	1.1
或擦碎的柠檬皮	3 g（0.1 oz）	1 小勺（5 ml）	
未增白的高筋面粉或中筋面粉	454 g（16 oz）	3½ 量杯（823 ml）	100
快速酵母粉	6 g（0.22 oz）	2 小勺（10 ml）	1.4
温热的全脂牛奶或酪乳（约 32 ℃）	255 g（9 oz）	1 量杯 2 大勺（265 ml）	56.25
或奶粉	28 g（1 oz）	3 大勺（45 ml）	
和温热的清水（约 32 ℃）	227 g（8 oz）	1 量杯（235 ml）	
由 6½ 大勺（97.5 ml）砂糖加 1½ 大勺（22.5 ml）肉桂粉配成的肉桂糖	113 g（4 oz）	½ 量杯（117.5 ml）	
总计			207.65

用于装饰肉桂面包卷的白翻糖糖霜（第 132 页）
用于装饰黏面包卷的焦糖糖霜（第 132 页）
核桃、美洲山核桃或其他坚果（用于黏面包卷）
葡萄干或其他水果干，如蔓越莓干或樱桃干（用于黏面包卷）

1. 将砂糖、食盐和黄油放在电动搅拌机的碗中，用桨形头中高速搅拌（或用一把大金属勺和搅拌碗手工搅拌）。如果使用的是奶粉，就将砂糖混合物跟奶粉搅拌在一起，并在另一个盛有面粉和酵母粉的碗中加清水。再往搅拌机中加鸡蛋和柠檬香精（或柠檬皮屑）搅拌均匀，然后加入面粉混合物和牛奶。用桨形头低速搅拌（或手工和面），直到面团形成球形。换钩形头，

将速度调成中速，搅拌大约 6 分钟（或手工和面 6 ~ 8 分钟），或直到面团光滑、柔软、发黏但不粘手。你可能需要添加一些面粉或清水来调节面团的硬度。面团应当通过窗玻璃测试（第 50 页），温度应该为 25 ~ 27 ℃。在一个大碗中涂薄薄的一层油，将面团放在碗中，来回滚动使面团表面沾满油，最后用保鲜膜盖住碗口。

2. 在室温下发酵 1½ ~ 2 小时，或直

至面团的体积增大 1 倍。

　　3. 向工作台上喷油或者在上面抹少许植物油，将面团放在工作台上，按照下面图片的说明为面团整形。

　　4. 制作肉桂面包卷：将烘焙纸铺在 1 个或多个烤盘中，将面团切面朝上，按 1.3 cm 的间隔摆放，使它们彼此不会连在一起但距离又比较近。制作黏面包卷：往 1 个或多个烤盆（或烤盘）中倒 0.6 cm 厚的焦糖，使模具四周覆盖的焦糖至少高 4 cm，然后撒上坚果和葡萄干。将面团切面朝上放在焦糖上面，使彼此间隔 1.3 cm。向面团喷油，将模具用保鲜膜松松地盖住或放在保鲜袋中。

　　5. 在室温下醒发 1¼ ～ 1½ 小时，或直到面团膨胀到彼此相连，体积大约为原来的 2 倍。完成整形的面团最多可以在冰箱中冷藏保存 2 天，在烘焙前 3 ～ 4 小时

需将烤盘从冰箱中取出，让面团醒发。

　　6. 将烤箱预热至 177 ℃。如果烤肉桂面包卷，就将烤架放在烤箱中层；如果烤黏面包卷，就将烤架放在烤箱最下层。

　　7. 肉桂面包卷需要烤 20 ～ 30 分钟，黏面包卷需要烤 30 ～ 40 分钟，或直到它们的颜色变为金棕色。如果烤黏面包卷，记住它们实际上是倒置的（肉桂面包卷通常是正常摆放的），因此热量必须穿透烤盘到达焦糖糖霜以使其焦化。烘烤时，黏面包卷的顶部将处于下方，因此尽管黏面包卷看起来颜色较深，像已经烤熟了一样，但是关键在于下面的部分是否完全烤熟。我们需要不断练习，才能掌握将面包取出的正确时机。

　　8. 烘焙之后，让肉桂面包卷在烤盘中冷却 10 分钟，然后将白翻糖糖霜趁热刷在面包的表面，但是不要在面包非常烫的时

肉桂面包卷和黏面包卷的整形

（A）用擀面杖将面团擀开，在面饼上撒薄薄的一层面粉，防止面团与擀面杖粘连。如果烤大面包，就将面团擀成大约 1.7 cm 厚、35 cm 长、30 cm 宽的长方形；如果烤小面包，就将面团擀成 46 cm 长、23 cm 宽的长方形。如果面团被擀得过薄，烤熟的面包就会较硬、非常劲道，而不会松软、饱满了。（B）将肉桂糖撒在面团表面。（C）将面团卷成雪茄形以制作"肉桂旋涡"，使接缝朝下（第 129 页图）。如果是制作大面包，就将面团等分成 8 ～ 12 段，每段大约厚 4.5 cm；如果是制作小面包，就将面团等分成 12 ～ 16 段，每段大约厚 3 cm。

候刷。将面包从烤盘中取出，放在冷却架上，至少冷却 20 分钟再享用。让黏面包卷在烤盆中冷却 5 ~ 10 分钟，然后将一个平盘倒扣在烤盆顶部，再同时翻转平盘和烤盆，放在工作台上，拿起烤盆。小心一点儿，因为这时焦糖糖霜依然非常烫。用一把橡胶抹刀将从烤盆里滴落的糖霜和依然粘在烤盆中的糖霜都刮到面包卷上。如果你用了不止一个烤盆，就用同样的方法处理其他烤盆。至少冷却 20 分钟再享用。

点评

❋ 这款面团除了可以用来制作肉桂面包卷和黏面包卷，还可以用来制作其他糕点。例如，你可以用它制作指印曲奇，填上果酱或果冻做的馅料，也可以制作酥皮糕点。像制作肉桂面包卷一样将面团卷起来，但是不要将它们切开，也不要切面朝上烘焙，而要在面团中填充用坚果、葡萄干和肉桂糖做的馅料，然后将其像鱼雷形面包一样整个进行烘焙。冷却后切片，这样面团中的馅料就不容易散落了。

优化方法

装饰肉桂面包卷的白翻糖糖霜

肉桂面包卷的顶部通常会有一层厚厚的白色翻糖。制作翻糖糖霜的方法有很多，下面这个配方既简单，做出的翻糖糖霜又好吃，还因增添了柠檬或橙子的味道而让食用者精神大振。你也可以用香草精或朗姆香精代替水果香精，或制作原味的糖霜。

将 4 量杯糖粉放在碗中，加入 1 小勺柠檬香精或橙子香精和 6 大勺 ~ ½ 量杯温热的牛奶，快速搅拌直到糖粉全部溶化。加牛奶时要缓慢，只加入需要的量，做好的糖霜应该呈光滑、浓稠的糊状，舀起倒出后呈绸缎状。

当面包开始变冷但是仍然温热时，用叉子或打蛋器的尖端将糖霜涂抹在面包上，来回涂抹几次。或用手指蘸糖霜在面包上方摆动，让糖霜滴在面包上。（记住戴上乳胶手套。）

装饰黏面包卷的焦糖糖霜

焦糖糖霜的做法是将糖和脂肪的混合物加热到焦化，关键在于把握糖熔化并稍微焦化成金琥珀色的时机。然后将它冷却成柔软的、奶油状的糖霜。如果加热时间过长，糖霜就会变成深棕色，而且非常硬。多数黏面包卷的糖霜还添加了其他的原材料来增加味道和层次感，比如添加玉米糖浆能够防止糖结晶；还可以添加香料或香精，如香草精或柠檬香精。用下面这个配方做出的黏面包卷糖霜是我尝过的最好的，它是我的妻子苏珊为加利福尼亚州福雷斯特维尔的"杜松兄弟的咖啡馆"发明的。

将 ½ 量杯砂糖、½ 量杯压实的红糖、½ 小勺食盐和 1 量杯室温下的无盐黄油放在电动搅拌机的碗中或者食物料理机中。

用桨形头将这些原材料高速搅拌 2 分钟，或用食物料理机的点动模式处理约 1 分钟。加入 ½ 量杯玉米糖浆和 1 小勺柠檬香精、橙子香精或香草精。继续搅拌约 5 分钟或用点动模式处理约 1 分钟，直到糖霜变得轻盈松软。

按所需用量在烤盘底部铺满糖浆，其厚度大约为 0.6 cm。将剩余的糖霜冷藏在冰箱中以备下次使用，它在密封容器中可以保存几个月。

肉桂葡萄干核桃面包
(Cinnamon Raisin Walnut Bread)

面包简况

营养面包，标准面团面包，直接面团面包，人工酵母面包

制作天数：1 天

搅拌 15 分钟；发酵、整形和醒发 3¹/₂ 小时；烘焙 40 ~ 50 分钟。

　　在《杜松兄弟的面包手册》一书中，我介绍了葡萄干面包的衍生版本，但是我认为这个版本更好一些，它包含了人们对葡萄干面包的所有期待——清爽、味道丰富、富含葡萄干，还能使你的口腔中充满令人满足的烤核桃的味道。如果你不想用坚果的话，也可以不用它们，但保持其他原材料的用量不变（你也可以用其他坚果，如美洲山核桃或榛子代替核桃）。

制作 2 个 680 g 的面包

原材料	重量	体积	百分比（%）
未增白的高筋面粉	454 g（16 oz）	3¹/₂ 量杯（823 ml）	100
砂糖	19 g（0.66 oz）	4 小勺（20 ml）	4
食盐	9 g（0.31 oz）	1¹/₄ 小勺（6.3 ml）	1.9
快速酵母粉	6 g（0.22 oz）	2 小勺（10 ml）	1.4
肉桂粉	4.5 g（0.16 oz）	1¹/₄ 小勺（6.3 ml）	1
略微打散的鸡蛋	47 g（1.65 oz）	1 个大号的	10
熔化的或室温下的无盐黄油，或植物油	28 g（1 oz）	2 大勺（30 ml）	6.25
室温下的全脂牛奶或酪乳	113 g（4 oz）	¹/₂ 量杯（118 ml）	25
室温下的清水	170 g（6 oz）	³/₄ 量杯（176 ml）	37.5
清洗并晾干的葡萄干	255 g（9 oz）	1¹/₂ 量杯（352.5 ml）	56
切碎的核桃	113 g（4 oz）	1 量杯（235 ml）	25
总计			268

带有"肉桂旋涡"的肉桂葡萄干核桃面包和它的肉桂糖脆皮（见"点评"）

1. 将面粉、砂糖、食盐、酵母粉和肉桂粉放在搅拌碗（或电动搅拌机的碗）中搅拌。加入鸡蛋、黄油（或植物油）、酪乳和清水，用大勺子将所有原材料搅拌均匀（或用桨形头低速搅拌），直至面团变成球形。如果面团太黏或太干的话，可以加入面粉或清水进行调节。

2. 将面粉撒在工作台上，将面团转移到工作台上，开始和面（或用钩形头中速搅拌）。要使面团柔软、发黏但不粘手。如果需要的话，可以在和面（或搅拌）的过程中加入面粉来调节。手工和面或机器和面大约需要 6 分钟。在和面（或搅拌）的最后 2 分钟加入葡萄干和核桃，使它们分布均匀，注意不要将它们弄得太碎。（如果用机器和面，你可能需要用手将葡萄干和核桃均匀地揉到面团中。）面团应当通过窗玻璃测试（第 50 页），温度应该为 25 ～ 27 ℃。在一个大碗中刷薄薄的一层油，将面团转移到碗中，来回滚动使面团沾满油，最后用保鲜膜盖住碗口。

3. 在室温下发酵大约 2 小时，或直至面团的体积增大 1 倍。

4. 将面团平均分为 2 份，整成三明治面包的形状（第 71 页）。将每个面团分别放在刷了少许油的吐司模中，吐司模的大小为 22 cm × 11.5 cm。向面团的表面喷油，再用保鲜膜松松地盖住。

5. 在室温下醒发 1 ～ 1½ 小时，或直至面团膨胀到吐司模的上边缘，体积几乎增大 1 倍。

6. 将烤架放在烤箱中层，将烤箱预热至 177 ℃。把 2 个吐司模放在烤盘中，使它们之间保持一定的距离。

7. 烘焙 20 分钟。为使面包受热均匀，将烤盘旋转 180°，继续烤 20 ～ 30 分钟。烤好的面包内部温度应该达到 88 ℃，顶部应该呈金棕色，两侧和底部为浅金黄色。当敲打面包的底部时，你应该能听到空洞的声音。

8. 马上将面包从模具中取出，放在冷却架上至少冷却 1 小时（最好是 2 小时），然后切片或上桌。

点评

✤ 一种增加味道的方法是在面包上制造"肉桂旋涡"。将 ½ 量杯（100 g）砂糖和 2 大勺（30 ml）肉桂粉搅拌在一起，制作成肉桂糖。为面团整形时，用擀面杖将面团擀成 20 cm 长、13 cm 宽、0.8 cm 厚的长方形。将肉桂糖均匀地撒在面团表面，然后将面团紧紧地卷成三明治面包的形状，用手指将接缝捏拢。在将烘焙好的面包切片时，切片上会出现一个"肉桂旋涡"，它不仅好看，还为面包增添了肉桂糖的味道。

✤ 还有一种增加味道的方法。当面包刚刚出炉时，在面包表面刷熔化的黄油，然后将面包放在肉桂糖中滚动。等面包冷却以后，肉桂糖脆皮尝起来会是甜而松脆的。

玉米面包
(Corn Bread)

面包简况

营养面包，糊状面团面包，化学发酵面包（泡打粉和小苏打发酵）

制作天数：2 天

第一天：制作玉米粉浸泡液 5 分钟。

第二天：准备培根 45 分钟；搅拌、加热烤盘 15 分钟；烘焙 30 分钟。

说到感恩节，我最爱的味道就是火鸡酥脆的表皮。我总是垂涎于翅尖，会偷偷溜进厨房，趁着别人还没有将火鸡切开，撕下火鸡金黄色的、撒满盐和黑胡椒的那个最酥脆的部位。虽然它浓郁的味道意味着我不用吃很多就能满足肚子里的馋虫，但是在一顿饭的最后，我总是觉得自己还想再吃一块。

这款玉米面包用熏制的、带有咸味的酥脆培根代替火鸡皮，来满足大家对火鸡的渴望。然而，我也经常从肉店购买半磅的鸡皮或火鸡皮，将它们铺在烤盘中，用食盐和黑胡椒调味，然后在 177 ℃ 下烘焙，直到脂肪熔化。这时鸡皮变得酥脆易碎，就像培根一样。我们用它可以制作这款面包的衍生版本。

制作 1 个直径 25 cm 的圆面包

原材料	重量	体积	百分比（%）
粗玉米碎（包装上也会写成玉米糁）或发芽玉米粉	170 g（6 oz）	1 量杯（23 ml）	42.9
酪乳	454 g（16 oz）	2 量杯（470 ml）	114
培根	227 g（8 oz）	10 片	51.1
未增白的中筋面粉	227 g（8 oz）	1¾ 量杯（411 ml）	57.1
泡打粉	21 g（0.75 oz）	1½ 大勺（22.5 ml）	5.4
小苏打	1.5 g（0.05 oz）	¼ 小勺（1.3 ml）	0.36
食盐	7 g（0.25 oz）	1 小勺（5 ml）	1.8
砂糖	57 g（2 oz）	¼ 量杯（58.8 ml）	14.3
压实的红糖	57 g（2 oz）	¼ 量杯（58.8 ml）	14.3
鸡蛋	142 g（5 oz）	3 个大号的	35.7
蜂蜜	42.5 g（1.5 oz）	2 大勺（30 ml）	10.7
熔化的无盐黄油	28 g（1 oz）	2 大勺（30 ml）	7.1
新鲜或解冻的玉米粒	454 g（16 oz）	2½ 量杯（587.5 ml）	114
培根烤出的油脂、无盐黄油或植物油	28 g（1 oz）	2 大勺（30 ml）	7.1
总计			475.86

糖、蜂蜜、酪乳、大量玉米粒和玉米糁（不同于常见的细细研磨的玉米粉）的使用使这款面包更加湿润、有质感、酸甜可口。面包上的培根（或脆皮）是终极美味，是感恩节大餐的完美注脚，也可以在一年中的其他时候给我们带来感恩节的味道。

我一直对好的玉米面包情有独钟。好的玉米面包是湿润的、甜甜的、质感丰富的，咬上去有嘎吱嘎吱的声音。我最喜欢下面这个配方，用它做出的玉米面包是我做过和吃过的最好的。玉米面包属于快速面包，因为它是用泡打粉发酵的（化学发酵的更多信息见第 56 页）。虽然这不是一本关于化学发酵和制作快速面包的书，但我还是情不自禁地将这个配方加了进来，因为，说实话，我认为它的味道无与伦比。（注：在这次的修订版中，我又添加了新学会的诀窍，那就是用发芽玉米粉代替普通的玉米粉，这样可以让玉米本身的味道发挥到极致。要想购买发芽玉米粉，参见第 283 页的"资料来源"。）

1. 在烘焙的前一晚，将玉米粉浸泡在酪乳中，然后盖起来，在室温下静置一晚。

2. 第二天，准备培根。将烤箱预热至 190 ℃，将培根平铺在 2 个烤盘中，烤 15 ～ 20 分钟，或直到培根变脆。用钳子或叉子将培根移到铺着厨房纸巾的盘子中冷却，将油脂倒入罐子或不锈钢碗，用来涂抹烤玉米面包的模具。等到培根冷却之后，把它切成小片。

3. 将烤箱的温度降至 177 ℃。将面粉、泡打粉、小苏打和食盐放在搅拌碗中搅拌，然后加入砂糖和红糖继续搅拌。在另一个

碗中，将鸡蛋略微打散。将蜂蜜混入熔化的黄油，然后将温热的黄油混合物拌入鸡蛋。将鸡蛋混合物倒入浸泡玉米粉的碗中，再将湿乎乎的混合物倒在面粉混合物中，用一把大勺子搅拌，直到所有的原材料分布均匀、面糊均匀光滑，看起来像浓稠的煎饼糊。最后拌入玉米粒，使它们分布均匀。

4. 将 2 大勺培根烤出的油脂（或无盐黄油）放在一个直径 25 cm 的圆形蛋糕模中（你也可以使用一个 23 cm × 33 cm 的烤盘，或一个边长 30 cm 的正方形烤盘）。把模具放在烤箱中加热 2 ～ 3 分钟，或直到油脂变得滚烫。用隔热手套将模具取出，来回晃动以使油脂在模具中分布均匀，然后将面糊倒进去，使其从模具中间扩散到四周。在表面均匀地撒切碎的培根，轻轻地将它们按到面糊中。

5. 将模具放入烤箱，大约烤 30 分钟，或直到玉米面包变硬且具有弹性（具体的烘焙时间根据模具的大小而定），牙签插入面包中间再拔出后不带出面糊。面包表面应呈中等程度的金棕色，内部的温度应该至少达到 85 ℃。

6. 将面包放在模具中至少冷却 15 分钟，然后从模具中取出，切成方形或楔形，趁热享用。

点评

✱ 和所有快速面包的面糊一样，这款面包的面糊也可以用来制作麦芬。用面糊填满涂了油的麦芬模，在 177 ℃下烘焙 30 分钟，或直到麦芬中央具有弹性，牙签插进去再拔出后不带出面糊。

蔓越莓核桃节日面包
(Cranberry-Walnut Celebration Bread)

面包简况

营养面包，标准面团面包，直接面团面包，人工酵母面包

制作天数：1 天

搅拌 15 分钟；发酵、整形、醒发 3¾ 小时；烘焙 50 ~ 55 分钟。

长久以来，我都认为蔓越莓是连接感恩节晚餐的纽带，它能将其他的所有味道串起来，它的汁液在盘子中到处流动，将肉汁、土豆和调料混合在一起，那股酸甜的味道也提升了火鸡的味道。当然，它一定得是鲜美的蔓越莓——配上粗略切碎的梅子、核桃，再加上橙汁——而不仅仅是水果罐头切片。这款面包不仅抓住了这些味道，而且是以上各种味道的绝妙补充。它的造型是双层辫子形，让人想起了传统的节日面包哈拉（第 119 页）。

制作 1 个大辫子面包

原材料	重量	体积	百分比（%）
未增白的高筋面粉	382 g（13.5 oz）	3 量杯（705 ml）	100
砂糖	42.5 g（1.5 oz）	3 大勺（45 ml）	11.1
食盐	5 g（0.19 oz）	¾ 小勺（3.8 ml）	1.4
快速酵母粉	11 g（0.39 oz）	3½ 小勺（17.5 ml）	2.9
橙子香精或柠檬香精	21 g（0.75 oz）	1½ 大勺（22.5 ml）	5.6
略微打散的鸡蛋	93.5 g（3.3 oz）	2 个大号的	24.4
室温下的酪乳或任何种类的牛奶	113 g（4 oz）	½ 量杯（118 ml）	29.6
无盐黄油	28 g（1 oz）	2 大勺（30 ml）	7.4
室温下的清水	57 ~ 113 g（2 ~ 4 oz）	¼ ~ ½ 量杯（59 ~ 118 ml）	22.2
甜蔓越莓干	255 g（9 oz）	1½ 量杯（352.5 ml）	66.7
粗略切碎的核桃	85 g（3 oz）	¾ 量杯（176.3 ml）	22.2
1 个鸡蛋，打出泡沫，用来刷面			
总计			293.5

1. 在一个大搅拌碗（或电动搅拌机的碗）中，把面粉、砂糖、食盐和酵母粉搅拌在一起。加入水果香精、鸡蛋、酪乳（或牛奶）和黄油，再次搅拌（或用桨形头低速搅拌），慢慢地加入足够多的清水，做出柔软而有弹性的面团。

2. 将面粉撒在工作台上，将面团转移到工作台上。和面（或用钩形头中速搅拌）约5分钟，或直至面团光滑，稍微有些黏。面团应该柔软光滑，而不过于硬实。如果面团过于硬实，可以加入少量清水使它变软；如果面团过于黏稠，可以加入少量面粉使它变硬。加入蔓越莓干，和面（或搅拌）大约2分钟，或直到它们在面团中分布均匀。然后将核桃碎轻柔地揉入（或拌入）面团，直到它们分布均匀。在一个大碗内涂抹薄薄的一层油，将面团转移到碗中，来回滚动面团使它沾满油，再用保鲜膜盖住碗口。

3. 在室温下发酵大约2小时，或直至面团的体积增大1倍。

4. 将面团转移到工作台上，分为6份，其中3份每份重284 g，另外3份每份重113 g。将面团揉成中间粗、两端细的长条，大面团揉至约23 cm长，小面团揉至约18 cm长，按照第74页三股辫的编法编出大小辫子。将烘焙纸铺在烤盘中，将大辫子放进去，然后将小辫子放在大辫子的正上方，制作成双层辫子。用一半蛋液为整个面包刷面，将剩余的蛋液放在冰箱中冷藏待用。

5. 不盖任何东西，让面团在室温下醒发约1½小时，或直至面团的体积增大1倍。之后，用剩余的蛋液再次为面包刷面。

6. 将烤箱预热至163 ℃，将烤架置于烤箱中层。

7. 烘焙约25分钟，然后将烤盘旋转180°使面包受热均匀，继续烘焙25～30分钟，或直至面包呈深金棕色，摸起来非常硬实。敲打面包底部应该能听到空洞的声音，面包中心的温度应该为85～88 ℃。

8. 将面包从烤盘中取出，放在冷却架上。至少冷却1小时，然后切片或上桌。

点评

✽这款面包含有很多蔓越莓干和核桃，不容易将它们混合均匀，但是耐心和面可以解决这个问题。就算有些水果干在整形（只需要将它们放回面团中）或烘焙（扔掉烤焦的）的过程中掉出来，也不用担心。

✽你也可以将蔓越莓干替换成葡萄干或其他的水果干，将核桃替换为美洲山核桃和其他的坚果，但是我认为蔓越莓干和核桃的搭配绝对是最经典！你也可以先把核桃稍微烘烤一下再切碎，这样可以使它们的味道更浓郁，不过你也可以不这么做。

✽你也可以用普通的吐司模烘焙或将面团整成球形或鱼雷形（第62～63页）。无论是什么形状的，这类营养甜面包都应当用163～177 ℃的低温烘焙，以免面包的表皮在面包心充分凝胶化之前就被烤焦。

英式麦芬
(English Muffin)

面包简况

营养面包，标准面团面包，直接面团面包，人工酵母面包

制作天数：1 天

搅拌 10 ～ 15 分钟；发酵、整形、醒发 3 小时；烹饪和烘焙 15 ～ 25 分钟。

这款面包制作起来非常有趣，尤其是和孩子一起制作。不同于那些用烤箱烘焙的面包，这款麦芬是先在煎锅或平底锅中烘焙的。如果你想做出专业面包师才能做出的大孔，就必须揉出柔软但不太黏的面团，而且要掌握好烘焙的时间，在面团膨胀的时候出锅。这款面团是用直接法制作的营养面团，也可以用来制作英式麦芬面包，那种有大孔的白面包是孩子们——好吧，不仅仅是孩子们——的最爱。

制作 6 个麦芬或 1 个 454 g 的面包

原材料	重量	体积	百分比（%）
未增白的高筋面粉	284 g（10 oz）	2½ 量杯（588 ml）	100
砂糖	7 g（0.25 oz）	1½ 小勺（7.5 ml）	2.5
食盐	5 g（0.19 oz）	¾ 小勺（3.8 ml）	1.9
快速酵母粉	4 g（0.14 oz）	1¼ 小勺（6.3 ml）	1.4
室温下的无盐黄油或植物油	14 g（0.5 oz）	1 大勺（15 ml）	5
室温下的牛奶或酪乳	170 ～ 227 g（6 ～ 8 oz）	¾ ～ 1 量杯（176 ～ 235 ml）	70
用来做铺面的玉米粉			
总计			180.8

1. 在一个搅拌碗（或电动搅拌机的碗）中，把面粉、砂糖、食盐和酵母粉搅拌在一起。加入黄油（或植物油）和 ¾ 量杯（170 g）牛奶，继续搅拌（或用桨形头低速搅拌），直到所有的原材料形成球形。如果碗中还有一些松散的面粉，就滴入剩下的 ¼ 量杯牛奶中的一部分。和好的面团应该柔软光滑，而不过于硬实。

2. 将面粉撒在工作台上，将面团转移到工作台上，开始和面（或用钩形头中速搅拌）。和面 8 ～ 10 分钟（或搅拌大约 8 分钟），如果需要的话，就再加入一些面

粉，做出发黏但不粘手的面团。面团应该通过窗玻璃测试（第 50 页），温度应该为 25 ～ 27 ℃。在一个大碗内涂抹薄薄的一层油，将面团转移到碗中，来回滚动面团使它沾满油，最后用保鲜膜盖住碗口。

3. 在室温下发酵 1 ～ 1¹⁄₂ 小时，或直至面团的体积增大 1 倍。

4. 用湿布擦拭工作台，再将面团放在工作台上，平均分为 6 份，每份重 85 g。（或按照第 71 页的方法整成三明治面包的形状，然后按照第 256 页制作白面包的方法继续操作。）将每个面团都整成小球形（第 62 页）。将烘焙纸铺在烤盘中，在上面喷油，再撒上一层玉米粉。将面团放在烤盘中，彼此间隔 8 cm。轻轻地给它们喷油，再松散地撒上玉米粉，然后用保鲜膜或毛巾松松地盖住。

5. 在室温下醒发 1 ～ 1¹⁄₂ 小时，或直至面团的体积增大 1 倍，高度和宽度都有所增大。

6. 将一个煎锅或平底锅用中火加热（如果你有温度计，就将温度保持在 177 ℃）。同时，将烤箱预热至 177 ℃，将烤架置于烤箱中层。

7. 在煎锅或平底锅中刷一层植物油，或向里面喷油。拿掉保鲜膜或毛巾，将金属抹刀插入面团底部，再轻轻地将面团托起并放在锅中，面团之间至少间隔 2.5 cm。用保鲜膜或毛巾盖住锅中的面团，防止表面形成硬壳。面团会在热锅中变得扁平，

微微向四周扩散，之后会有所膨胀。煎 5 ～ 8 分钟，或直至面团的底部即将被煎煳。面团的底部应呈浓郁的金棕色，并很快变成棕色，但是不要煎煳。在未熟之前不要试着翻动面团，否则它们会散掉。用金属抹刀小心地给面团翻面，将另一面同样煎 5 ～ 8 分钟。两面这时都是平的。当面团再煎就要煳了时，将它们放入烤盘，再将烤盘放在烤箱中。（不要等那些没有煎好的出锅后一起烘烤，否则已经出锅的面团会冷却，在烤箱中就无法继续膨胀了。）在烤箱中层烤 5 ～ 8 分钟，确保麦芬中间被烤熟。同时，继续处理剩下的面团，先用煎锅煎，再用烤箱烤，与处理第一批的步骤相同。

8. 将烤好的麦芬转移到冷却架上，至少冷却 30 分钟，然后享用。

点评

✴在切开烤好的麦芬时，我们用的不是刀子而是叉子，一些商家就用"叉子切分"作为卖点来推销英式麦芬。使用叉子的优点是：叉子插入麦芬中间或边缘时，会造成缺口和小洞，而它们正是英式麦芬的独特之处。

✴要想麦芬的烘焙弹性更好、其中的孔更大，可以在煎面团时将一个金属搅拌碗罩在锅上，阻止蒸汽和热量散出去。面团煎好后，用金属抹刀从搅拌碗底部抬起碗。

佛卡夏
(Focaccia)

面包简况

营养面包（使用了少许橄榄油），乡村面团面包，扁平面包，直接面团面包或间接面团面包，人工酵母面包

制作天数：2 天

第一天：搅拌 15 分钟；拉伸—折叠 100 分钟；发酵和添加馅料 3 小时（波兰酵头版本的佛卡夏：制作波兰酵头 3 ～ 4 小时）。

第二天：发酵 3 小时；烘焙 20 ～ 30 分钟（波兰酵头版本的佛卡夏：波兰酵头回温 1 小时；搅拌 15 分钟；发酵、添加馅料和醒发 3 小时；烘焙 20 ～ 30 分钟）。

　　美国多数佛卡夏的质量都不高，我很惊讶它们居然还能占据市场。在一本著名的食品杂志上，佛卡夏被列为新千年的热门食品之一。少数真正做得好的面包店通过对乡村面团的妥善处理，呈献给大家蜂窝状的面包心，这也许是它能够一直存在并崭露头角的原因。但是，无论那些点缀面包的食材是多么有创意或多姿多彩，都不能掩盖面包表皮在味道方面的缺陷。这一点对于比萨和它利古里亚的"表亲"佛卡夏是一样的，它们之间的主要区别是：经典的比萨（那不勒斯比萨）表皮较薄，而正宗佛卡夏的表皮较厚，但也不至于厚得像某些美国版本那样。我推荐的厚度是 2.5 ～ 3 cm（就像夏巴塔和普格利泽的厚度一样），里面布满大的、张开的通透气孔。只有长时间的发酵才能够达到这种完美的效果，我们可以通过大量使用酵头或冷藏的方法来延迟发酵以获得湿润和有弹性的面团。这两种方法能够产生同样的效果，所以我向你提供了两个配方，这表明控制时间和温度能够带来多种可能性。后面还附了一些衍生版本的配方和装饰的建议。请注意，下面的配方与第一版《学徒面包师》中的配方有所不同，我在这些配方中做了一些细微的调整——我一直在为做出完美的佛卡夏而努力探索。

制作 1 个 30 cm × 43 cm 的佛卡夏

原材料	重量	体积	百分比（%）
未增白的高筋面粉或面包粉	638 g（22.5 oz）	5 量杯（1175 ml）	100
食盐	13 g（0.46 oz）	1⁷⁄₈ 小勺（9 ml）	2
快速酵母粉	5 g（0.18 oz）	1¾ 小勺（8.7 ml）	0.8
橄榄油	28 g（1 oz）	2 大勺（30 ml）	4.5
室温下的清水	482 g（17 oz）	2 量杯 2 大勺（500 ml）	75.5
香料橄榄油（第 147 页，可选）		¼ ～ ½ 量杯（58.8 ～ 117.5 ml）	
总计			182.8

1. 在一个 4 qt 的搅拌碗（或电动搅拌机的碗）中，把面粉、食盐和酵母粉搅拌在一起。加入油和清水，用一把大金属勺搅拌（或用桨形头低速搅拌），直到所有的原材料形成一个湿润、黏稠的球。如果是手工和面，就用一只手旋转碗，用另一只手或金属勺不停地蘸冷水，像钩形头一样将面团搅拌成光滑的面团（第 48 页）。再反向操作几次，使面团内部产生更多麸质。重复这个动作 3 ~ 5 分钟，或直至面团光滑，原材料分布均匀。如果是用电动搅拌机和面，就换成钩形头中速搅拌 3 ~ 5 分钟，或直至面团光滑、发黏。面团应当与搅拌碗的四周分离，但仍粘在碗底。在使面团与搅拌碗分离时，你可能需要额外加入一些面粉使它变结实，但面团仍然需要保持柔软和发黏的质地。

2. 按照第 49 页的方法，用橄榄油在工作台上抹油。用蘸了水的刮刀或抹刀将黏黏的面团转移到抹了油的区域。双手蘸橄榄油，把面团轻轻拍成 15 cm × 30 cm 的长方形。静置 5 分钟，让面团松弛。

3. 双手蘸油，从两端拉伸面团，使其长度变为原来的 2 倍。像折信纸一样折叠面团，使它恢复成长方形（第 125 页）。向面团表面喷油，然后用保鲜膜松松地盖住。

4. 静置 30 分钟。再次拉伸－折叠面团，喷油并盖上保鲜膜。30 分钟后，再次重复这一步骤。

5. 让盖着的面团在工作台上发酵 30 分钟。面团应该只膨胀一点点。

6. 把烘焙纸铺在一个 30 cm × 43 cm 的烤盘上，按照第 148 页的说明整形和添加馅料。在面团表面喷油，或者把橄榄油

或香料橄榄油洒在面团表面。

7. 用保鲜膜松松地盖住烤盘（或将烤盘放在保鲜袋内），将面团放在冰箱中冷藏一夜（最多可冷藏 3 天）。

8. 烘焙前 3 小时将面团从冰箱中取出，将剩余的橄榄油或香料橄榄油洒在面团的表面以使其渗入面团。（如果需要的话，可以用掉所有的油，虽然看上去油很多，但是面团可以完全吸收这些油。）面团应该覆盖整个烤盘，厚度约为 1.3 cm。加入需要在醒发前加入的装饰物（第 150 页），再次用保鲜膜盖住烤盘，在室温下醒发 2½ ~ 3 小时，或直至面团的体积增大 1 倍，厚度接近 2.5 cm，面团增高至烤盘上边缘。

9. 将烤箱预热至 260 ℃，将烤架置于中层。轻轻地将需要在烘焙前加入的装饰物（第 150 页）点缀在面团上。

10. 将烤盘放在烤箱中，将烤箱的温度调到 232 ℃，烘焙 15 分钟。将烤盘旋转 180°，继续烘焙 5 ~ 10 分钟，或直至面包变为浅金棕色。如果你打算使用需要在烘焙过程中添加的装饰物（第 150 页），此时就要将它们撒在面包上，继续烘焙 5 分钟左右。面包内部的温度应该达到 93 ℃ 以上（在面包中心测量），如果使用了奶酪，奶酪应当熔化但未被烤煳。

11. 将烤盘从烤箱中取出，马上将佛卡夏从烤盘中转移到冷却架上。如果烘焙纸粘在了佛卡夏底部，就小心地提起佛卡夏的一角，微微用力让它的底部与烘焙纸分离。

12. 冷却至少 10 分钟，然后切开享用。

点评

✸ 用这款面团可以制作很棒的比萨和

佛卡夏，但是如果制作斯特龙博利（stromboli）或者比萨卷馅饼（rolled and stuffed pizza），它就过于松弛了。有一种非常受欢迎的混搭食物，我们可以把它称为"比萨风格的佛卡夏"。那是一种小圆派，开始的制作方法和比萨一样，但是面团需要发酵和膨胀，然后在顶部添加味道浓郁的装饰物（第150页），而非比萨上的传统奶酪和酱料。除了非常吸引眼球外，它的另外一个好处就是可以提前制作，吃的时候可以凉着吃，也可以略微加热一下。这款面团还可以制作西西里风格的比萨：面团制作成长方形或圆形，不进行第二次发酵就烘焙至半熟，然后冷却，添加装饰物，最后再次烘焙成厚实、酥脆的铁盘比萨。

✽和大多数乡村面包面团一样，这款面团的含水量超过了70%。除了手工和面和用搅拌机和面，使用食物料理机和面也是有效和不错的选择（第47页）。

✽这个配方似乎使用了过多的香料橄榄油，但是在烘焙过程中，面团会吸收所有的油。不过，如果油的用量超出了你能接受的范围，那么在最后整形时，你可以减小油的用量。

✽我最喜欢的一个衍生版本是葡萄干佛卡夏（利古里亚地区传统上喜欢将甜味的佛卡夏当作早餐）。制作方法如下：不使用香料橄榄油，而在和面的最后2分钟添加2量杯（340 g）或更多的葡萄干（越多越好，面团中应当充满葡萄干；葡萄干占面粉总量的50%是一个合适的比例），在面包上洒普通的橄榄油而非香料橄榄油，在烘焙前稍微撒一些犹太盐或粗砂糖。为自己做一个最好吃的葡萄干佛卡夏吧！

✽有些人喜欢表皮硬实的、更有嚼劲的佛卡夏。要想达到这种效果，你可以将烤箱温度降至204 ℃，然后把烘焙时间延长大约10分钟。

优化方法

香料橄榄油

佛卡夏中的大量香料橄榄油能够增加面团的味道，它的效果比其他任何装饰物都好。制作这种香料橄榄油的方法有很多，做多少都可以，我经常多做一些以便随时烹饪和食用。你可以使用干的或新鲜的香草，或将两者混合起来用。不要将油过度加热，只要达到温热即可，然后将香草浸在温热的油中，使其散发味道。

下面只列出了一种制作方法，但是你尽可以用自己喜欢的香草和香料来代替其中的原材料。你使用的橄榄油不必是特级初榨橄榄油，因为它还要经过烹饪，你花很多钱购买的特级初榨橄榄油在味道上的细微差别也会随之消失。

在2量杯室温下的橄榄油中加入1量杯切碎的新鲜香草。可选的香草有罗勒、欧芹、牛至、龙蒿、迷迭香、百里香、香菜、香薄荷和鼠尾草等，它们可以任意组合。

我建议多加一些新鲜的罗勒。（代替品可以是1/3量杯干香草，或是像普罗旺斯香草这样的混合香草，又或是新鲜香草和干香草的混合。）加入1大勺粗盐（或片状海盐、犹太盐）、1小勺稍微碾碎的黑胡椒，以及1大勺大蒜粉或5～6瓣切碎或碾碎的新鲜大蒜；也可以加入1小勺红辣椒粉、1/2小勺辣椒面、1大勺茴香籽、1小勺洋葱粉或1大勺切碎的干洋葱。剩余的香料橄榄油最多可以在冰箱中冷藏保存2周。

佛卡夏的整形

（A）将2大勺香料橄榄油洒在纸上，用手指或刷子把油抹在纸上和烤盘的内壁上。在手上稍微涂些油，用蘸了油的塑料刮刀或金属切面刀将面团从工作台上转移到烤盘中，尽可能地保持其长方形的形状。（B）用勺子将剩下的香料橄榄油涂抹在面团上。

（C）用指尖按压面团，同时让面团填满烤盘，尽量使面团的厚度保持一致。我们使用用指尖而不是整个手掌，以免使面团裂开。用指尖按压可以只排出面团中的部分气体，没有被按压的部位不会排气。如果面团的弹性过大，就让其松弛15分钟，然后继续按压。就算不能将烤盘全部填满——尤其是四个角——也没有关系，随着面团的松弛和发酵，它会自然扩张。如果需要的话，可以再添加香料橄榄油，确保面团的整个表面都抹上了油。

波兰酵头版本的佛卡夏 (Poolish Focaccia)

制作 1 个 30 cm×42 cm 的佛卡夏

原材料	重量	体积	百分比（%）
波兰酵头（第 92 页）	567 g（20 oz）	3 量杯（705 ml）	167
未增白的高筋面粉	340 g（12 oz）	2²⁄₃ 量杯（627 ml）	100
食盐	13 g（0.46 oz）	⁷⁄₈ 小勺（9 ml）	3.8
快速酵母粉	5 g（0.17 oz）	1¹⁄₂ 小勺（7.5 ml）	1.4
橄榄油	28 g（1 oz）	2 大勺（30 ml）	8.3
温热的清水（32 ~ 38 ℃）	198 g（7 oz）	³⁄₄ 量杯 2 大勺（206 ml）	58
总计			338.5

总面团配方和烘焙百分比

原材料	重量	百分比（%）
高筋面粉	618 g（21.8 oz）	100
食盐	13 g（0.46 oz）	2.1
快速酵母粉	6 g（0.2 oz）	1
清水	488 g（17.2 oz）	79
橄榄油	28 g（1 oz）	4.5
总计		186.6

1. 在烘焙前 1 小时将波兰酵头从冰箱中取出，让其恢复到室温。

2. 在一个 4 qt 的搅拌碗（或电动搅拌机的碗）中，把面粉、食盐和酵母粉搅拌在一起。加入橄榄油、波兰酵头和清水，用一把大金属勺搅拌（或用桨形头低速搅拌），直到所有的原材料形成一个湿润、黏稠的球。如果是手工和面，就用一只手旋转碗，用另一只手或金属勺不停地蘸冷水，像钩形头一样将面团搅拌成光滑的面团（第 48 页）。再反向操作几次，使面团内部产生更多麸质。重复这个动作 3 ~ 5 分钟，或直至面团光滑，原材料分布均匀。如果是用电动搅拌机和面，就换成钩形头中速搅拌 4 ~ 5 分钟，或直至面团光滑、发黏。

面团应当与搅拌碗四周分离，但仍粘在碗底。在使面团与搅拌碗分离时，可能需要额外加入一些面粉使它变结实，但面团仍然需要保持柔软、发黏的质地。

3. 在工作台上撒足量的面粉，使其覆盖边长约 15 cm 的区域（或使用第 49 页介绍的抹油法）。用蘸了水的刮刀或抹刀把黏黏的面团转移到撒了面粉（或抹了油）的区域，再撒上大量面粉，将面团轻拍成 15 cm×30 cm 的长方形。等待 5 分钟，使面团松弛。

4. 双手蘸满面粉或油，从两端拉伸面团，使其长度变为原来的 2 倍。像折信纸一样折叠面团，使它恢复成长方形（第 125 页）。向面团表面喷油，用保鲜膜松松地盖住面团。

5. 松弛 30 分钟。再次拉伸－折叠面团，喷油并盖上保鲜膜。30 分钟后,再次重复这一步骤。

6. 让盖着的面团在工作台上发酵 1 小时。面团应该膨胀,但体积不需要增大 1 倍。

7. 把烘焙纸铺在一个 30 cm × 42 cm 的烤盘上,按照第 148 页的说明整形和添加馅料,同时加入需要在醒发前加入的装饰物(见下框)。

8. 用保鲜膜松松地盖住烤盘。在室温下大约醒发 2 小时,或直至面团充满整个烤盘。

9. 烘焙前 15 分钟左右,在面团上洒一些橄榄油。(如果需要的话,可以用掉所有的橄榄油,虽然看上去油很多,但是面团可以完全将其吸收。)用手指按压面团帮助吸收橄榄油,同时将之前加入的装饰物按入面团。烤盘应该完全被填满,面团的厚度约为 1.3 cm。在烘焙前,让面团松弛 15 ~ 30 分钟,使面团重新膨胀,它的厚度将增大到 2.5 cm。

10. 将烤箱预热至 260 ℃,将烤架置于中层。将烤盘放到烤箱中,将烤箱的温度调到 232 ℃,烘焙 10 分钟。将烤盘旋转 180°,继续烘焙 5 ~ 10 分钟,或直至面包变为浅金棕色。如果你打算使用需要在烘焙过程中添加的装饰物(见下框),此时就要将它们撒在面包上,继续烘焙 5 分钟左右。面包内部的温度应该达到 93 ℃ 以上(在面包中心测量),如果使用了奶酪,奶酪应当熔化但未被烤糊。

11. 从烤箱中取出烤盘,马上将佛卡夏从烤盘中取出放在冷却架上。如果烘焙纸粘在佛卡夏底部,就小心地掀起佛卡夏的一角,微微用力让它的底部与烘焙纸分离。

12. 冷却至少 10 分钟,然后切开享用。

优化方法

佛卡夏的顶部装饰

　　我设计了三种装饰物,分别是需要在醒发面团前加入的、需要在烘焙前加入的和需要在烘焙过程中加入的,后者通常要在烘焙过程的最后几分钟加入。有些装饰物——如晒干的番茄、橄榄和坚果——需要包裹在面团中,这样可以防止它们烤焦和脱落;有些装饰物则没有那么脆弱,直接放在面团上烘焙即可,如含水量高的奶酪(如蓝纹干酪)和肉片,因为它们不会在发酵过程中脱落。需要在烘焙中加入的装饰物通常是一些容易烤糊的奶酪,如碎干酪。

　　下面是佛卡夏的一些装饰建议。如果你想用其他的原材料来装饰,先看看它们属于哪一类,然后在合适的时候将它们放在面团上。

醒发前加入的装饰物:

腌番茄干、橄榄、烤大蒜、新鲜香草、核桃、松子和其他坚果、炒蘑菇、青椒或红椒、洋葱。

烘焙前加入的装饰物:

高水分奶酪(如蓝纹干酪、新鲜马苏里拉奶酪和费塔干酪),炒过的碎肉或肉片,以及粗盐和粗糖。

烘焙中加入的装饰物:

干酪或半硬奶酪,如帕尔玛干酪、罗马诺干酪、普通的马苏里拉奶酪、杰克奶酪、切达干酪和瑞士奶酪。

比萨佛卡夏 (Pizza-Style Focaccia)

制作 4 ~ 6 个小佛卡夏

1. 为了制作这些漂亮的比萨，请按照制作佛卡夏（第 144 页）或波兰酵头版本的佛卡夏（第 149 页）的说明，一直做到拉伸－折叠和初发酵的阶段。将面团转移到撒了面粉的工作台上，在面团上撒面粉。将面团分成 4 份，每份重 284 g；或分成较小的 6 份。将这些小面团在工作台上滚动，使其沾满面粉（或在其表面涂抹橄榄油），轻轻地将它们滚成小球，尽量不要让它们排气。向 4 个（或 6 个）保鲜袋里喷油，也向小面团表面喷油，每个保鲜袋放 1 个小面团，将袋口封好，放在冰箱中冷藏一夜，最多可以冷藏 3 天（你也可以将面团冷冻，最长不超过 3 个月）。

2. 烘焙前 3 小时，将所需分量的面团从冰箱中取出。处理 1 个面团需要在工作台上撒约 2 大勺（28 g）面粉（或使用第 49 页介绍的抹油法），然后将面团放在面粉上。在面团上再撒一些面粉，用指尖（不要使用手掌）轻轻地按压面团，将面团按压成直径为 23 ~ 25 cm 的圆形。如果面团很有弹性而不能达到这个大小的话，就再次喷油，用保鲜膜盖住面团，使其松弛 15 分钟，然后将其按压到这个大小。

3. 在烤盘中铺烘焙纸，向烘焙纸上喷油。将少量玉米粉或粗粒小麦粉撒在烘焙纸上，然后将面团放在烤盘中（每个烤盘应当能够放下 2 个面团）。将一些香料橄榄油（或橄榄油）涂在面团上，然后将你打算使用的醒发前装饰物（第 150 页）按入面团，再用保鲜膜松松地盖住面团。

4. 在室温下发酵 2 ~ 3 小时，或直至面团膨胀到原来的 $1^1/_2$ 倍大。

5. 将烤箱预热至 290 ℃，如果可以的话，预热至 315 ℃。将所有需要在烘焙前加入的装饰物（第 150 页）放在面团上。

6. 将面团和烘焙纸一起转移到长柄木铲上或烤盘的背面。（如果使用烘焙石板的话，每次只能放 1 个面团。你可以将烘焙纸剪开，每次转移 1 个面团到烤箱中，剩余的晚些烤或放在冰箱中冷藏以留待下次烤。）将面团滑至烘焙石板上（或直接在烤盘上烤），烘焙 10 ~ 12 分钟，或直至面团的边缘变成金棕色，底部也焦化成浅金棕色。5 分钟以后，将烘焙纸从面团底部抽出。具体的烘焙时间依据烤箱的情况而定，中途需要将比萨佛卡夏旋转 180°以使其受热均匀。

7. 将比萨佛卡夏放在冷却架上。在切片或上桌之前，至少冷却 10 分钟。在烘焙下一个之前，要将烘焙石板上的面粉或玉米粉清理干净。

法式面包
(French Bread)

面包简况

普通面包，标准面团面包，间接面团面包，人工酵母面包

制作天数：2 天

第一天：制作中种面团 1¼ 小时。

第二天：中种面团回温 1 小时；搅拌 10 ~ 15 分钟；拉伸—折叠、发酵、整形、醒发 4 ~ 4½ 小时；烘焙 20 ~ 40 分钟。

我写的每一本书都会提到法式面包，而每次我都尝试着缩短专业面包、手工面包和家庭烘焙面包之间的差距。这是一个永不止息的学习过程。这个版本的配方融合了我从《学徒面包师》第一版出版以后学到的新知识，我相信，它依然是最好的版本，也是与你喜欢的面包房中出售的法式面包最为接近的版本。对许多这样的配方来说，重点是使用大量预发酵的面团，即中种面团。你也能在第 92 页找到可用于制作法棍的波兰酵头配方，它也相当好。

我之前最好的版本要求将整形好的面团放在冰箱中冷藏一夜，这是一项仍然在使用的技术，能够应用到很多发酵缓慢的普通面包中。但是纯粹主义者反对这样做，因为这项技术会使面包起泡，那些气泡有时被称为"鸟眼"（因为在冷藏发酵的过程中，二氧化碳会被困在面包表皮下）。不过我喜欢那个样子的面包，许多消费者也是一样，虽然那不是法国面包房评价法棍的标准，也不是世界上多数面包房的标准。

（注：自从我在第一版写下这些文字后，由于隔夜冷藏发酵技术的流行，许多"鸟眼"面包出现在面包房，这些都是我亲眼所见。）

这个新方法能够让你烘焙出味道丰富的法式面包，从开始到结束需要 4 ~ 5 小时（假设你已经提前制作好了中种面团）。中种面团能够使最终面团获得 7 ~ 9 小时发酵的效果，这是许多专业化生产的标准。面包表皮会焦化成浓浓的红金色，而非发酵不够成熟的面团所呈现的金黄色。会产生这种更加浓郁的颜色，是因为在发酵的过程中，更多的糖从淀粉中释放出来。这种面包尝起来是甜的，就像添加了砂糖，但是实际上，这款面包中所有的糖分都来自面粉，因为在发酵的过程中，淀粉酶和淀粉酵素酶有充分的时间将复合淀粉分子打散。和多数炉火面包相同，这款面包成功的另一个关键是操作轻柔，在整形的过程中要尽可能地保留面团中的气体，使成品的面包心产生较大的不规则气孔，并最大限度地释放味道。这种有着大气孔的面包心是手工面包成功的标志之一。

制作 3 根小法棍（也可以制作其他形状和大小的面包）

原材料	重量	体积	百分比（%）
中种面团（第 91 页）	482 g（17 oz）	3 量杯（705 ml）	170
未增白的中筋面粉	142 g（5 oz）	1¼ 量杯（294 ml）	50
未增白的高筋面粉	142 g（5 oz）	1¼ 量杯（294 ml）	50
食盐	5.5 g（0.19 oz）	¾ 小勺（3.8 ml）	1.9
快速酵母粉	1.5 g（0.055 oz）	½ 小勺（2.5 ml）	0.55
温热的清水（32 ~ 38 ℃）	198 g（7 oz）	¾ 量杯 2 大勺（206 ml）	70
用来做铺面的中筋面粉、高筋面粉、粗粒小麦粉或玉米粉			
总计			342.45

总面团配方和烘焙百分比

原材料	重量	百分比（%）
高筋面粉	284 g（10 oz）	50
中筋面粉	284 g（10 oz）	50
食盐	11 g（0.38 oz）	1.9
快速酵母粉	3 g（0.11 oz）	0.5
清水	383 g（13.5 oz）	67.5
总计		169.9

1. 在烘焙面包前 1 小时，将中种面团从冰箱中取出。用切面刀或锯齿刀将它切成 10 份，用毛巾或保鲜膜将它们盖好，静置约 1 小时让它们回温。

2. 在一个 4 qt 的搅拌碗（或电动搅拌机的碗）中，把面粉、食盐、酵母粉和中种面团搅拌在一起。加入清水继续搅拌（或用钩形头低速搅拌 2 分钟），直到所有的原材料混合在一起，大致形成球形。根据需要调整面粉和清水的用量，使面团既不太黏也不太硬。（黏一点儿还好，因为在和面的过程中加入面粉比较容易。一旦面团成形，再加入清水就比较困难了。）

3. 将面粉撒在工作台上（或使用第 49 页介绍的抹油法），将面团转移到工作台上，开始和面（或用钩形头中速搅拌）。和面大约 4 分钟（机器和面 3 ~ 4 分钟），或直到面团变得光滑而有弹性，发黏但不粘手，同时中种面团在其中分布均匀。面团应该通过窗玻璃测试（第 50 页），温度应该为 25 ℃ ~ 27 ℃。如果面团看起来已经揉得很好但温度仍然低于 25 ℃，你可以继续和面几分钟，使温度升高，或将初发酵的时间延长一些。在一个大碗中稍微涂抹一些油，将面团放在碗中来回滚动，使面团沾满油，最后用保鲜膜盖住碗口。30 分钟后，拉伸－折叠面团（第 49 页），再放回碗中并用保鲜膜盖好。拉伸－折叠 3 次，之间间隔 30 分钟，每次结束后都要把面团放回碗中并用保鲜膜盖好。

4. 发酵 1 小时，或直至面团的体积增大 1 倍。如果面团的体积不到 1 小时就已经增大了 1 倍，就需要轻轻地揉面使其排气，然后盖上保鲜膜，让它再次膨胀，直到它的体积变为原来的 2 倍。

5. 轻轻地将面团从碗中取出，将它放在稍微撒了一些面粉（或抹了油）的工作台上。如果制作法棍，就用切面刀或锯齿刀将面团等分成 3 ~ 4 份，尽量不要让面团排气。将面团整成法棍形（第 64 页）或你喜欢的任何形状，将面团放在撒了面粉、粗粒小麦粉或玉米粉的发酵布或烘焙纸上醒发（第 29 页）。

6. 在室温下醒发 45 ~ 75 分钟，或直至面团膨胀到原来的 1½ 倍大，用手指碰面团的时候会感觉面团有弹性。

7. 按照第 80 ~ 82 页的描述，准备烤箱用于炉火烘焙，在烤箱中放一个空蒸汽烤盘以便制造蒸汽，然后将烤箱预热至 260 ℃。按照第 79 页的说明割包。

8. 在长柄木铲或烤盘的背面撒上大量面粉、粗粒小麦粉或玉米粉，非常小心地将法棍面团转移到长柄木铲上或烤盘背面，再转移到烘焙石板上（或直接用烤盘烘焙）。向空蒸汽烤盘中倒 1 量杯热水，关闭烤箱门。30 秒后，向烤箱四壁喷水，关闭烤箱门。每隔 30 秒喷 1 次水，一共喷 3 次。最后一次喷水之后，将烤箱的温度设定在 232 ℃，烘焙 10 分钟。如果需要的话，将面包旋转 180° 以使其受热均匀。继续烘焙，直到面包呈深金棕色，中心温度最少达到 96 ℃。这个过程可能需要 10 ~ 20 分钟，具体时间取决于你的烤箱以及你所烘烤的法棍的粗细。如果它的表皮已经开始变黑而里面还没有变得足够热的话，就将烤箱的温度降到 177 ℃（或关闭烤箱电源），继续烘焙 5 ~ 10 分钟。

9. 将面包从烤箱中取出，放在冷却架上至少冷却 30 分钟，然后切片或上桌。

点评

✽仔细观察的话，你会发现中种面团的用量和新面团的用量相同。换句话说，我们可以按照配方先制作一份没有中种面团的面团，将它冷藏一夜使它的味道和糖分充分释放（和面结束后立即延缓其发酵速度），然后第二天再制作一份面团，用第一份面团做酵头。也就是说，这个配方的酵头在面包师的百分比配方中占的比例是 170%，这是一个很大的数值，因为多数面包师很少使用超过 40% ~ 50% 的酵头。但也正如你将看到的，这正是在家做出能够媲美面包房的法棍的窍门。

✽如果你用的是有机面粉或不含大麦麦芽粉的面粉，你需要在面粉中添加 ½ 小勺糖化麦芽粉。这种麦芽粉能够加快面团中酶的活动，使面包表皮的颜色更加丰富。你可以从"亚瑟王面粉""中央磨坊"或其他供应商那里买到（参见第 283 页的"资料来源"）。

意式面包
(Italian Bread)

面包简况

普通面包，标准面团面包，间接面团面包，人工酵母面包

制作天数：2 天

第一天：制作意式酵头 3 ～ 4 小时。

第二天：意式酵头回温 1 小时；搅拌 12 ～ 15 分钟；发酵、整形、醒发 3½ ～ 4 小时；烘焙 20 ～ 30 分钟。

在美国人看来，意式面包与法式面包非常相似，只是稍微柔软一些。其实不然，因为真正的意式面包有很多截然不同的种类。

老式意式面包房曾经是许多美国城市的特殊组成部分，因为它们每天出售的是早上新鲜出炉的面包。如今，即使发生了面包革命，很多面包也不能达到那些老式意式面包的标准。虽然现在人们仍然热爱和关注面包，用上好的柴火或煤炭烤面包，但是许多面包房受到利益的驱使，采用现代新型原材料以加快发酵速度，以此来节约时间，增加利润。因为发酵时间短了，所以很多味道和色彩没有在发酵过程中被挖掘出来，而是被埋没在了淀粉中。使用意式酵头可以改良这些面包，就像中种面团和波兰酵头可以影响法式面包一样。

下面的配方将意式酵头的使用推到极致，烘焙出的面包能够媲美我曾吃过的最好的意式面包，甚至更棒。意式酵头的大量使用能够最大限度地从淀粉中释放糖分，这样产生的甜味远远多于配方中的糖产生的甜味。烘焙出的面包比法式面包松软一些，也没有那么酥脆。如果你想要面包更软一些，可以将橄榄油的用量加倍。

制作 2 个 454 g 的面包或 9 个鱼雷卷

原材料	重量	体积	百分比（%）
意式酵头（第 93 页）	510 g（18 oz）	3½ 量杯（823 ml）	160
未增白的高筋面粉	319 g（11.25 oz）	2½ 量杯（588 ml）	100
食盐	11.5 g（0.41 oz）	1⅔ 小勺（8.3 ml）	3.7
砂糖	14 g（0.5 oz）	1 大勺（15 ml）	4.4
快速酵母粉	3 g（0.11 oz）	1 小勺（5 ml）	1
糖化麦芽粉（可选）	4 g（0.11 oz）	½ 小勺（2.5 ml）	1
橄榄油或植物油	14 g（0.5 oz）	1 大勺（15 ml）	4.4
温热的清水（32 ～ 38 ℃），如果制作鱼雷形面包，可以使用温热的牛奶	198 g（7 oz）	¾ 量杯 2 大勺（206 ml）	62
用来做铺面的中筋面粉、高筋面粉、粗粒小麦粉或玉米粉			
总计			336.5

总面团配方和烘焙百分比

原材料	重量	百分比（%）
高筋面粉	624 g（22 oz）	100
食盐	11.5 g（0.41 oz）	1.8
糖	14 g（0.5 oz）	2.2
快速酵母粉	4.5 g（0.16 oz）	0.72
麦芽粉	3 g（0.11 oz）	0.5
橄榄油或植物油	14 g（0.5 oz）	2.2
清水	404 g（14.25 oz）	64.7
总计		172.12

1. 在烘焙前 1 小时，将意式酵头从冰箱中取出。用切面刀或锯齿刀将它切成 10 份，用毛巾或保鲜膜盖好，静置约 1 小时，让它回温。

2. 在一个 4 qt 的搅拌碗（或电动搅拌机的碗）中，把面粉、食盐、砂糖、酵母粉和糖化麦芽粉（如使用）搅拌在一起。加入意式酵头、油和清水（或牛奶）搅拌（或用桨形头低速搅拌）大约 2 分钟，直到所有的原材料大致形成球形。根据需要调节面粉和清水的用量。面团应该是略微黏稠和柔软的，而不是糊状或非常粘手的。如果面团比较硬实，就再加入一些清水使其软化（这时，面团过软比过硬要容易处理）。

3. 将面粉撒在工作台上（或使用第 49 页介绍的抹油法），将面团转移到工作台上，开始和面（或用钩形头中速搅拌）。和面（或搅拌）4 ~ 6 分钟，如果需要的话，可以加入一些面粉，直到面团变得发黏但不粘手，并且光滑和具有弹性。面团应该通过窗玻璃测试（第 50 页），温度应该为 25 ~ 27 ℃。在一个大碗中稍微涂抹一些油，将面团放在碗中来回滚动，使面团沾满油，用保鲜膜盖住碗口。30 分钟后，拉伸－折叠面团（第 49 页），使其重新变成球形，再放回碗中并用保鲜膜盖好。

4. 在室温下发酵约 2 小时，或直至面团的体积增大 1 倍。

5. 轻轻地将面团等分成 2 份，每份约 510 g（制作大面包）；或等分成 9 份，每份约 113 g（制作鱼雷卷）。轻轻地将较大的面团整成鱼雷形（第 63 页）或将较小的面团整成餐包形（第 68 页），尽量不要让面团排气。在面团上撒少许面粉，用毛巾或保鲜膜盖好面团，静置 5 分钟。然后继续整形。将较大的面团拉伸至约 30 cm，或按照第 70 页的描述将较小的面团整成鱼雷卷形。将烘焙纸放在烤盘中，撒上面粉、粗粒小麦粉或玉米粉。将面团放在烤盘上，稍微喷一些油，用保鲜膜松松地盖住。

6. 在室温下醒发约 1 小时，或直至面团膨胀到原来的 1½ 倍大。

7. 按照第 80 ~ 82 页的描述，准备烤箱用于炉火烘焙。在烤箱中放一个空蒸汽烤盘以便制造蒸汽，然后将烤箱预热至 260 ℃。在面团上切出 2 条平行的斜切口或 1 条长切口（第 79 页）。

8. 鱼雷卷可以直接在烤盘中烘烤。烤大面包时，在长柄木铲或烤盘的背面撒上大量面粉、粗粒小麦粉或玉米粉，然后非常小心地将面团转移到长柄木铲或烤盘背面，再转移到烘焙石板上（或直接用烤盘烘焙）。向蒸汽烤盘中倒 1 量杯热水，关上烤箱门。30 秒后，向烤箱四壁喷水，关闭烤箱门，30 秒后再喷一次。之后，将烤箱的温度设定在 232 ℃（或 204 ℃，见"点评"），继续烘焙，直到面包烤熟。如果需要的话，就将面包或烤盘旋转 180°以使其受热均匀。大面包需要烤 20 分钟，鱼雷卷需要烤 15 分钟。两款面包都应当呈金棕色，中心的温度至少达到 93 ℃。

9. 将面包从烤箱中取出，转移到冷却架上，至少冷却 45 分钟，然后切片或上桌。

点评

✽ 如果你喜欢更加酥脆的面包，可以在制造蒸汽以后，将烤箱的温度降至 204 ℃，并延长烘焙时间。这样可以使面包表皮更厚和更酥脆。

✽ 使用麦芽粉可以让面包的颜色变得更加好看，因为它可以加速酶的活动，从淀粉中释放更多的糖分。你也可以使用非糖化麦芽糖浆，它更多地改变的是味道而不是颜色。

✽ 制作这款面包时你也可以不添加任何麦芽制品，因为多数品牌的高筋面粉已经添加了麦芽（酵头也会产生一些酶）。麦芽粉和麦芽糖浆都可以通过"亚瑟王面粉""中央磨坊"或其他供应商购买（参见第 283 页的"资料来源"）。

优化方法

面包棒 (breadstick)：意大利面包棒 (grissini) 和其他面包棒

面包棒一直以来都受到人们的喜爱，从未过时。我见过设计非常复杂的设备，它是专门为每天生产成百上千根面包棒而研制的：做出的面包棒有又长又细的，有又短又粗的，有柔软的，也有酥脆的。意大利面包棒起源于意大利的都灵，已经成了酥脆狭长的意式面包棒的代名词，就像夏巴塔成了乡村面包的代名词一样。（还有一种更粗、更柔软的棒状面包，叫作佛朗斯纳，francesina。）但是，面包棒具有国际性，坦白地说，我们几乎可以使用任何种类的面团来制作。我们的问题是：你想要柔软的还是酥脆的？长的还是短的？

要制作柔软的棒状面包，你可以使用任何白面包（第 256 ~ 259 页）、恺撒面包（第 160 页）、英式麦芬（第 142 页）、法式面包（第 152 页）、维也纳面包（第 252 页）或意式面包（第 156 页）的面团。如果要制作酥脆的面包棒，你可以使用贝果（第 101 页）、亚美尼亚脆饼（第 163 页）或意式面包的面团。为了去除面包中的水分，我们可以在较低的温度下（如 163 ~ 175 ℃）适当延长烘焙时间，直到面包变得干爽酥脆。制作柔软的面包棒时，则需要用高温烘焙（如 200 ~ 218 ℃），直到面包变成金棕色，然后马上从烤箱中取出。冷却后，面包棒会变软。

为面包棒整形有两种方法。一种是一次揉搓一块面团，将它揉到需要的长度，然后放在烤盘中发酵，最后烘焙。如果你希望每一根面包棒都独具特色的话，那么这是一种很好的方法。但是，制作大量面包棒的话，这样做就十分费时间了。这时，下页介绍的方法就非常方便了。

面包棒的整形

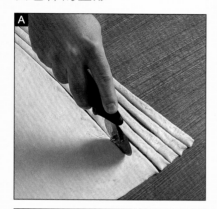

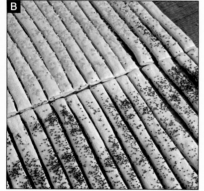

将面团擀到适合的厚度，（A）然后用比萨轮刀把面团切成一条一条的。你可以先将未经烘焙的面团放在湿毛巾上滚动，然后放在种子中滚动，这样可以让面团充分地粘上种子。你也可以在烘焙前在面团上抹一层清水或蛋白，然后撒上种子。（B）我们通常使用的是芝麻，再加上少量海盐、红辣椒粉和大蒜粉（或大蒜盐），然后稍微撒一些粗略磨碎的黑胡椒。你也可以加入茴香籽、葛缕子籽、莳萝籽或茴芹籽，它们味道浓郁，几粒就可以提供所需的味道。这种装饰方法越来越流行，以前通常用来装饰贝果和脆面包，现在世界各地的人都用它来装饰这些使人上瘾的棒状面包。烘焙前，你可以将面包棒直接摆放在烤盘中的烘焙纸上，也可以在摆放前把每根拉伸一下，再将它们整成螺旋形、椭圆形或其他与众不同的形状。

恺撒面包
(Kaiser Roll)

面包简况

营养面包，标准面团面包，间接面团面包，人工酵母面包

制作天数：2天

第一天：制作中种面团$1^{1}/_{4}$小时。

第二天：中种面团回温1小时；搅拌10~15分钟；发酵、整形、醒发31/2~4小时；烘焙15~30分钟。

有时，人们会用不同的名称称呼恺撒面包，如纽约硬餐包或维也纳餐包等。无论叫什么，无论中间夹了什么馅料，这种面包都以星星形的外观、稍微酥脆的表皮以及入口即化的口感著称。多数面包房使用直接法制作，每天能够卖出上千个恺撒面包。而下面这个配方把我们在发酵和酶的活性等方面的新发现付诸实践，使用中种面团来改善面包的味道、质地和颜色，使最终的成品比商店出售的好得多。其他人可能抱怨买不到好的纽约硬餐包，你的朋友和家人却在享用这种美味。

制作 6 个大餐包或 9 个小餐包

原材料	重量	体积	百分比（%）
中种面团（第 91 页）	227 g（8 oz）	1½ 量杯（353 ml）	80
未增白的高筋面粉	284 g（10 oz）	2¼ 量杯（529 ml）	100
食盐	5.5 g（0.2 oz）	¾ 小勺加 1 撮	2
糖化麦芽粉	5 g（0.17 oz）	1 小勺（5 ml）	1.7
或麦芽糖浆	9.5 g（0.33 oz）	1½ 小勺（7.5 ml）	（3.3）
快速酵母粉	3 g（0.11 oz）	1 小勺（5 ml）	1.1
略微打散的鸡蛋	47 g（1.65 oz）	1 个大号的	16.5
植物油	21 g（0.75 oz）	1½ 大勺（22.5 ml）	7.5
温热的清水（32～38 ℃）	170 g（6 oz）	¾ 量杯（176 ml）	60
1 个蛋白，加 1 大勺（15 ml）清水打匀，用来刷面			
用来做装饰的芝麻			
用来做铺面的粗粒小麦粉或玉米粉			
总计			268.8（270.4）

总面团配方和烘焙百分比

原材料	重量	百分比（%）
高筋面粉	419 g（14.75 oz）	100
食盐	8.5 g（0.3 oz）	2
快速酵母粉	4 g（0.14 oz）	1
麦芽粉（或麦芽糖浆）	5 g（0.17 oz）	1.2（2.2）
鸡蛋	47 g（1.65 oz）	11.2
植物油	21 g（0.75 oz）	5
清水	262 g（9.25 oz）	62.5
总计		182.9（184）

1. 在烘焙前 1 小时，将中种面团从冷藏室中取出。用切面刀或锯齿刀等分成 10 份，用毛巾或保鲜膜盖好，静置 1 小时让它回温。

2. 在一个 4 qt 的搅拌碗（或电动搅拌机的碗）中，把面粉、食盐、糖化麦芽粉和酵母粉搅拌在一起。再加入中种面团、鸡蛋、食用油和 ½ 量杯 2 大勺（142 g）清水，继续搅拌（或用钩形头低速搅拌）2分钟，或直到所有的原材料大致形成球形。如果还剩下一些松散的面粉，就加入剩余的 2 大勺（28 g）清水，一起搅拌。

3. 在工作台上撒薄薄的一层面粉（或使用第 49 页介绍的抹油法），将面团放在工作台上，开始和面（或用钩形头中速搅拌）。

和面（或搅拌）4～6分钟，如果需要的话，可以加入一些面粉，直到面团变得光滑、柔软而具有弹性，发黏但不粘手。面团应该通过窗玻璃测试（第50页），它内部的温度应该为25～27℃。在一个大碗中稍微涂抹一些油，将面团放在碗中来回滚动，使面团沾满油，最后用保鲜膜盖住碗口。

4. 在室温下发酵2小时，或直至面团的体积增大1倍。如果面团在2小时以内体积就增大了1倍的话，就将它取出，轻轻揉面使其排气，然后重新放回碗中，继续发酵，直到体积增大1倍，或直至发酵满2小时。

5. 将面团从碗中取出，等分为6～9份（制作大餐包的话每份113 g，制作小餐包的话每份76 g）。将面团整成餐包形（第68页），在表面喷少许油，用毛巾或保鲜膜盖好，让面团松弛10分钟。同时，将烘焙纸放在烤盘中，稍微喷一些油，然后撒

你可以通过使用恺撒面包切刀（中间）或制作面包结（左侧和右侧）来为你的恺撒面包整形

上粗粒小麦粉或玉米粉。

6. 用恺撒面包切刀（左下图）给餐包切口，或按照第72页所示整成面包结形。将有切口的一面向下放在烘焙纸上，稍微喷些油，用保鲜膜或保鲜袋将烤盘松松地盖好。

7. 在室温下醒发45分钟，然后将面团轻轻翻过来，使切口朝上。再次喷油，盖上烤盘，继续醒发30～45分钟，或直至面团的体积几乎增大1倍。

8. 将烤箱预热至218℃，将烤架置于烤箱中层。去掉面团上的保鲜膜，准备烘焙。如果想在面团上撒种子，就先在面团上刷一层蛋白（或喷水），然后撒上芝麻。如果不需要撒种子，就只刷蛋白或喷水。

9. 将烤盘放进烤箱，向烤箱四壁喷水，关闭烤箱门。10分钟以后，将烤盘旋转180°以使面包受热均匀。将烤箱的温度降至204℃，继续烘焙，直到面包变成中等程度的金棕色，内部的温度接近93℃。大餐包需要烘焙15～30分钟，小餐包需要的时间更短一些。

10. 将面包从烤箱中取出，放在冷却架上至少冷却30分钟，然后享用。

点评

✽传统恺撒面包的整形需要使用一系列的折叠技巧，就像折纸花一样。那种方法十分费时，同时也不容易学会。现在，多数人使用金属或塑料的恺撒面包切刀，你可以从大多数烹饪商店中购买，也可以邮购（参见第283页的"资料来源"）。你还可以将恺撒面包整成面包结的形状，这样做出的面包和使用复杂的折叠技巧做出的面包看起来十分相似。

亚美尼亚脆饼
(Lavash Cracker)

面包简况

营养面包，硬面团面包，扁平面包，直接面团面包，人工酵母面包

制作天数：1 天

搅拌 10 ~ 15 分钟；发酵、整形、添加馅料 2 小时；烘焙 15 ~ 20 分钟。

这是一个简单的配方，制作出的亚美尼亚脆饼适合放在面包篮里和做工作餐，也很受孩子们的喜爱。亚美尼亚脆饼虽然经常被称作美国扁平面包，但也有伊朗"血统"，世界各地的人们现在都在食用它。它与中东和北非的其他扁平面包非常相似，那些扁平面包有各种各样的名字，如曼库什或曼那什（黎巴嫩）、巴巴瑞（伊朗）、酷比兹或酷兹（阿拉伯国家）、艾什（埃及）、凯斯特或麦拉（突尼斯）、派特或皮塔饼（土耳其）以及派达哈（亚美尼亚）。它们的主要区别在于面团的薄厚，或烘焙所使用的

烤箱（或是放在什么上面烘焙的，因为有很多扁平面包是放在石头或表面突出的炽热烤盘中烘焙的）。有些面包像口袋一样，如皮塔饼；还有些更加厚实，食用时需要蘸辣酱，如埃塞俄比亚和厄立特里亚的英吉拉。

亚美尼亚脆饼是这些扁平面包中最流行的品种之一，使它酥脆的关键是将面团擀得像纸一样薄。你可以在烘焙前将面团切成块，也可以在烘焙后将脆饼掰成碎片，这些碎片在面包篮里显得非常好看。

制作 1 盘脆饼

原材料	重量	体积	百分比（%）
未增白的高筋面粉或中筋面粉	191 g（6.75 oz）	1½ 量杯（353 ml）	100
食盐	3.5 g（0.13 oz）	½ 小勺（2.5 ml）	1.9
快速酵母粉	1.5 g（0.055 oz）	½ 小勺（2.5 ml）	0.8
蜂蜜	21 g（0.75 oz）	1 大勺（15 ml）	11.1
或砂糖	21 g（0.75 oz）	1½ 大勺（22.5 ml）	
植物油	14 g（0.5 oz）	1 大勺（15 ml）	7.4
室温下的清水	113 g（4 oz）	½ 量杯（118 ml）	59.25
用来做装饰的芝麻、红辣椒粉、莳萝、葛缕子籽或犹太盐			
总计			180.45

1. 将面粉、食盐、酵母粉、蜂蜜（或砂糖）、植物油和足够多的清水放在搅拌碗中搅拌，直到所有的原材料混合成球形。你可能用不了 ½ 量杯（113 g）清水，但是最好多准备一些，以备不时之需。

2. 在工作台上撒一些面粉（或使用第49 页介绍的抹油法），将面团转移到工作台上。和面约 6 分钟，或直至所有的原材料分布均匀。面团应该通过窗玻璃测试（第

50 页），温度应该为 25～27 ℃。面团应该比法式面包的面团硬一些，但是没有贝果面团那么硬（我把它称为中等硬度的面团）。它摸起来十分光滑，不粘手，足够柔软，便于拉伸。在碗中涂抹薄薄的一层油，将面团放在碗中来回滚动，使它沾满油，最后用保鲜膜盖住碗口。

3. 在室温下发酵 1½～2 小时，或直至面团的体积增大 1 倍。（你也可以在和面之

后马上将面团放在冰箱中冷藏发酵一夜。）

4. 在工作台上稍微喷（或抹）一些油，将面团放在工作台上。用手将面团按压成正方形，在面团的表面撒薄薄的一层面粉（或喷油）。用擀面杖将面团擀得像纸一样薄，大小约为 38 cm×30 cm。你也可以时不时地停下来，让面团松弛。在这个过程中，你可以将面团从工作台上拿起来，轻轻摆动，然后把它放回去。当它达到需要的厚度时，用毛巾或保鲜膜盖好，醒发 5 分钟。将烘焙纸平铺在烤盘中，小心地将面团拿起来放在烘焙纸上，用剪刀剪去超出烤盘边缘的部分。

5. 将烤箱预热至 177 ℃，将烤架置于烤箱中层。向面团表面喷水（或刷一层蛋白）。（A）撒上一层种子或香料（可以一行行交替撒上芝麻、红辣椒粉、莳萝、葛缕子籽或犹太盐等），香料只需要一点点就够了。如果你想提前切好脆饼，（B）可以使用比萨轮刀将面团切成菱形或长方形。不用特地将每一块分开，烘焙后它们会自然分开。要想做成脆饼碎片，就不需要在烘焙前切分。

6. 烘焙 15～20 分钟，或直至脆饼的表面变成棕色（具体时间根据面团的厚度和均匀程度而定）。

7. 烘焙完成以后，将烤盘从烤箱中取出，让脆饼在烤盘中冷却约 10 分钟。之后，你可以将它们掰开食用。

点评

✽ 这款面包的面团几乎和贝果面团一样硬，所以用手和面比用机器和面容易一些。

✽ 你也可以烘焙一款较软的脆饼，用来制作三明治卷：将面团擀得比上文所说的厚一些，不在烘焙前切分，并且缩短烘焙时间，这样脆饼就会变得较硬，但不会非常脆。制作三明治卷的时候，在脆饼上喷一些清水，它就会在 3～5 分钟内神奇般地变软，并且像墨西哥薄面饼一样易于处理。

✽ 这款脆饼的面团还可以用来制作可口的皮塔饼：将 170 g 面团擀成直径为 20 cm（厚度略小于 0.6 cm）的圆形面饼，将面饼放在烘焙石板或烤盘上，在 260 ℃ 的烤箱中烘焙，在面饼刚刚膨胀成"口袋"时关闭电源，总共需要 2～4 分钟。数到 10，在面饼变成棕色并且酥脆前，用长柄木铲或抹刀将它从烤箱中取出。冷却（慢慢地排气）以后将它从中间切开，用来制作口袋三明治。

低脂全麦面包
(Light Wheat Bread)

面包简况

营养面包，标准面团面包，直接面团面包，人工酵母面包

制作天数：1 天

搅拌10～15分钟；发酵、整形、醒发4$\frac{1}{2}$小时；烘焙45～60分钟。

在这款最受欢迎的低脂全麦面包中，全麦面粉占了面粉总量的 33%，成品和购买的全麦面包相似。不过，对追求真正的全麦产品的消费者来说，这是一种无奈的让步，所以我另外准备了一个 100% 全麦面包配方（第 260 页）。但是，如果你就是想要享用味道很好、柔软但不纯粹的三明治白面包，那么这个配方就足够了。

制作 1 个 907 g 的面包

原材料	重量	体积	百分比（%）
未增白的高筋面粉或面包粉	319 g（11.25 oz）	2$\frac{1}{2}$ 量杯（588 ml）	62.5
全麦面粉	191 g（6.75 oz）	1$\frac{1}{2}$ 量杯（353 ml）	37.5
砂糖或蜂蜜	21 g（0.75 oz）	1$\frac{1}{2}$ 大勺（22.5 ml）	4.2
食盐	11 g（0.38 oz）	1$\frac{1}{2}$ 小勺（7.5 ml）	2.1
奶粉	28 g（1 oz）	3 大勺（45 ml）	5.6
快速酵母粉	5 g（0.17 oz）	1$\frac{1}{2}$ 小勺（7.5 ml）	0.94
室温下的植物油或无盐黄油	28 g（1 oz）	2 大勺（30 ml）	5.6
室温下的清水	340 g（12 oz）	1$\frac{1}{2}$ 量杯（352.5 ml）	67
总计			185.4

1. 在一个 4 qt 的搅拌碗（或电动搅拌机的碗）中，把面粉、砂糖（如果使用）、食盐、奶粉和酵母粉搅拌在一起，再加入植物油（或黄油）、蜂蜜（如果使用）和清水搅拌（或用桨形头低速搅拌）大约 1 分钟，直到所有的原材料大致形成球形。如果碗底还有一些面粉，就再滴入几滴清水。面团应该很柔软，它软一些比硬一些要好。

2. 在工作台上撒高筋面粉或全麦面粉，将面团放在工作台上，开始和面（或使用钩形头中速搅拌）。如果需要的话，可以再加入一些面粉，做出的面团应该结实、柔软，有些发黏但不粘手。和面大约需要 6 分钟。面团应该通过窗玻璃测试（第 50

页），温度应当为 25 ～ 27 ℃。在一个大碗中涂抹薄薄的一层油，将面团放在碗中来回滚动，使它沾满油，用保鲜膜盖住碗口。30 分钟后，拉伸 - 折叠面团（第 49 页）。30 分钟后重复一次（总共拉伸 - 折叠两次）。

3. 在室温下发酵 1½ ～ 2 小时，或直至面团的体积增大 1 倍。

4. 在工作台上涂抹薄薄的一层油（第 49 页）。将面团从碗中取出，放在抹了油的工作台上，用手按压成 20 ～ 25 cm 长、15 cm 宽、2 cm 厚的长方形，然后整成三明治面包的形状（第 71 页）。将面团放在涂抹了薄薄的一层油的吐司模（22 cm×11.5 cm）中，向面团顶部喷油，然后用保鲜膜松松地盖住。

5. 在室温下醒发约 1½ 小时，或直至面团的顶部高过模具。

6. 将烤箱预热至 177 ℃，将烤架置于烤箱中层。

7. 将吐司模放在一个烤盘中，再放入烤箱烘焙 30 分钟。将烤盘旋转 180° 以使面包受热均匀，继续烘焙 15 ～ 30 分钟，具体时间根据烤箱而定。烤熟的面包的中心温度应当达到 88 ℃，顶部和四周应当为金棕色，敲打面包的底部应当能听到空洞的声音。

8. 烘焙结束以后，马上将面包从吐司模中取出，放在冷却架上至少冷却 1 小时（最好是 2 小时），然后切片或上桌。

点评

✱ 酵头或发酵技术并没有对这款面包产生很大的影响。因为使用的是直接发酵的方法，所以这款面包非常适合用面包机制作。

大理石黑麦吐司
(Marbled Rye Bread)

面包简况

营养面包，标准面团面包，直接面团面包，人工酵母面包

制作天数：1 天

搅拌10～15分钟；发酵、整形、醒发3小时；烘焙30～60分钟。

在下面的配方中，无论你使用的是浅色黑麦面团还是深色黑麦面团，都可以烘焙出可口的黑麦面包。但是，将二者结合起来的话，你就可以得到童年记忆中和《宋飞正传》[①] 中大理石黑麦吐司的味道。这两种面团由直接法制作而成，而使用酸面团的间接法比较适合制作洋葱黑麦面包（onion rye）和熟食店黑麦面包（deli rye）。这款面包制作起来十分容易，它的面团质地柔软，易于处理，无论是编辫子还是混合使用都很不错，这使它成为我的学生们的最爱。

————————————
① 《宋飞正传》中有关于大理石黑麦吐司的情节。

制作 2 ~ 4 个大理石黑麦吐司

原材料	重量	体积	百分比（%）
浅色黑麦面团			
无麸皮的黑麦粉	170 g（6 oz）	1¹⁄₂ 量杯（353 ml）	30.8
未增白的高筋面粉或洗筋粉	382 g（13.5 oz）	3 量杯（705 ml）	69.2
食盐	11 g（0.38 oz）	1¹⁄₂ 小勺（7.5 ml）	1.9
快速酵母粉	5.5 g（0.19 oz）	1³⁄₄ 小勺（8.8 ml）	0.97
葛缕子籽（可选）	5 g（0.17 oz）	1¹⁄₂ 小勺（7.5 ml）	0.87
糖蜜	21 g（0.75 oz）	1 大勺（15 ml）	3.8
植物油	28 g（1 oz）	2 大勺（30 ml）	5.1
室温下的清水	312 g（11 oz）	1¹⁄₄ 量杯 2 大勺（324 ml）	56.4
深色面团			
无麸皮的黑麦粉	170 g（6 oz）	1¹⁄₂ 量杯（353 ml）	30.8
未增白的高筋面粉或洗筋粉	382 g（13.5 oz）	3 量杯（705 ml）	69.2
食盐	11 g（0.38 oz）	1¹⁄₂ 小勺（7.5 ml）	1.9
快速酵母粉	5.5 g（0.19 oz）	1³⁄₄ 小勺（8.8 ml）	0.97
葛缕子籽（可选）	5 g（0.17 oz）	1¹⁄₂ 小勺（7.5 ml）	0.87
糖蜜	21 g（0.75 oz）	1 大勺（15 ml）	3.8
植物油	28 g（1 oz）	2 大勺（30 ml）	5.1
室温下的清水	312 g（11 oz）	1¹⁄₄ 量杯 2 大勺（324 ml）	56.4
液态焦糖色素	14 g（0.5 oz）	1 大勺（15 ml）	2.6
或者可可粉、角豆荚粉或速溶咖啡粉（溶于 2 大勺清水中）	28 g（1 oz）	2 大勺（30 ml）	（5.1）

1 个鸡蛋或蛋白，加入 1 大勺（15 ml）清水搅拌，直到起泡
浅色黑麦面团

总计　　　　　　　　　　　　　　　　　　　　169（浅色黑麦面团）
　　　　　　　　　　　　　　　　　　　　　　　171.6/174.1（深色黑麦面团）

1. 制作浅色黑麦面团。将面粉、食盐、酵母粉和葛缕子籽（如果使用）放在一个 4qt 的搅拌碗（或电动搅拌机的碗）中搅拌。再加入糖蜜、油和 1¹⁄₄ 量杯（284 g）清水，继续搅拌（或用桨形头低速搅拌大约 1 分钟），直到所有的原材料形成球形。需要的话，加入剩余的 2 大勺（28 g）清水。在工作台上撒少许面粉（或使用第 49 页介绍的抹油法），将面团放在工作台上，和面 4 ~ 6 分钟（或使用钩形头中速搅拌 4 分钟）。需要的话，可以添加一些面粉。和好的面团应该柔软和易于拉伸，略微发黏但不粘手。在一个大碗中涂抹少许油，将面团放在碗中滚动，使它沾满油，最后用保鲜膜盖住碗口。

2. 制作深色黑麦面团。将面粉、食盐、酵母粉和葛缕子籽（如果使用）以及可可粉、角豆荚粉或咖啡粉（如果使用）放在一个 4qt 的搅拌碗（或电动搅拌机的碗）中搅拌。再加入糖蜜、油、1¹⁄₄ 量杯清水和液态焦糖色素（如果使用），继续搅拌（或用桨形头低速搅拌约 1 分钟），直到所有的原材料形成球形。如果需要，加入剩余的 2 大勺清水。在工作台上撒少许面粉（或使用抹油法），将面团放在工作台上，和面 4 ~ 6 分钟（或使用钩形头中速搅拌 4 分钟）。如果需要，可以添加一些面粉。和好的面团应该柔软和易于拉伸，略微发黏但不粘手。在一个大碗中涂抹少许油，将面团放在碗中滚动，使它沾满油，最后用保鲜膜盖住碗口。

3. 将 2 个面团放在室温下发酵约 1¹⁄₂

小时，或直至每个面团的体积增大 1 倍。

4. 将 2 个面团分别放在撒有面粉或抹了油的工作台上，按照下页所示的方法将它们分割和整形。

5. 向面团表面喷油，用保鲜膜将面团松松地盖住。在室温下醒发 1 ～ 1½ 小时，或直至面团的体积几乎增大 1 倍。（大多数烤箱不能一次放入 2 个烤盘，如果你的烤箱也是这样，可以将其中一个面团放在冰箱中，而不要马上进行醒发。面团最迟可以在 2 天之后进行醒发和烘焙。）

6. 将烤箱预热至 177 ℃，将烤架置于烤箱中层。轻轻地将蛋液均匀地刷在面团上。

7. 烘焙 30 ～ 60 分钟（烤箱的种类、你是直接在烤盘上烘焙还是用吐司模烘焙面包，以及吐司模的大小都会影响烘焙时间）。15 分钟以后，你可能需要将烤盘旋转 180° 以使面包受热均匀。烤熟的面包的中心温度应当达到 88 ℃，敲打面包的底部应当能听到空洞的声音。

8. 烘焙结束以后，立即将面包从吐司模（如果使用）中取出，放在冷却架上至少冷却 1 小时（最好冷却 2 小时），然后切片或上桌。

点评

✿ 将 2 种或更多种面团组合在一起时，最重要的是它们的质地和膨胀时间必须基本一致。这能够保证面团每一部分的质地相同，每个面团的烘焙时间也相同。

✿ 制作黑麦面包的时候，面包师通常使用洗筋粉（第 24 页）。这个配方也可以使用普通的高筋面粉或面包粉，但是如果你有洗筋粉，最好还是用它。

✿ 无麸皮的黑麦粉是由磨过的黑麦粉经过二次过筛去除麦麸和胚芽制成的。但是，黑麦粉即使过

筛也会呈米白色，和用小麦麦粒磨出的面粉有明显的区别。黑麦粉还包括全麦黑麦粉（由完整的黑麦麦粒磨成，就像全麦小麦粉一样）、含麸皮的黑麦粉（由黑麦的外胚乳磨成，因此质地更粗糙、颜色更深）、裸麦黑麦粉（由完整的黑麦麦粒粗磨而成）和粗黑麦粉（研磨得更加粗糙的黑麦粉，其粗糙程度因磨坊的不同而不同）。含麸皮的黑麦粉在某些面包中使用得比较多，尤其是德国黑麦面包。用它制作的面包比较粗糙，因此它不适用于这款大理石黑麦吐司。

✿ 多年来，许多面包师都用植物起酥油而非植物油来制作黑麦面包（《学徒面包师》第一版中的这个配方也是如此），但是植物油用在这款面包中更好，因为起酥油属于氢化油，如今出于健康的考虑，氢化油已逐渐退出烹饪界和烘焙界了。

✿ 焦糖色素其实就是烧焦的糖，你可以从一些市场和烘焙用品店买到液态焦糖色素。制作用焦糖色素上色的深色黑麦吐司时，你可能需要添加等量的清水，以保证成品中深色面团和浅色面团的质地一致。虽然可可粉、速溶咖啡粉或角豆荚粉可以代替焦糖上色，但是它们会使面包产生苦味，这不是所有人都会喜欢的（不过我喜欢）。由于它们是干的，我建议将它们加入面粉和其他的干性原材料，而非加入液态原材料，但是你可能需要多加 1 大勺清水，使得深色黑麦面团的质地和浅色黑麦面团一致。

✿ 黑麦面包的搅拌时间通常比小麦面包短，因为黑麦中的戊聚糖胶会影响麸质的形成（黑麦和小麦的蛋白质形态不同，黑麦含有的是谷蛋白，小麦含有的是麦谷蛋白）。黑麦面团一旦成形，即使添加面粉，也不会降低面团的黏度。如果面团确实开始产生黏性，就要结束搅拌。之后处理面团时，手上要蘸面粉，防止面团粘手。

大理石黑麦吐司的整形

（A）将每个面团等分成12份。将所有的小面团分成两堆，每堆中深色面团和浅色面团的数量相等。（B）将每堆面团混合成1个大面团，（C）然后将它们整成鱼雷形（第63页）。

你可以直接在烤盘中烘焙面团（推荐），或（D）将其放在涂了油的22 cm×11.5 cm的吐司模中烘焙。如果是直接烘焙面团，就准备2个烤盘，铺好烘焙纸，将整形好的面团放在烤盘中，每个烤盘放1个大面团。

牛眼或螺旋纹理的吐司的整形

将每个面团等分成4份，用擀面杖将每个小面团擀成约13 cm宽、20 cm长的长方形。制作螺旋纹理的吐司：（A）将深色面团放在浅色面团上，再放上1个浅色面团，最后放上深色面团；（B）将面团卷起来整成鱼雷形，封好底部。按同样的方法处理剩下的面团，制作2个吐司面团。将烘焙纸铺在2个烤盘中，将面团分别放在烤盘中或涂了油的22 cm×11.5 cm的吐司模中。制作牛眼纹理的吐司：将1个长20 cm的深色面团整成鱼雷形；（C）取1个浅色面团，用它包裹深色面团，封好口。按同样的方法处理剩下的面团，制作4个小吐司面团，将面团放在2个铺好烘焙纸的烤盘中。

制作辫子面包：将每个面团等分成4份，将每个小面团揉成25～30 cm的长条，使其中间较粗、两端较细。按照第75页四股辫的编法，将2根浅色和2根深色的长条编在一起。之后，将2个面团分别放在铺好烘焙纸的烤盘中，或放在涂了油的22 cm×11.5 cm的吐司模中。

超级杂粮面包
(Multigrain Bread Extraordinaire)

面包简况

营养面包，标准面团面包，间接面团面包，人工酵母面包

制作天数：2 天

第一天：制作浸泡液 5 分钟。

第二天：搅拌 10 ~ 15 分钟；拉伸—折叠、发酵、整形、醒发 3¹/₂ ~ 4 小时；烘焙 20 ~ 60 分钟。

我总是抱着学无止境的态度去探索杂粮领域，尝试用更好的方法做出味美而营养的面包。我运用了一些之前提过的先进技术——如使用浸泡液（第 46 页）——来激发酶的活性，释放天然糖分。这款面包和我最著名的面包斯特卢安（struan）属于一类，在我看来，后者的味道是难以超越的。这款面包保留了那种味道，并且拓展了谷物的选择范围，这是在最初用直接法制作斯特卢安时做不到的，就像我在《杜松兄弟的面包手册》中描述的那样。在这个配方中，我们可以用小米、藜麦、苋菜籽或荞麦来代替玉米或燕麦（或将它们混合起来），可以将这些谷物直接放在浸泡液中混合，而不需要提前烹煮。你甚至可以将这些谷物浸泡至发芽再混合使用。

我之所以这样自信，是因为我已经受到了上百名顾客的赞扬：这款面包和它的衍生版本是世界上最好的吐司。因为添加了蜂蜜和红糖来增加甜味，所以面包在烘焙过程中焦化的速度很快。这些谷物保留了水分，所以就算面包切成片并且烤的酥脆，仍然能够保持湿润的口感和甜味。这种味道和以蛋黄酱为基础的三明治馅料，如鸡蛋沙拉、吞拿鱼沙拉、鸡肉沙拉和培根生菜番茄沙拉的味道非常契合。你可以在面包上撒芝麻，也可以不加任何种子。这款面包也可以制成餐包形或者条状来满足特殊的需要，但是我认为最好把它做成三明治面包或吐司（或者烤三明治，这是更好的选择）。

制作 1 个 907 g 的面包或 6 ~ 12 个餐包

原材料	重量	体积	百分比（%）
浸泡液			
粗玉米粉（包装上有时写成玉米糙）、小米、藜麦或苋菜籽	28 g（1 oz）	3 大勺（45 ml）	50
燕麦、小麦、荞麦或黑小麦麦片	21 g（0.75 oz）	3 大勺（45 ml）	37.5
小麦麦麸或燕麦麦麸	7 g（0.25 oz）	2 大勺（30 ml）	12.5
室温下的清水	57 g（2 oz）	¼ 量杯（58.8 ml）	100
面团			
未增白的高筋面粉或面包粉	382 g（13.5 oz）	3 量杯（705 ml）	100
红糖	42.5 g（1.5 oz）	3 大勺（45 ml）	11.1
食盐	11 g（0.38 oz）	1½ 小勺（7.5 ml）	2.8
快速酵母粉	9.5 g（0.33 oz）	1 大勺（15 ml）	2.4
浸泡液	113 g（4 oz）	所有的	29.5
煮熟的糙米	28 g（1 oz）	3 大勺（45 ml）	7.4
蜂蜜	28 g（1 oz）	1½ 大勺（22.5 ml）	7.4
酪乳、任何种类的牛奶或非乳制品奶品	113 g（4 oz）	½ 量杯（118 ml）	29.6
室温下的清水	170 g（6 oz）	¾ 量杯（176 ml）	44.4
1 个蛋白，加 1 大勺（15 ml）清水打匀，用来刷面（可选）			
约 1 大勺（15 ml）用来做装饰的芝麻（可选）			
总计			234.6

总面团配方和烘焙百分比

原材料	重量	百分比（%）
高筋面粉或面包粉	382 g（13.5 oz）	100
玉米粉	28 g（1 oz）	7.3
燕麦（或其他谷物）	21 g（0.75 oz）	5.5
小麦麦麸或燕麦麦麸	7 g（0.25 oz）	1.8
煮熟的糙米	28 g（1 oz）	7.3
食盐	11 g（0.38 oz）	2.9
红糖	42.5 g（1.5 oz）	11.1
快速酵母粉	9.5 g（0.33 oz）	2.5
蜂蜜	28 g（1 oz）	7.3
清水	227 g（8 oz）	59.4
酪乳	113 g（4 oz）	29.6
总计		234.7

1. 在制作面包前 1 天制作浸泡液。将玉米粉、麦片、麦麸（或任何替代的谷物）和清水一起在小碗中混合，清水只需刚刚没过谷物，让谷物慢慢吸水。用保鲜膜盖住碗口，在室温下静置一夜，使酶开始产生活性（如果天气非常暖和，睡觉前将浸泡液放入冰箱冷藏）。

2. 第二天，制作面团。将面粉、红糖、食盐和酵母粉放在一个 4 qt 的搅拌碗（或电动搅拌机的碗）中搅拌，再加入浸泡液、煮熟的糙米、蜂蜜、酪乳和 ½ 量杯（113 g）清水，继续搅拌（或用桨形头低速搅拌）。如果还有一些松散的面粉，再加入一些清水，面团应该粗糙和略微粘手。

3. 在工作台上撒一些面粉（或使用第 49 页的抹油法），将面团转移到工作台上，开始和面（或使用钩形头中速搅拌）。和面（或搅拌）大约 8 分钟，如果需要的话，可以再添加一些面粉或清水。每一种原材料都应该完全融入面团，面团应该柔软而易于拉伸，发黏但不粘手，光滑而有光泽。（如果使用电动搅拌机，最后也应该手工和面 1 ~ 2 分钟。）面团应该通过窗玻璃测试（第 50 页），温度应当为 25 ~ 27 ℃。在一个大碗中涂抹薄薄的一层油，将面团放在碗中，滚动面团使它沾满油，用保鲜膜盖住碗口。30 分钟后，拉伸－折叠面团（第 49 页），再放回抹了油的碗中。如果面团摸起来太湿或太黏，就在拉伸－折叠的过程中再添加一些面粉，让面团成形。

4. 在室温下发酵 1½ ~ 2 小时，或直至面团的体积增大 1 倍。

5. 将面团从碗中取出，用手将面团按压成 2 cm 厚、15 cm 宽、20 ~ 25 cm 长的长方形。将它整成三明治面包形（第 71 页）、餐包形或其他你想要的形状，然后放在涂抹了少许油的 23 cm×13 cm 的吐司模中。如果你制作的是餐包或独立烘焙的面包，就将面团放在铺好烘焙纸的烤盘中。在面团顶部涂抹蛋白（或将清水喷洒在面团顶部），撒上芝麻，然后喷油，用保鲜膜或毛巾松松地将面团盖好。

6. 在室温下醒发约 1½ 小时，或直至面团的体积增大 1 倍。如果使用了吐司模，面团应当膨胀到吐司模的边缘，中间高出模具 2.5 cm。

7. 将烤箱预热至 177 ℃，将烤架置于烤箱中层。

8. 烘焙约 20 分钟。此时，小餐包应当已经烤熟，其他形状的面包则需要旋转

180°以便受热均匀，烤盘中的面包需要继续烘焙 15 分钟，吐司模中的面包需要继续烘焙 20 ~ 40 分钟。面包内部的温度应当为 85 ~ 91 ℃，颜色为金棕色，敲打面包的底部应当能听到空洞的声音。

9. 面包烘焙结束以后，马上将其从模具中取出，放在冷却架上至少冷却 1 小时（最好冷却 2 小时），然后切片或上桌（小餐包 20 分钟内可以完全冷却）。

点评

✱ 如果你手头没有小麦麦麸或燕麦麦麸，可以用细筛子筛全麦面粉来获取麦麸，筛出来的面粉可以制作黑麦面包或法式乡村面包（也可以将它们重新与全麦面粉混合）。

✱ 配方用到了少量煮熟的糙米。如果你觉得特意为制作面包而煮糙米饭似乎有些麻烦（除非你制作的面包的分量多于本配方中的），我建议你在煮的时候多煮一点儿，然后留一些来做面包。它在冷藏室中最多可以保存 4 天（如果时间过长，它产生的酶会影响面团的发酵），在小袋中冷冻可以保存 5 个月。你也可以用煮熟的白米或野稻米代替糙米，但是糙米是最好的选择。

✱ 你可以不使用酪乳或牛奶，而用等量的清水来代替。未添加牛奶的面包比较筋道，颜色也比较浅，因为牛奶不仅能够软化面团、增加营养，还含有少量的乳糖，有助于面包表皮焦化。任何一种非乳制品奶品，如豆浆、米浆、杏仁奶或其他类似的奶品都适用于这个配方。

老面包
(Pain à l'Ancienne)

面包简况

普通面包，乡村面团面包，直接面团面包，人工酵母面包

制作天数：2天

第一天：搅拌、拉伸—折叠30分钟。
第二天：发酵、整形、添加馅料2~3小时；烘焙15~30分钟。

15年前这本书出第一版时，我曾说过："无论是对专业面包师、家庭烘焙者还是烘焙产业来说，制作这款面包的技术都有非常重要的意义。"从那个时候开始，这句话从许多方面得到了印证。一方面，这种独特的使用冷水的延迟发酵技术，通过与传统的烘焙12步骤不同的方式，释放了面粉中的味道。这样做出来的成品有一股天然的甜味和坚果味，与使用相同原材料、经过标准步骤发酵的面包明显不同，即使后者使用了大量酵头。另一方面，因为这款面包的面团和乡村夏巴塔的面团一样湿润，所以它的使用范围很广，从菲利普·戈瑟兰在法国制作的法棍，到夏巴塔、普格利泽、斯塔图（stirato）和乡村面包，再到那不勒斯比萨和佛卡夏，全部可以用它来制作。隔夜发酵技术或延迟发酵技术都源于这种方法，如今，它已经风靡面包烘焙界，结出了丰硕的果实。

这款面包为我们展示了另外一种控制时间和结果的方式——控制温度。用冷水混合原材料和冷藏发酵延缓了酵母菌的活动，直到淀粉酶开始将淀粉分解为糖。当面团重新被置于室温下时，酵母菌被唤醒，它开始猛吃猛长，食用前一天还没有被释放的糖分。因为酵母菌只将少量糖分转化成乙醇和二氧化碳，所以发酵的面团中还留有大量糖分，这既能改善面团的味道，又能使面包表皮在烘焙过程中焦化。我以前认为这种延迟发酵技术并不适用于所有的面团（尤其是那些添加了糖和其他增添味道的原材料的营养面包），但是后来我发现，它几乎适用于任何种类的面团（正如我后来出版的《跟彼得学手做面包》中显示的）。只要使用得当，它比我见过的其他发酵方法更能唤醒小麦中的全部味道。这个版本的老面包配方是以戈瑟兰的老面包配方为基础的，但又有所区别（与《学徒面包师》第一版中的老面包配方也稍有不同）。令人高兴的是，不考虑那些复杂的科学原理，这个配方实际上是这本书中最容易操作的配方之一。

毫无疑问，对我的来自约翰逊－威尔士大学和加利福尼亚烹饪学院的学生以及

全国各地的家庭烘焙者来说，这款面包依然是最具吸引力的面包。令他们兴奋的不仅仅是面包的味道，更是面包制作进入的新纪元，他们意识到在烘焙中仍然有连专业人士也没能探索的新前沿。在解构面包的过程中，我们仍然处在探索的初级阶段，而这里正是探索自己能力的好地方。我们仿佛正站在世界的尽头，面对着经常出现在古老地图上的文字——"这里是未知的王国"。

制作 6 根法棍，或 6 ~ 8 个比萨，或 1 个 43 cm × 30 cm 的佛卡夏

原材料	重量	体积	百分比（%）
未增白的高筋面粉	765.5 g（27 oz）	6 量杯（1410 ml）	100
食盐	16 g（0.56 oz）	2¼ 小勺（11.3 ml）	2
快速酵母粉	5.4 g（0.19 oz）	1¾ 小勺（8.8 ml）	0.7
冷水（13 ℃）	609.5 g（21.5 oz）	2½ 量杯 3 大勺（632.5 ml）	79.6
用来做铺面的高筋面粉、粗粒小麦粉或玉米粉			
总计			182.3

1. 将面粉、食盐、酵母粉和冷水放在电动搅拌机的碗中，用桨形头低速搅拌 1 分钟（或用大勺在大搅拌碗中手工和面）。再调成中速，搅拌 2 分钟。面团应该粘在碗的底部，但是与碗壁分离。如果面团过黏，就撒少量面粉，直到面团的质地满足需求；如果面团过硬，既与碗壁分离，又与碗底分离，就需要滴入几滴清水。在工作台上抹油（第 49 页），用蘸了油的刮刀将面团转移到工作台上，双手蘸油或蘸水。将面团拉伸－折叠成球形（第 49 页）。在一个大碗中抹少许油，再将大碗盖在面团上。5 分钟后，再次拉伸－折叠面团并用大碗盖好。再重复两次，之间间隔 5 分钟。每拉伸－折叠一次后，面团都会稍微变紧实一些、黏性也会稍微小一些，但依然有黏性，就像夏巴塔面团一样。最后一次拉伸－折叠之后，将面团放在抹了油的碗中，向面团的顶部喷油，然后用保鲜膜盖住碗口。

2. 迅速将碗放入冷藏室，发酵一夜。

3. 第二天，检查面团是否在冷藏室中膨胀。它可能膨胀了一些，但是体积没有增大 1 倍（膨胀的程度取决于冷藏室的温度以及冰箱门开启的次数）。将面团在室温下静置 2 ~ 3 小时（如果需要的话，可以延长时间），充分唤醒面团的活性，使面团回温，继续发酵。面团的体积应该变为冷藏前的 2 倍。

4. 面团准备好后，在工作台上撒大量面粉（约为 ½ 量杯 /64 g），用蘸了冷水或油的塑料切面刀将面团轻柔地转移到工

和所有的乡村面包面团一样，这款面团需要用到大量铺面，你需要用手蘸面粉并将它撒在工作台上，这样才便于处理面团

作台上。手也需要蘸油，以防面团粘在手上。在转移的过程中尽量不要让面团排气。如果面团过于湿润，可以在它的上面和下面多撒一些面粉。之后，将手充分晾干并蘸面粉，在面粉中轻柔地滚动面团，使它的表面也沾满面粉，同时将它拉伸到约 20 cm 长、15 cm 宽。如果面团过于粘手而不易处理的话，就再撒一些面粉。将金属切面刀蘸冷水（防止它和面团粘连），从面团的中间下刀，直到切断；将切面刀重新蘸冷水，重复这个动作，直到将整个面团切分好。（不要像拉锯一样拉切面刀，而要像使用钳子一样，每一下都干净利落地将面团切开。）让面团松弛 5 分钟。

5. 按照第 80 ～ 82 页的描述，准备烤箱用于炉火烘焙。在烤箱中放一个空蒸汽烤盘以便制造蒸汽，然后将烤箱预热至 260 ℃（如果烤箱能达到 290 ℃ 的高温就更好了）。把烘焙纸铺在 2 个 43 cm×30 cm 的烤盘背面，喷油，再撒上高筋面粉、粗粒小麦粉或玉米粉。按照下面的说明为面团整形。

6. 像处理法棍一样割包（第 79 页），在面团顶部划 3 条斜线（或参考"点评"中的剪面团法）。因为面团十分粘手，所以每次割包时剃刀或锯齿刀都应蘸水。如果面团很难处理的话，你也可以省略割包的环节。

7. 将 1 个烤盘放在预热好的烤箱中，小心地将面团和烘焙纸一起滑到烘焙石板上（由于烘焙石板的摆放方向不同，你有可能将面团和烘焙纸从烤盘的长边而不是短边滑出），也可以直接在烤盘上烘焙。一定要保证面团没有粘连在一起（需要的话，你可以伸手进去将烘焙纸弄平，或将面团

老面包的整形

（A）取一半面团，重复分割的动作，但是这次要将面团切成长度相等的3条，再用同样的方法处理剩余的一半面团。这样，你就得到了6条面团。（B）手上蘸满面粉，小心地拿起1条，将它放进铺有烘焙纸的烤盘背面，轻轻地将面团拉伸到和烤盘一样长，或拉伸到和烘焙石板一样长。如果面团回缩，就将其静置5分钟，然后再次轻轻地拉伸。在烤盘中放置3条面团，然后另取一个烤盘，用同样的方法处理剩余的面团。（注：有些人喜欢直接将切好的面团放在烤盘中而不进行拉伸，这样烤好的面包大小比较一致。）

摆好。手进入烤箱时请采取防护措施，以免被烫伤）。将 1 量杯热水倒入蒸汽烤盘，关闭烤箱门。30 秒以后，向烤箱四壁喷水，关闭烤箱门。每隔 30 秒喷 1 次，一共喷 3 次。在最后一次喷水之后，将烤箱的温度降到 245 ℃，继续烘焙。同时，在另一个烤盘的面团上撒面粉并喷油，再将烤盘和面团一起滑入保鲜袋，或者用保鲜膜或毛巾盖好。如果不打算在 1 小时内烘焙，就将烤盘放入冷藏室，晚些时候或第二天拿出来直接烘焙。要想制作乡村风味的夏巴塔式面包，就将面团在室温下静置 1 ~ 2 小时后进行烘焙。在醒发过程中，面团会变得像夏巴塔面团一样。

8. 在 8 ~ 9 分钟之内，面包就会开始变成金棕色。如果面包受热不太均匀，就将它们旋转180°，继续烘焙10 ~ 15 分钟，或直至面包变成深金棕色，内部温度达到 93 ~ 96 ℃。

9. 将热面包放在冷却架上冷却。它看起来应该十分轻盈，充满空气，20 分钟后就会变凉。在这一批面包冷却的时候，你可以烘焙剩余的面团，记得要将烤箱中的烘焙纸取出，并将烤箱的温度调整到 260 ℃ 或更高，然后进行下一轮烘焙。

点评

✿这款面团也是制作无油比萨或佛卡夏的不错选择，具体做法参见那不勒斯比萨（第 194 页）、佛卡夏（第 144 页）的配方以及其后的衍生版本配方。

✿这款面团非常黏，类似于夏巴塔面团，所以最好使用电动搅拌机或食物料理机和面（第 47 页）。如果你喜欢手工和面的话，就用第 48 页介绍的方法。

✿这个配方的测试者之一吉尔·迈尔斯建议用锋利的剪刀代替刀或剃刀来割包。这是个不错的主意，因为湿润的面团很难用常规的方法割包。如果使用这种方法，你可以尝试用大剪刀剪出一道长切口，而非短短的切口。

✿你也可以制作 9 根更细和更轻盈的迷你法棍，甚至 12 ~ 15 根更小的面包棒，它们只需要烘焙 10 ~ 15 分钟。

优化方法

老面包比萨（Pain à l'Ancienne Pizza）

在工作台上撒足够多的面粉，用蘸了冷水的塑料切面刀将完全发酵的面团轻轻地从碗中转移到工作台上，手上也要蘸冷水，防止面团粘手。然后，不断地将切面刀蘸清水，将面团等分为 6 ~ 8 份。将面团整成球形，尽量不要让面团排气。将烘焙纸放在烤盘中，喷少量油。将撒了面粉的面团放在烘焙纸上，在上面喷油，然后将烤盘放在保鲜袋中或用保鲜膜盖住，然后放入冷藏室（如果马上烘焙，则不需要冷藏）。比萨面团在冷藏室中最多可以保存 3 天。（你也可以将它们分别放在拉链袋中，在冷冻室中可以保存 3 个月。）在整形前 2 小时，将需要烘焙的比萨面团从冷藏室中取出，按照第 197 页的步骤 4 操作。

老面包佛卡夏（Pain à l'Ancienne Foccacia）

在一个 43 cm×30 cm 的烤盘中铺好烘焙纸。用蘸满面粉的手将完全发酵的面团从碗中取出，按照第 148 页的说明完成整形。在室温下发酵 2 ~ 3 小时，或直至面团膨胀，充满整个烤盘并高出烤盘 2.5 cm。按照佛卡夏的烘焙说明完成烘焙。

法式乡村面包
(Pain de Campagne)

面包简况

普通面包，标准面团面包，间接面团面包，人工酵母面包

制作天数：2 天

第一天：制作中种面团 1¼ 小时。

第二天：中种面团回温 1 小时；搅拌 12 ~ 15 分钟；发酵、整形、醒发 3½ 小时；烘焙 25 ~ 35 分钟。

这款面包的面团非常适合做出具有创造力的造型，法国出售的许多种类的面包都是用这种面团制作的。这款面团和普通法棍的面团相似，但是它含有小部分全谷物，谷物可以是全麦、粗黑麦、无麸皮的黑麦粉或玉米粉。这些额外的谷物使面包更具特色，提升了面包的味道，还给面包带来了区别于法国白面包（有时也被称为"城市面包"）的金棕色乡村式表皮。最重要的是，这款面团使我有了增大酵头用量的想法，这是我从雷蒙德·卡尔韦尔教授那里学到的。

这款面团可以整成第 63 ~ 72 页介绍的任何形状，最著名的是裂口形、麦穗形、王冠形和帽形。你可能还见过很多其他的形状。我们首先要强调的是面团的质量，对一个面包爱好者来说，如果一款面团不具备世界级的味道和质地，那么即使在整形上花了再大的力气，也会令人失望——这款面团从来不会让人失望。

法式乡村面包是一种传统的手工面包，有很多整形方法。从中间靠上的面包开始，顺时针看分别是：辫子形、部分麦穗花环、麦穗、袋形和鸭舌帽形（帽形的衍生版本），中间的面包是撕成餐包之前的波尔多王冠形

制作 3 个不同形状的面包或多个餐包

原材料	重量	体积	百分比（%）
中种面团（第 91 页）	454 g（16 oz）	3 量杯（705 ml）	168.4
未增白的高筋面粉	227 g（8 oz）	1¾ 量杯（411 ml）	84.2
全麦粉、无麸皮的黑麦粉或裸麦黑麦粉	42.5 g（1.5 oz）	⅓ 量杯（78 ml）	15.8
食盐	5.5 g（0.19 oz）	¾ 小勺（3.8 ml）	2
快速酵母粉	3 g（0.11 oz）	1 小勺（5 ml）	1.2
温热的清水（32 ~ 38 ℃）	198 g（7 oz）	¾ 量杯 2 大勺（206 ml）	73.7
用来做铺面的中筋面粉、高筋面粉、粗粒小麦粉或玉米粉			
总计			345.3

总面团配方和烘焙百分比

原材料	重量	百分比（%）
高筋面粉	510 g（18 oz）	92.3
全麦粉或黑麦粉	42.5 g（1.5 oz）	7.7
食盐	11.5 g（0.39 oz）	2
快速酵母粉	5 g（0.17 oz）	0.9
清水	368 g（13 oz）	72.2
总计		175.1

1. 在制作面团前 1 小时，将中种面团从冷藏室中取出。用塑料切面刀或锯齿刀将面团切成大约 10 份，用毛巾或保鲜膜盖好，静置 1 小时使其回温。

2. 在一个 4 qt 的搅拌碗（或电动搅拌机的碗）中，把面粉、食盐、酵母粉和中种面团搅拌在一起。加入清水继续搅拌（或用钩形头低速搅拌大约 2 分钟），直到所有的原材料混合在一起，大致形成柔软而光滑的球形。如果需要的话，可以加入几滴水，把松散的面粉和面团混合起来。

3. 在工作台上撒一些面粉（或使用第 49 页介绍的抹油法），将面团转移到工作台上，和面（或用钩形头中速搅拌）约 6 分钟。如果需要的话，可以添加一些面粉，做出柔软而光滑的面团。面团应该发黏甚至略微粘手，应当通过窗玻璃测试（第 50 页），温度为 25 ~ 27 ℃。在一个大碗中涂抹薄薄的一层油，将面团转移到碗中，来回滚动使面团沾满油，最后用保鲜膜盖住碗口。

4. 30 分钟后，拉伸－折叠面团（第 49 页），再放回抹了油的碗中并用保鲜膜盖住碗口。30 分钟后再次拉伸－折叠面团。每次拉伸－折叠后面团都会稍微变硬一些。再次盖好碗口，让面团在室温下发酵大约 1½ 小时，或直至面团的体积增大 1 倍。如果面团膨胀得过快，就轻轻使面团排气，然后盖上面团让其再次膨胀，或直至体积变为原来的 2 倍。

5. 在工作台上撒少量面粉（或抹油），将面团轻轻地从碗中取出，尽量不要让面团排气。用塑料切面刀或锯齿刀将面团切成 3 份或更多份，仍然要小心不让面团排气。根据第 63 ~ 72 页的说明，按照自己的喜好给面团整形（餐包形、法棍形、鱼雷形、王冠形、麦穗形、裂口形或帽形）。在 2 个烤盘中铺烘焙纸，撒上面粉、粗粒小麦粉或玉米粉，将面团转移到烤盘上（或使用第 28 ~ 29 页描述的方法）。向面团表面喷油，用保鲜膜、保鲜袋或毛巾松松地盖住面团。

6. 醒发约 1 小时，或直至面团的体积变为原来的 1¹/₂ 倍。

7. 按照第 80 ~ 82 页的方法，准备烤箱用于炉火烘焙。在烤箱中放一个空蒸汽烤盘以便制造蒸汽，然后将烤箱预热至 260 ℃。如果你想将面团整成麦穗形，就按照第 66 页的说明用剪刀制作。

8. 麦穗形面团可以直接放在烤盘上烘焙。如果是其他形状的面团，则需要在长柄木铲或烤盘背面撒上面粉或玉米粉，轻轻地将面团转移到木铲或烤盘上，再将面团滑到烘焙石板上（或直接在烤盘上烘焙）。将 1 量杯热水倒入蒸汽烤盘，关闭烤箱门。30 秒以后，向烤箱四壁喷水，关闭烤箱门。每隔 30 钟喷 1 次，一共喷 3 次。在最后一次喷水后，将烤箱的温度降到 232 ℃，继续烘焙 10 分钟。检查面包，

如果需要的话，可以将面包旋转 180° 以使其受热均匀。如果是法棍形或裂口形面包，则继续烘焙 10 ~ 15 分钟；如果是餐包形面包，烘焙时间可以稍短一些。面包的颜色应该完全为金棕色，中心温度应当为 93 ~ 96 ℃，敲打面包的底部应该能听到空洞的声音。

9. 将面包转移到冷却架上（如果使用了烤盘，则从烤盘中取出），面包至少需要冷却 40 分钟才能切片或上桌（餐包需要冷却 15 ~ 20 分钟）。

点评

✱ 这款面团中的全谷物含量可能根据地区而有所区别，但是通常情况下，它占面粉总量的 10% ~ 20%。在这个配方中，你可以随意调节白面粉和全谷物粉之间的比例。

✱ 和第 152 页的法式面包相比，这个配方用了一份中种面团作为最终面团的酵头，有效地把面团总量增大了 1 倍。面包师的百分比配方是以每种原材料（这里指中种面团）与面粉总量之间的比值为基础的，而在这个配方中，酵头的总量占高筋面粉和全麦粉（或黑麦粉）总量的 168%。由于使用了大量酵头，这款面包即使在家中烘焙也十分出色。

西西里面包
(Pane Siciliano)

面包简况

营养面包，标准面团面包，间接面团面包，人工酵母面包

制作天数：3 天

第一天：制作中种面团 1¹/₄ 小时。

第二天：中种面团回温 1 小时；搅拌 12 ~ 15 分钟；发酵、整形、添加馅料 3 小时。

第三天：醒发 0 ~ 2 小时；烘焙 30 ~ 35 分钟。

这是一款具有突破性的面包，它使我看到了大量使用酵头并且冷藏发酵一夜的价值。这款面包使用了赛莫利纳粗粒小麦粉，它由杜兰小麦研磨而成，比较粗糙（杜兰小麦是小麦的一种，主要用来做意大利面）。这种面粉很硬，蛋白质含量很高，但是麸质的含量并不高。它颜色金黄主要是因为含有较多的 β－胡萝卜素和其他天然色素，它们不仅能散发香气、改善味道，也能使面包看起来更漂亮。你也可以使用由杜兰小麦研磨而成的比较细的面粉，它叫优质杜兰小麦粉（有时也叫特级优质杜兰小麦粉），研磨得和普通高筋面粉一样细。这是制作意大利面经常使用的面粉，有时也会用来制作100%杜兰小麦面包——普格利泽（第 209 页）。

这个版本的西西里面包含有 40% 的赛莫利纳粗粒小麦粉以及 60% 的高筋面粉或面包粉。烤出的面包表皮会起泡，但是没有什么裂口，面包心有着不规则的大气孔，气孔大小跟好的法式面包或意式面包差不多。赛莫利纳粗粒小麦粉的甜味和坚果味，以及面包上装饰的芝麻的味道，使得这款面包成为我超级喜爱的面包之一。

制作 3 个面包

原材料	重量	体积	百分比（%）
中种面团（第 91 页）	454 g（16 oz）	3 量杯（705 ml）	100
未增白的高筋面粉或面包粉	227 g（8 oz）	1³/₄ 量杯（411 ml）	50
赛莫利纳粗粒小麦粉	227 g（8 oz）	1³/₄ 量杯（411 ml）	50
食盐	9 g（0.31 oz）	1¹/₄ 小勺（6.3 ml）	1.9
快速酵母粉	4 g（0.14 oz）	1¹/₄ 小勺（6.3 ml）	0.9
橄榄油	28 g（1 oz）	2 大勺（30 ml）	6.3
蜂蜜	21 g（0.75 oz）	1 大勺（15 ml）	4.7
温热的清水（32 ~ 38 ℃）	340 g（12 oz）	1¹/₂ 量杯（353 ml）	75
1 个蛋白，加 1 大勺（15 ml）清水打匀，用来刷面（可选）			
用来做装饰的白芝麻或黑芝麻			
总计			288.8

总面团配方和烘焙百分比

原材料	重量	百分比（%）
高筋面粉	511 g（18 oz）	69.2
赛莫利纳粗粒小麦粉	227 g（8 oz）	30.8
食盐	14 g（0.51 oz）	1.9
快速酵母粉	5.5 g（0.19 oz）	0.7
橄榄油	28 g（1 oz）	3.8
蜂蜜	21 g（0.75 oz）	2.8
清水	510 g（18 oz）	69.1
总计		178.3

1. 在烘焙面包前 1 小时，将中种面团从冷藏室中取出。用塑料切面刀或锯齿刀将它切成大约 10 份，用毛巾或保鲜膜盖好，静置 1 小时使其回温。

2. 在一个 4 qt 的搅拌碗（或电动搅拌机的碗）中，把面粉、赛莫利纳粗粒小麦粉、食盐和酵母粉搅拌在一起。再加入中种面团、橄榄油、蜂蜜和 1¼ 量杯（284 g）清水，用一把大勺子搅拌（或用钩形头低速搅拌），直到所有原材料混合在一起，大致形成球形。如果面团看起来过硬，可以每次添加 1 小勺清水，直到剩余的面粉和面团混合在一起。和好的面团应当柔软而光滑，如果面团粘手也没关系，只需要在和面或搅拌时增大面粉用量即可。

3. 在工作台上撒一些面粉（或使用第 49 页介绍的抹油法），将面团转移到工作台上，和面约 6 分钟（或使用钩形头中低速搅拌）。如果需要的话，可以分批加入面粉，使面团的质地发黏但不粘手（可以略微粘手），而且和法式面包的面团一样光滑而柔软。面团应当通过窗玻璃测试（第 50 页），温度为 25 ～ 27 ℃。将面团整成球形，

在一个大碗中涂抹薄薄的一层油，将面团转移到碗中，来回滚动面团使它沾满油，最后用保鲜膜盖住碗口。

4. 30 分钟后，拉伸－折叠面团（第 49 页），再放回抹了油的碗中并用保鲜膜盖住碗口。30 分钟后再次拉伸－折叠面团并放回碗中。向面团表面喷油，再次用保鲜膜盖好碗口。让面团在室温下发酵大约 2 小时，或直至面团的体积增大 1 倍。

5. 在抹了少许油的工作台上小心地将面团等分成 3 份，整成法棍形（第 64 页），将每个面团拉伸到约 61 cm 长，尽量不要让面团排气。然后，从两端同时开始，将面团向中间卷，做成一个 S 形（参见下页图片）。在烤盘中铺烘焙纸，撒上赛莫利纳粗粒小麦粉。然后将面团放在烤盘上（可以 1 个烤盘放 1 个面团），向面团表面喷清水或刷上蛋白，撒上芝麻，然后喷油，最后将烤盘放在保鲜袋中或松松地盖上保鲜膜。

6. 将烤盘放在冷藏室中静置一夜。

7. 第二天，从冷藏室中取出烤盘，观察面团是膨胀到可以烘焙了，还是需要醒发更长时间。轻轻地戳面团，如果它迅速

地弹起，就用保鲜膜盖住烤盘，继续静置几小时或直至面团醒发、膨胀得更大。戳面团时，面团上应当形成一个浅窝，面团的体积应为初整形时的 2 倍。

8. 按照第 80 ~ 82 页的方法，准备烤箱用于炉火烘焙，在烤箱中预先摆放一个空蒸汽烤盘以便制造蒸汽。不需要使用烘焙石板，将烤架置于烤箱中层，将烤箱预热至 260 ℃。

9. 除去保鲜膜，将烤盘放在烤箱中。将 1 量杯热水倒入蒸汽烤盘，关闭烤箱门。30 秒以后，向烤箱四壁喷水，关闭烤箱门。每隔 30 秒喷 1 次，一共喷 3 次。在最后一次喷水之后，将烤箱的温度降到 232 ℃，继续烘焙约 15 分钟。如果面包连在了一起，就小心地将它们分开。然后将烤盘旋转 180° 以使面包受热均匀，再烘焙 10 ~ 15 分钟，或直至面包完全变为鲜亮的金棕色。如果面包上有些地方的颜色仍然较浅，甚至还是白色的，那就需要再烤几分钟，使它更漂亮、味道更好。面包内部的温度应当为 93 ~ 96 ℃。

10. 将面包从烤箱中取出，转移到冷却架上，至少冷却 45 分钟。切片的方法之一是在中间纵向切一刀，将切口向下放在案板上，使面包立稳，然后沿较短的边将面包切成 2 cm 厚的小块，垂直切或斜着切都可以。

点评

✷除了制作传统的 S 形面包，这款面团还能用在很多地方。它很适合制作比萨（足够做 6 个 227 g 的比萨）或各种形状的小餐包，也适合制作面包棒。

✷从理论上讲，这款面包可以在整形的当天烘焙，但正如上文所建议的，如果在冷藏室中静置一夜（延迟发酵法），它的味道和口感（以及"鸟眼"气泡）就会有很大的不同。虽然这个步骤使制作时间变成了 3 天——即使最后一天通常只是烘焙面包——但尝试过这个配方的人都认为冷藏一夜绝对是值得的。

潘妮托尼
(Panettone)

面包简况

营养面包，标准面团面包，间接面团面包，混合面包

制作天数：2 天

第一天：搅拌 5 分钟；发酵 4 小时。

第二天：搅拌 12 ～ 15 分钟；发酵、整形、醒发 4 ～ 6 小时；烘焙 25 ～ 90 分钟。

潘妮托尼源自米兰，是一种传统的圣诞节浓郁型面包。关于这款面包的起源有很多传说，其中最为流行的一种说法认为它是几百年前由一个叫托尼的面包师发明的。他虽然出身卑微，但是爱上了一位富商的女儿。为了说服那位父亲把女儿嫁给自己，他想尽了一切办法，运用了他与生俱来的智慧，将黄油、白兰地、蜜饯、坚果和糖填充到面包之中。这给富商留下了深刻的印象，他不仅把女儿嫁给了面包师，而且还帮助托尼在米兰开了家自己的面包店，要求托尼继续烘焙这款面包——托尼面包。

多年以来，多数面包店和烘焙书上的标准潘妮托尼都是用人工酵母发酵制成的，这种做法很好，但不是最好的。最好和最传统的做法是用天然酵母进行发酵，有时加入少量人工酵母来缩短发酵时间。几年前，意大利最大的一家潘妮托尼面包房改变了配方，将人工酵母换成了天然酵母，恢复了差一点儿就失传的传统做法。面包师发现，这样做以后，由于酸性变强，面包的保质期更长，销售量也比用人工酵母制作的面包大。这种变化不仅在很大程度上增加了利润，而且令顾客更满意了。最近几年我注意到，回归天然酵母发酵的面包店的数量呈上升趋势。

按照下面的配方制作出来的面包保质期较长，一直以来都是过节时的首选面包。它需要较长的制作时间，但这是制作世界顶级面包的代价。你也可以按照第 241 页史多伦的配方做出完美的圆形潘妮托尼。

制作 2 个大面包或多个小面包

原材料	重量	体积	百分比（%）
天然酵母海绵酵头			
发泡酵头（主酵头，第 218 页）	198 g（7 oz）	1 量杯（235 ml）	156
温热的（32 ~ 38 ℃）牛奶（或牛奶代替品，如杏仁奶）	227 g（8 oz）	1 量杯（235 ml）	178
未增白的中筋面粉或高筋面粉	128 g（4.5 oz）	1 量杯（235 ml）	100
总计			434
水果混合物			
金色葡萄干	170 g（6 oz）	1 量杯（235 ml）	35.3
混合蜜饯（见"点评"）	170 g（6 oz）	1 量杯（235 ml）	35.3
白兰地、朗姆酒或威士忌	113 g（4 oz）	½ 量杯（117.5 ml）	23.5
橙子香精或柠檬香精	14 g（0.5 oz）	1 大勺（15 ml）	2.95
香草精或西西里之花（见"点评"）	14 g（0.5 oz）	1 大勺（15 ml）	2.95
总计			100
面团			
未增白的中筋面粉或高筋面粉	383 g（13.5 oz）	3 量杯（705 ml）	100
砂糖	42.5 g（1.5 oz）	3 大勺（45 ml）	11.1
食盐	5.5 g（0.19 oz）	¾ 小勺（3.8 ml）	1.4
天然酵母海绵酵头	553 g（19.5 oz）	所有的	144.3
快速酵母粉（见"点评"）	9.5 g（0.33 oz）	1 大勺（15 ml）	2.4
室温下略微打散的鸡蛋	47 g（1.65 oz）	1 个大号的	12.2
蛋黄	19 g（0.65 oz）	1 个大号的	4.8
温热的清水（32 ~ 38 ℃）	85 g（3 oz）	6 大勺（90 ml）	22.2
室温下的无盐黄油	113 g（4 oz）	½ 量杯（117.5 ml）	29.6
浸泡过的水果混合物	482 g（17 oz）	所有的	126
切碎或切成片的去皮杏仁	142 g（5 oz）	1 量杯（235 ml）	37
总计			491

总面团配方和烘焙百分比

原材料	重量	百分比（%）
高筋面粉或中筋面粉	610 g（21 oz）	100
食盐	5.5 g（0.19 oz）	0.9
糖	42.5 g（1.5 oz）	7
水果干	170 g（6 oz）	9.8
蜜饯	170 g（6 oz）	9.8
切碎或切成片的杏仁	142 g（5 oz）	23.3
快速酵母粉	9.5 g（0.33 oz）	1.55
鸡蛋	47 g（1.65 oz）	7.7
蛋黄	19 g（0.65 oz）	3.1
牛奶	227 g（8 oz）	37.2
黄油	113 g（4 oz）	18.5
白兰地、朗姆酒或其他利口酒	113 g（4 oz）	18.5
香精	28 g（1 oz）	4.6
清水	184 g（6.5 oz）	30.2
总计		272.15

1. 在烘焙面包前 1 天制作天然酵母海绵酵头。将发泡酵头、牛奶(或牛奶替代品)和面粉放在一个足够大的搅拌碗中，使所有面粉都变湿。用保鲜膜盖住碗口，在室温下发酵约 4 小时，或直至海绵酵头开始起泡，然后将其放在冷藏室中静置一夜。

2. 等待海绵酵头发酵时，准备水果混合物。将葡萄干和蜜饯放在碗中混合，再加入酒和香精，摇晃碗以使其混合均匀。盖住碗口，静置一夜，使水果充分吸收液体。

3. 第二天，在烘焙面包前 1 小时，将天然酵母海绵酵头从冷藏室中取出，让其回温。

4. 制作面团。将面粉、砂糖和食盐放在一个 4 qt 的搅拌碗（或电动搅拌机的碗）中搅拌，再加入海绵酵头、鸡蛋和蛋黄。将快速酵母粉溶于温水中，然后加在搅拌碗中，搅拌（或使用桨形头低速搅拌）1 ～ 2 分钟，或直到所有原材料形成粗糙而柔软的球形。停止搅拌，将面团静置 20 分钟，等麸质产生。如果是用电动搅拌机，就换上钩形头。加入软化的黄油和浸泡过的水果混合物，继续用手搅拌或用搅拌机低速搅拌，直到原材料分布均匀。

5. 在工作台上撒一些面粉（或使用第 49 页介绍的抹油法），将面团转移到工作台上，开始和面（或用钩形头低速搅拌）。轻轻地和面（或搅拌）2 ～ 4 分钟，或直至面团柔软、光滑但不过分粘手（面团会非常黏）。如果需要的话，可以添加一些面粉以防面团粘手。在和面的过程中，你可能需要时不时地在手上撒少量面粉或抹油，这样面团才不会粘在手上。一边和面一边慢慢加入杏仁，直到它们与面团混合

均匀。整个过程大约需要 6 分钟，和好的面团应当柔软、发黏但不粘手。它应当通过窗玻璃测试（第 50 页），温度为 25 ～ 27 ℃。在一个大碗中涂抹薄薄的一层油，将面团转移到碗中，滚动面团使它沾满油，用保鲜膜盖住碗口。

6. 在室温下发酵 2 ～ 4 小时，面团会慢慢膨胀到原来的 $1\frac{1}{2}$ 倍大。

7. 如果你使用的不是潘妮托尼专用纸模，请按照第 192 页的说明准备模具。

8. 将面团切分成需要的大小。如果制作 2 个 907 g 的面包，则将面团分成 2 份，整成 2 个球形（第 62 页）。将它们放在纸模中，或放入准备好的直径为 15 cm 的模具。轻轻地按压面团，使其充满整个纸模或模具，面团应该达到模具高度的 $\frac{1}{2}$。向面团表面喷油，用保鲜膜松松地盖住面团。如果制作迷你潘妮托尼，则使用独立的纸模，或在麦芬模中抹油，将面团放入模具，面团应该达到模具高度的 $\frac{1}{2}$。（如果使用麦芬模，不需要在模具底部和四周铺烘焙纸。）无论是制作大面包还是小面包，都让面团在室温下醒发大约 2 小时，或直至体积几乎增大 1 倍，面团刚好膨胀到模具的上边缘。

9. 烤箱预热至 163 ℃，将烤架置于烤箱的下 $\frac{1}{3}$ 区。

10. 大面包烘焙大约 $1\frac{1}{2}$ 小时，小面包烘焙 25 ～ 35 分钟，具体时间取决于烤箱。在面包中心温度达到 85 ℃之前，面团顶部的颜色可能已经变得很深了。如果出现这种情况，就用铝箔纸或烘焙纸盖住面包顶部。烤熟的面包完全为金棕色，中心温度至少达到 85 ℃，当敲打面包底部时，

你应当能听到空洞的声音。如果使用的是纸模，面包可以在纸模中冷却；如果使用的是金属模具，则需要将面包从模具中取出冷却。无论是哪种情况，都需要将面包转移到冷却架上完全冷却，至少需要 2 小时，然后才能食用。

11. 最好的保存方法是在面包完全冷却以后，用铝箔纸包起来，这样可以在室温下保存 2 周。（有些人习惯将它们保存更长时间，但是我认为 2 周后面包的品质会下降。）你也可以将它们冷冻起来留在特别的场合享用，这样最多可以保存 3 个月。

点评

✱ 这个配方需要使用蜜饯，但是许多人喜欢使用水果干，如蔓越莓干、杏干和苹果干。根据你的喜好随意选择吧。

✱ 法国燕牌酵母公司有一款金燕耐渗透性酵母（第 52 页），它在特别酸和特别甜的面团中表现不错。现在，家庭烘焙者也可以买到这种酵母，但它并不是必须使用的。这款面包也可以用普通的快速酵母粉制作，只不过它唤醒酵母菌活力和发酵所需的时间比较长，因为面团中的糖分和酸会阻碍酵母菌发挥作用。为此，我在为《跟彼得学手做面包》测试配方时特意增加了一个步骤——先将

快速酵母粉溶解在温水中——这样做似乎可以让它更接近于耐渗透性酵母。

✱ 你可以选择自己喜欢的任何一种酒，如橙味利口酒、普通白兰地、调味白兰地（如樱桃白兰地）、威士忌或朗姆酒。香精也是如此，你可以用杏仁香精、橙子香精或柠檬香精，它们也含有酒精，但味道是高度浓缩的，因此花费同样的钱，它们的效果更好。

✱ 我喜欢把酒和香精混在一起用，但是你完全可以将香精的用量增大 1 倍并去掉酒。西西里之花是香精和植物精油的完美融合，是制作这款面包的理想选择，你可以从"面包师目录"以及其他地方买到（参见第 283 页的"资料来源"）。

✱ 现在我们可以在厨房用品商店买到或通过邮购买到潘妮托尼专用模具（图片见第 192 页，网站见第 283 页的"资料来源"）。它就像麦芬纸模一样，可以在烘焙时盛放面团，作为装饰也十分漂亮。潘妮托尼模具大小各异，虽然不用在模具内壁刷油，但是我也会稍微喷些油，这样容易将面包取出。如果你使用标准的圆形模具或麦芬模烘焙潘妮托尼，那就按照第 192 页的描述，在烘焙前准备好模具。

准备潘妮托尼模具

用一个圆形模具的底部在烘焙纸上比着画一个圆。（A，B）剪一张圆形烘焙纸，将它放在模具底部。（C）你也可以用烘焙纸制作一圈"领子"，这样在烘焙结束后比较容易将面包取出。注意：如果使用麦芬模，则不需要铺烘焙纸。

优化方法

火烤节日面包（holiday bread brûlé）

制作火烤节日面包的方法是一种能够将节日面包变为简单而令人难忘的甜品的好方法。火烤节日面包从本质上说是一款好看的面包布丁，顶部是烤过的焦糖。

为了迎接 2000 年 3 月在费城举办的"菜谱和烹饪"活动，我在菲利普·陈的餐厅（叫"蘑菇和菲利普"）第一次制作了这款甜品。糕点主厨迈克尔·万德吉斯特创造性地增加了一些点缀——滴了几滴巧克力酱的新鲜覆盆子和覆盆子果汁冰糕——使这款甜品更加漂亮，果汁冰糕的味道和浓郁的火烤面包布丁形成了鲜明的对比。下面是制作方法。

将 1 个潘妮托尼面团或史多伦（第 241 页）面团分割为 8 ～ 12 个小餐包面团进行烘焙（在菲利普的店里，我是将它们放在麦芬模中烘焙的，每个小面团重约 85 g）。烘焙后，将面包的顶部去掉、内部挖空，将挖出的面包收集起来制作布丁，将挖空的部分和顶部放在一边，用保鲜膜盖好。

制作卡士达糊：将 1½ 量杯牛奶或重奶油、1 量杯砂糖、½ 小勺食盐、3 个大鸡蛋、1 大勺香草精、1 大勺橙子香精（或柠檬香精、杏仁香精）以及 ¼ 量杯朗姆酒或白兰地（可选）混合起来，搅拌成顺滑的糊状。

将卡士达糊倒在挖出来的面包上，然后将混合物倒入抹了油的边长 15 cm 的正方形模具中，将这个模具放在另一个较大的耐热烤盆或烤盘中。将它们放在已预热至 163 ℃ 的烤箱中，向大烤盘里倒入足量的热水，水面高度与模具中面包的高度相同。烘焙大约 1 小时，或直至面包布丁的中心温度达到 82 ℃ 以上。将烤盘小心地从烤箱中取出，然后将模具从烤盘中取出，在室温下冷却 30 分钟。之后用保鲜膜盖住布丁，放在冷藏室中继续冷却 1 小时（或一整夜）。

冷却之后，用面包布丁填满挖空的面包，在顶部撒砂糖（如果有的话，你也可以使用粗糖），然后稍微喷一些清水。大约烤 3 分钟，或直至糖完全熔化并焦化。（如果你有小喷枪，也可以用它逐个将面包顶部烧焦。）将面包盖斜着靠在面包的一侧，或摆在一旁做装饰。

这款面包布丁可以单独食用，也可以配上果汁冰糕和浆果食用。

那不勒斯比萨
(Pizza Napoletana)

面包简况

普通面包或营养面包，乡村面团面包，扁平面包，直接面团面包，人工酵母面包

制作天数：2 天

第一天：搅拌 8 ~ 12 分钟；切分、整形 5 ~ 10 分钟。

第二天：静置 2 小时；每个比萨整形 10 ~ 25 分钟；烘焙 5 ~ 7 分钟。

在写下这个配方的介绍文字的 3 年后，我创作了《美国派：完美比萨探索之旅》。这本书让我有机会走进许多优秀比萨师的世界，探索大家从未发现的秘密。让我高兴的是，随后的所有研究都证实了我在这里所持的观点：这个配方很管用，而且不同于一些新出现的窍门。我依然坚信，这个配方已经尽善尽美了。因此，我几乎没有改动下面这几段介绍文字。

我经常听人们说，比萨是完美的食物。搬到罗得岛州的普罗维登斯市以后，我听说那里有超级棒的比萨，所以我请遇见的每个人都向我推荐他（她）最喜欢的比萨。如同人们对烤肉和辣椒的反应各不相同一样，每个人对比萨的爱好也各不相同。这里有西西里厚皮比萨以及纽约风格的薄皮比萨（这种比萨的边缘必须向内折进去，这样才能够防止奶酪流出来）。在我家方圆 5 千米内，至少有 20 家比萨专卖店，有些店的比萨撒了提前烤熟的贝类，有些店的比萨用的是家庭制作的面饼，除此之外，还有双层比萨、面饼中有奶酪的芝心比萨以及非常流行的、面饼经过两次烘焙的比

萨。最近，有些地区出现了阿根廷比萨，但是它神奇同时也错误地被称为"那不勒斯比萨"。

菲尼克斯的"比安科比萨店"中的比萨是我近年来吃过的最好的比萨。那是一间由克里斯·比安科以及他的家人和朋友共同经营的小餐厅，克里斯在餐厅的后院自己种植罗勒和生菜，制作莫泽雷勒奶酪，并且手工和大量比萨面团（我指的是纯手工和面，即在工作台上用双手和面）。那是一种像夏巴塔面团一样的湿面团，需要慢慢发酵几小时。他制作的比萨是我吃过的最接近那不勒斯风格的比萨：简单、皮薄、烘焙快速、酥脆。"比安科比萨店"只供应 6 款比萨、1 款家庭沙拉、家庭意大利面包（用比萨面团制作的）以及 3 款甜品（由克里斯的妈妈制作的）。他们生意好得忙不过来，如果能够在店里找到座位的话，那就好像中了彩票一样。

那不勒斯是我们今天所说的比萨的诞生地。热那亚有佛卡夏，托斯卡纳有意式扁面包（schiacciata），西西里有西西里厚比萨（sfincione），但是真正的那不勒斯比

萨是完美食物的完美表达。虽然所有比萨都有面饼和馅料，但我多么希望只有这种超级版本的比萨才能叫比萨。而我要说的是，即使家中的烤箱不能达到专业的比萨烤炉的温度（即通过燃烧硬木或烟煤达到的 427 ~ 649 ℃ 的高温），你在家也一样能够做出最棒的比萨！

杰弗里·斯坦格特恩在 2000 年 8 月的《服饰与美容》杂志中发表过一篇出色的文章。在那篇文章中，他提到自己曾经尝试过几十种方法，想要在家中获得可以代替专业比萨烤炉的高温，结果他差一点儿就把自己的家点燃了。遗憾的是，多数家用烤箱最高只能达到 288 ℃，但是即使温度这么低，按照下面的这个配方也能够烘焙出可口的比萨。

我一直认为，能让人们对一款比萨念念不忘的往往是面饼而不是馅料。我曾经见过有些昂贵的、味道很棒的馅料被很差的面饼毁了，而更常见的是，一个不错的面团因为烤箱的温度不够高而毁在了烤箱之中。多年以来，烘焙书给出的烘焙温度大多为 177 ℃（可能也能达到 218 ℃），你很少见到将烤箱温度调至极限的说明。但是，如果想在家中烘焙出好比萨，那就必须这样做。

大多数比萨面团配方最大的缺陷就是没有让烘焙者把面团放在冷藏室中静置一夜（或者至少静置几小时）。冷藏一夜能够给酶提供足够的时间来发挥作用，释放束缚在淀粉中的细微的味道。长时间的静置还能够使麸质松弛，降低面团的弹性，使整形更加轻松，从而使面团尽量不排气。

最近，人们在争论应该使用哪一种面粉。我们都知道，未增白的面粉的味道和香味更加浓郁。几年前，大家普遍使用高筋面粉或面包粉，因为它们的烘焙弹性更好，用它们制作的面团更容易成形（这被称为面团的"耐性"）。现在的趋势是使用中筋面粉，因为它较软（面粉的硬度由它的蛋白质含量决定）。较软的面粉虽然会带来绵软的口感，但是在和面和上抛的时候，用这种面粉制作的面团更容易被撕裂和扯破。

这款面团可以用任何面粉制作。如果使用高筋面粉的话，我建议向其中添加一些橄榄油以使其软化。（真正的那不勒斯比萨面团在制作的时候是不添加油的——这一点其实是有严格要求的——但那是因为意大利面粉天生较松弛、柔软，同时延展性很好，容易整形。）我发现高筋面粉虽然弹性很好，但是如果给它足够的静置时间，操作起来也会十分容易。如果使用中筋面粉，则不需要添加油。我们常说"条条大路通罗马"，所以可以尝试不同的方式，选择自己喜欢的面粉。一般来说，在 10 个制作比萨的人中，会出现 11 种不同的想法。

为比萨面团整形的关键在于手上蘸满面粉，用拳头（而非指尖）抛接。詹妮弗掌握了这项技术

制作 6 个 170 g 的比萨面饼

原材料	重量	体积	百分比（%）
未增白的高筋面粉、面包粉或中筋面粉	574 g（20.25 oz）	4¹/₂ 量杯（1058 ml）	100
食盐	12.5 g（0.44 oz）	1³/₄ 小勺（8.8 ml）	2.2
快速酵母粉	3 g（0.11 oz）	1 小勺（5 ml）	0.54
橄榄油或植物油（可选；主要在用高筋面粉时添加，见"点评"）	57 g（2 oz）	¹/₄ 量杯（58.8 ml）	9.9（或更少）
冷水（13 ℃）	411 g（14.5 oz）	1³/₄ 量杯 1 大勺（426 ml）	71.6
用来做铺面的中筋面粉、高筋面粉、粗粒小麦粉或玉米粉			
总计			184.2

1. 在一个 4 qt 的搅拌碗（或电动搅拌机的碗）中，将面粉、食盐和酵母粉搅拌在一起，再加入油和冷水，用一把大金属勺继续搅拌（或用桨形头低速搅拌），直到所有面粉都吸收了液体。如果是手工和面，就用一只手旋转碗（第 48 页），用另一只手或金属勺不停地蘸冷水，像钩形头一样将面和成光滑的面团。反向操作几次，使面团内部产生更多麸质。整个和面过程持续 1 ~ 2 分钟，或直到面团形成粗糙的球形、原材料分布均匀。让面团静置 5 分钟以吸收水分，然后继续用手或勺子和面。如果是用电动搅拌机和面，就换用钩形头中速搅拌 2 ~ 3 分钟，或直到面团变得光滑和略微粘手。和好的面团应该与碗的四壁分离，底部粘在碗底。如果面团太湿而无法与碗壁分离的话，就再撒一些面粉，直至可以分离；如果面团不能粘在碗底，就滴入 1 ~ 2 小勺清水。和好的面团应当有弹性、粘手，而不仅仅是发黏，它的温度应当为 16 ~ 18 ℃。

2. 在工作台上撒一些面粉（或用第 49 页介绍的抹油法），将面团转移到工作台上。将面团拉伸－折叠（第 49 页）成球形。准备一个铺好烘焙纸（或硅胶烘焙垫）的烤盘,向烘焙纸喷油（或刷薄薄的一层油）。用金属切面刀将面团等分为 6 份（如果你打算制作大一些的比萨，也可以切得大一些）。每切一刀，都要将切面刀蘸水或抹油，以免面团粘在刀上。在面团上撒一些面粉。确保手是干的，然后双手蘸面粉，拿起 1 个小面团，轻轻地将它整成球形。如果面团粘手的话，就再次用手蘸面粉。将球形面团转移到烤盘中，向面团喷大量的油，再将烤盘放在保鲜袋中。（注：你也可以把整个面团放在抹了油的碗中，用保鲜膜盖好，放在冰箱中冷藏一整夜，在制作比萨前 2 小时再把面团分成小球。）

3. 将装有面团的烤盘放在冷藏室中静置一夜，最多可以保存 3 天。（注：如果你想将一部分面团留待以后烘焙，可以将球形面团放在拉链袋中保存——将每个小面团放在盛有几大勺油的碗中，让面团在油中来回滚动，然后将它们分别放在拉链袋中，它们在冷冻室中最多可以保存 3 个月。在打算制作比萨的前 1 天，将面团转移到冷藏室中。）

4. 在准备烘焙比萨的当天，提前 2 小时将烘焙所需的面团从冷藏室中取出。在工作台上撒面粉，然后喷油。将面团放在撒有面粉的工作台上，然后在面团上撒面粉，双手也蘸满面粉，小心地将面团按压成厚 1.3 cm、直径 13 cm 的面饼。再次在面饼上撒面粉并喷油，用保鲜膜松松地盖住面饼，或将面饼放在保鲜袋中，静置 2 小时。

5. 至少在制作比萨前 45 分钟将烘焙石板放在烤箱底部（使用燃气烤箱时），或放在电烤箱下 1/3 区的烤架上（烘焙石板的放置位置取决于烤箱的类型）。将烤箱加热到它能达到的最高温度，比如 427 ℃（虽然多数家用烤箱只能达到 260 ℃，可能也能达到 288 ℃，但是有些烤箱的温度会高一些）。如果你的烤箱不是对流式烤箱，就不用像通常烘焙面包那样降低烤箱的温度。如果没有烘焙石板的话，也可以将面饼放在烤盘的背面烘焙。

6. 在烤盘的背面或长柄木铲上撒大量粗粒小麦粉或玉米粉。每次制作 1 个比萨。双手（包括手背和关节）蘸面粉，用切面刀从底部把 1 块面饼铲起来，轻轻地将面饼放在两个拳头之间，小心地转着圈拉伸面饼，用拇指在面饼边缘一点点地拉伸。如果刚开始面饼就粘在你手上，就将它放回撒过面粉的工作台上，双手重新蘸面粉，然后继续整形。一旦面饼开始向外扩张，就按照 196 页图片所示将整个面饼抛起来（如果你想尝试）。如果将面饼抛起来有困难或面饼一直在收缩，就将面饼静置 5 ~ 20 分钟，使麸质充分松弛，然后再次尝试。你也可以用擀面杖为面饼整形，虽然这种方法不如用手背拉伸面饼或将面饼抛起来有效。

7. 当面饼的大小满足你的需求后（170 g 面饼的直径约为 23 cm，227 g 面饼的直径最多为 28 cm），将它放在长柄木铲或烤盘上，一定要保证上面撒了足够多的粗粒小麦粉、面粉或玉米粉，以便它能滑动。轻轻地在面饼上淋酱汁以及撒其他馅料，要记住，摆放馅料的原则是"过犹不及"，加太多馅料往往事与愿违，因为这样会使面饼不易烤熟。我们通常摆放的馅料少于 3 或 4 种（包括酱汁和奶酪），这就足够了（参见下页）。

8. 将放好馅料的面饼滑到预热好的烘焙石板上（或直接在烤盘上烘焙），关闭烤箱门。2 分钟之后查看，如果需要的话，可以将比萨旋转180°以使其受热均匀。烘焙 5 ~ 8 分钟，如果比萨顶部已经熟了而底部还远没有熟，那么在继续烘焙之前，需要将烘焙石板移到低一层的烤架上；如果在奶酪熔化之前比萨的底部已经十分酥脆了，则需要将烘焙石板移到高一层的烤架上。

9. 将比萨从烤箱中取出，转移到案板上。在切分之前等待 2 ~ 3 分钟，让奶酪慢慢凝固，然后享用。

点评

✿ 这个配方使用的是老面包的延迟发酵技术（第 175 页），但是添加了少量橄榄油来软化面团。如果你不喜欢，也可以不添加油，这样也可以做出正宗的那不勒斯比萨。我用高筋面粉制作比萨的话会添加配方要求的所有的油，用面包粉的话会添加一半的油，用中筋面粉的话则不添加油，不过这些都是个人的选择。无论用哪种方法，都可以做出我认为的最好的比萨面团，而延迟发酵技术能够带来波兰酵头和意式酵头能够带来的所有味道。由于不需要在发酵的过程中消耗所有的糖分，少量酵母就能完成发酵。最后的面饼应该透着天然的甜味，很薄，底部和边缘呈金黄色，十分酥脆，但仍含有足够多的水分，吃起来不会干巴巴的。你可能已经发现，在这个配方（以及老面包配方）中，清水的温度比《学徒面包师》第一版中的稍微高一些，这样可以让面团在整夜发酵中产生更多的味道和气泡。如果你用第一版的配方成功制作了比萨，觉得用那种办法很好，也可以尝试这个版本。你将发现，它可以略微提高面团的含水量，说不定你会更喜欢它一些。

✱ 用低温烘焙比萨会毁掉面饼，因为使它变色需要很长的时间，在此期间，所有的水分都会蒸发，而面饼会变煳变干。使烤箱和烘焙石板保持较高的温度是烘焙出好比萨的诀窍。面饼变色和奶酪熔化之间的平衡是烘焙中最富戏剧性的一幕，如果它们能够同时发生，成品的味道会使你终生难忘。在不撕破面饼的情况下，将它抻得越薄、越均匀，那么这两种情况同时发生的可能性就越大。

✱ 这款面团也可以用来制作佛卡夏和其他乡村面包。

✱ 可以往面团中添加少量（约10%）的全麦粉或黑麦粉，用它们来代替等量的白面粉，这样会使比萨更具乡村风味。如果这样做了，你可能还需要多添加1大勺清水。

✱ 我之前使用的是冷藏过的4℃（冷藏室的一般温度）的水。但是现在我会在清水中放几块冰块，等清水的温度至少降到13℃，然后称量出需要的用量。

优化方法

如何烘焙出更好的比萨

我们使用的酱汁不能过浓，因为它们在温度很高的烤箱中会变得更浓；也不要添加很多酱汁，并且不要使用红酱。加香蒜酱、白酱或棕色酱汁，或只加奶酪不加酱汁，这些都是不错的选择。法式蛤蜊配蒜油和辣椒（康涅狄格

州纽黑文市的"弗兰克·珀佩"比萨店的这款馅料非常有名）是非常不错的组合，上面撒了陈年干酪，如罗马诺干酪或帕尔玛干酪。要记住我们的原则：过犹不及。如果使用了高品质的酱汁，就能做到少而精。

一般来说，我喜欢将3种奶酪混合使用。第一种是新鲜的硬质干酪（不是盒装的），如罗马诺干酪、阿斯阿戈奶酪、帕尔玛干酪或索诺玛杰克干酪；第二种是质量不错的、容易熔化的奶酪，如马苏里拉奶酪、蒙特里杰克奶酪、切达干酪或瑞士奶酪；第三种可以是自己喜欢的任何奶酪，包括一些蓝纹干酪。我将1份新鲜的硬质干酪、2份易熔化的奶酪和1份自选奶酪混合起来擦碎，然后加入几小勺各种干的或新鲜的香草和香料，如罗勒、牛至、百里香、普罗旺斯香草、黑胡椒、大蒜粉或新鲜的大蒜。这种混合使得奶酪看起来更加有趣，并且能够给酱汁增加一股香草的味道。

这款面团并不需要形成"耳朵"，但是有时成品自然而然会形成"耳朵"。比萨的边缘通常比中间厚，这样中间的馅料才不会流出来。不过，你不需要特意把边缘卷起来，而要让它自己膨胀起来，轻盈而充满空气。

波兰酵头法棍
(Poolish Baguette)

面包简况

普通面包，标准面团面包，间接面团面包，人工酵母面包

制作天数：2 天

第一天：制作波兰酵头 3 ~ 4 小时。

第二天：波兰酵头回温 1 小时；搅拌 12 ~ 15 分钟；拉伸—折叠、发酵、整形、醒发 6 小时；烘焙 15 ~ 25 分钟。

20 世纪 60 年代早期，伯纳德·加纳绍使波兰酵头法棍代替"60 - 2 - 2 法棍"成了巴黎人经常食用的正统法棍。30 年后，当他退休时，他的加纳细长面包（flûte Gana）已经成了一款注册商品，只有购买了烘焙这款面包的权利的面包师，才能在政府控制的价格基础上加价。在面包制作世界杯大赛上，波兰酵头法棍是所有人必须参照的标准。在我拜访巴黎的面包店时，原"加纳绍面包房"烘焙的波兰酵头法棍是我吃过的第二好的法棍，第一好的是菲利普·戈瑟兰的老面包。（之后我也发现了许多很棒的法棍，但是请注意，我是在2002 年写下这段介绍文字的。）加纳绍为制作他的招牌法棍的面包房提供一种特殊的中度提取的面粉（当然，面粉袋上清清楚楚地印了他的名字），这种面粉与美国超市出售的供家庭烘焙者使用的面粉都不同（如今，家庭烘焙者可以通过"亚瑟王目录"和其他邮购途径购买高度和中度提取的面粉）。和普通的高筋面粉相比，它的灰分含量和麸皮含量稍高，更像洗筋粉（一种全麦面粉，只经过一次过筛，而非通常能够去掉麸皮和胚芽的二次过筛）。在下文中，我提到了与之相似的面粉，用它也能够烘焙出可口的法棍。或许不用加纳绍署名的面粉，不在巴黎这个神奇的地方，我们也能够做出同样可口的法棍，甚至有些人认为这款法棍的味道比戈瑟兰的法棍的味道还要好。你自己来试试看吧！

制作 3 根小法棍

原材料	重量	体积	百分比（%）
波兰酵头（第 92 页）	198 g（7 oz）	1 量杯（235 ml）	41.2
过筛的全麦面粉（或高度提取的面粉、法国 65 号面粉）	28 g（1 oz）	3½ 大勺（52.5 ml）	6
未增白的高筋面粉	454 g（16 oz）	3½ 量杯（822.5 ml）	94
食盐	10.5 g（0.37 oz）	1½ 小勺（7.5 ml）	2.2
快速酵母粉	2.25 g（0.08 oz）	¾ 小勺（3.8 ml）	0.47
温热的清水（32 ~ 38 ℃）	284 g（10 oz）	1¼ 量杯（294 ml）	58.8
用来做铺面的中筋面粉、高筋面粉、粗粒小麦粉或玉米粉			
总计			202.7

总面团配方和烘焙百分比

原材料	重量	百分比（%）
高筋面粉	550 g（19.4 oz）	95.1
全麦面粉	28 g（1 oz）	4.9
食盐	10.5 g（0.37 oz）	1.8
快速酵母粉	3 g（0.11 oz）	0.5
清水	386 g（13.6 oz）	67
总计		169.3

1. 在制作面团前 1 小时，将波兰酵头从冷藏室中取出回温。

2. 在一个 4 qt 的搅拌碗（或电动搅拌机的碗）中，将面粉、食盐和酵母粉搅拌在一起，再加入波兰酵头和清水（预留 2 大勺），用一把大勺搅拌（或用桨形头低速搅拌），直到所有的原材料形成球形，这需要 1 ~ 2 分钟。根据需要，添加剩下的清水或额外的面粉，做出柔软但不粘手的面团。

3. 在工作台上撒面粉（或使用第 49 页介绍的抹油法），将面团转移到工作台上，和面（或用钩形头中速搅拌）大约 6 分钟。如果需要的话，可以再加入一些面粉。面团应当柔软而光滑，发黏但不粘手。它应当通过窗玻璃测试（第 50 页），温度

为 25 ~ 27 ℃。在一个大碗中涂抹薄薄的一层油，将面团转移到碗中，来回滚动使面团表面沾满油，用保鲜膜盖住碗口。30 分钟后，拉伸-折叠面团（第 49 页），再放回碗中并用保鲜膜盖住碗口。30 分钟后再次拉伸-折叠面团并放回碗中盖好。

4. 在室温下发酵大约 2 小时，或直至面团的体积几乎增大 1 倍。取出面团，再次拉伸-折叠，再将面团放回碗中，盖好碗口。

5. 在室温下继续发酵 2 小时，面团的体积应膨胀为原来的 2 倍。

6. 在工作台上撒薄薄的一层面粉（或抹油），将面团小心地转移到工作台上。用切面刀或锯齿刀将面团等分为 3 份，尽量不要让面团排气。将面团整为法棍的形状

（第 64 页），按照第 29 页的说明准备烘焙纸或发酵布（在上面撒粗粒小麦粉、面粉或玉米粉），准备醒发。

7. 让面团在室温下醒发 50 ~ 60 分钟，或直至它们的体积大约增大到原来的 1½ 倍，摸起来仍然略有弹性。

8. 按照第 80 ~ 82 页的方法准备烤箱用于炉火烘焙，在烤箱中放一个空蒸汽烤盘以便制造蒸汽，然后将烤箱预热至 260 ℃。按照第 79 页的方法割包。

9. 在长柄木铲上或烤盘的背面撒大量粗粒小麦粉、面粉或玉米粉，轻轻地将面团转移到烤盘的背面或长柄木铲上，再将面团转移到烘焙石板上（或直接用烤盘烘焙）。将 1 量杯热水倒在蒸汽烤盘中，关闭烤箱门。30 秒以后，向烤箱四壁喷水，然后关闭烤箱门。每隔 30 秒喷 1 次，一共喷 3 次。最后一次喷水以后，将烤箱的温度调到 232 ℃，烘焙 10 分钟。这时，检查面包，如果需要的话，将面包旋转 180° 以使其受热均匀。继续烘焙 8 ~ 12 分钟，或直至面包呈深金棕色，内部温度至少达到 96 ℃。如果在达到这个温度之前面包的颜色已经太深了，就需要将烤箱的温度降至 177 ℃（或关闭电源），继续烘焙 5 ~ 10 分钟。

10. 将面包从烤箱中取出，放在冷却架上至少冷却 40 分钟，然后切片或上桌。

点评

✿《学徒面包师》第一版中的这个配方需要使用 227 g 过筛的全麦面粉，但是很多人没有足够细的筛子，不能将麸皮过滤出来（我们要做的是使面粉的粗细与洗筋粉相似）。因此，我在新版本中修改了这个配方，它比原版的简单，并且同样有效。

✿ 提前 1 天（或最多提前 3 天）制作波兰酵头是最简单的方法，使用前 1 小时将它从冷藏室中取出即可。我们也可以在制作最终面团的同一天制作波兰酵头，但是必须提前大约 8 小时制作，给波兰酵头足够长的时间起泡和发酵。

✿ 加入一些中种面团（老面团）一直都是不错的选择，如果你在之前的烘焙中剩下了一些，大可添加进去（中种面团本身就是完整的面团，因此不需要进行任何调整）。我添加了 50%（在这个配方中相当于 227 g）的中种面团，它可以使发酵时间大约减少 20%，同时不会影响味道。事实上，和只使用波兰酵头相比，有些人更喜欢同时使用一些中种面团。

葡萄牙甜面包
(Portuguese Sweet Bread)

面包简况

营养面包，标准面团面包，间接面团面包，人工酵母面包

制作天数：1 天

制作海绵酵头 1 ~ 1½ 小时；搅拌 15 分钟；发酵、整形、醒发 5 ~ 7 小时；烘焙 50 ~ 60 分钟。

1999 年，当我搬到东海岸的罗德兰岛州普罗威斯登市时，我发现自己来到了葡萄牙甜面包世界的中心。在加利福尼亚州生活的时候，我把它当作夏威夷面包，在仔细阅读产品标签以后，我了解到就连夏威夷人也对这种源自葡萄牙的又软又甜、像枕头一样的圆面包赞不绝口。

我的一位来自洛杉矶、正在楠塔基特岛过夏天的朋友告诉我，他爱上了岛上一家小店用这款面包做的三明治。他是我遇到的第一个和我一样热爱这款面包的人，而许多人在手工运动之后，都对乡村面包和天然酵母面包情有独钟。当我开始在约翰逊－威尔士大学任教之后，在我教的每一个班中，都至少有一名学生和我的朋友一样喜爱这款甜面包。他们中的每个人都信誓旦旦地要改良配方，试图找回童年记忆中的那种味道，这个配方正是在这样的努力下确定的。

除了柔软的质地和圆形的外观之外，这款面包最突出的特点就是奶粉的味道。我曾经尝试过使用全脂牛奶和酪乳，但是一旦你品尝过使用奶粉制作的面包，就会发现没有其他味道可以取代它。

制作 2 个 454 g 的面包

原材料	重量	体积	百分比（%）
海绵酵头			
未增白的高筋面粉	64 g（2.25 oz）	½ 量杯（118 ml）	14.3
砂糖	14 g（0.5 oz）	1 大勺（15 ml）	3.2
快速酵母粉（或耐渗透性酵母，见"点评"）	7 g（0.25 oz）	2¼ 小勺（11 ml）	1.6
室温下的清水	113 g（4 oz）	½ 量杯（118 ml）	25.4
面团			
砂糖	85 g（3 oz）	6 大勺（90 ml）	19
食盐	7 g（0.25 oz）	1 小勺（5 ml）	1.6
奶粉	35 g（1.25 oz）	¼ 量杯（59 ml）	7.9
室温下的无盐黄油	28 g（1 oz）	2 大勺（30 ml）	6.3
植物油	28 g（1 oz）	2 大勺（30 ml）	6.3
鸡蛋	93.5 g（3.3 oz）	2 个大号的	21
柠檬香精	5 g（0.17 oz）	1 小勺（5 ml）	1.1
橙子香精	5 g（0.17 oz）	1 小勺（5 ml）	1.1
香草精	5 g（0.17 oz）	1 小勺（5 ml）	1.1
未增白的高筋面粉	382 g（13.5 oz）	3 量杯（705 ml）	85.7
室温下的清水	85 g（3 oz）	¼ 量杯 2 大勺（90 ml）	19
1 个鸡蛋，加入 1 小勺（5 ml）清水搅拌，直到起泡，用于刷面			
总计			214.6

1. 制作海绵酵头。在碗中把面粉和砂糖搅拌在一起。在另外一个碗中把快速酵母粉和清水搅拌在一起，然后混到面粉混合物中，继续搅拌，直至所有原材料全部湿润，形成均匀的面糊。用保鲜膜盖住碗口，在室温下发酵 1 ~ 1½ 小时，或直至海绵酵头开始起泡，看起来马上就要塌陷。

2. 制作面团。将砂糖、食盐、奶粉、黄油和植物油放在一个 4 qt 的搅拌碗（或电动搅拌机的碗）中，用一把结实的勺子（或桨形头）搅拌均匀，然后加入鸡蛋和香精，再次搅拌均匀。之后加入海绵酵头和面粉，手工和面或换用钩形头搅拌。如果需要的话，可以添加一些清水。和好的面团应当非常柔软，容易处理，既不湿润也不粘手。使用电动搅拌机或手工和面需要 10 ~ 12 分钟。（和面时，脂肪和糖分含量较高的面团需要的时间通常较长，因为面团中的麸质需要更长时间才能形成。）面团应当通过窗玻璃测试（第 50 页），温度应为 25 ~ 27 ℃。在一个大碗中涂抹薄薄的一层油，将面团转移到碗中，来回滚动面团使它沾满油，用保鲜膜盖住碗口。

3. 在室温下发酵 2 ~ 3 小时，或直至面团的体积增大 1 倍。

4. 将面团从碗中取出，等分为 2 份，将每个面团整成球形（第 62 页）。在 2 个直径 23 cm 的派盘上涂抹薄薄的一层油，每个派盘中放 1 个面团,有接缝的一面向下。在面团上喷油，用保鲜膜松松地盖住面团。

5. 在室温下醒发 2 ~ 3 小时，或直至面团膨胀到完全充满派盘（体积增大 1 倍）并稍微超出派盘的边缘。（如果你只想烘焙 1 个面包，可以将另外 1 个面团冷藏保存 1 天，不过从冷藏室中取出后，面团还需要醒发 4 ~ 5 小时。）

6. 轻轻在面团上刷蛋液。将烤箱预热至 177 ℃，将烤架置于烤箱中层。

7. 烘焙 50 ~ 60 分钟，或直至面包中心的温度达到 88 ℃。30 分钟以后，检查面包，如果需要的话，将其旋转 180° 以使其受热均匀。因为糖分含量较高，所以面包很容易变成棕色，但是不要认为此时面包就已经烤熟了。随着面包的内部温度和外部温度趋于一致，面包的颜色会更深，但此时面包并不会被烤焦。烤熟的面包应当呈浓重的红棕色。

8. 将面包从派盘中取出，放在冷却架上至少冷却 1½ 小时，再切片或上桌。冷却之后的面包应该是柔软的，像枕头一样。

点评

✳ 除了制作三明治和面包小点，葡萄牙甜面包最适合制作法式吐司，味道非常诱人。这款面包也是制作面包布丁的绝佳选择。

✳ 耐渗透性酵母（如金燕牌的，第 52 页）是一种专为甜面团（如本配方中的面团）设计生产的酵母，但它不容易买到。在这个配方中使用普通酵母也可以，但如果你能买到耐渗透性酵母，就有可能让面团发酵得更快。制作海绵酵头时，我要求先将快速酵母粉溶于水中，再加到面粉中，这个步骤不太常见。然而，在这里，它能够使普通快速酵母粉像耐渗透性酵母一样表现得更好。

土豆泥迷迭香面包
(Potato Rosemary Bread)

面包简况

营养面包，标准面团面包，间接面团面包，人工酵母面包

制作天数：2 天

第一天：制作意式酵头 2¹⁄₂ ~ 4 小时

第二天：意式酵头回温 1 小时；搅拌 12 分钟；拉伸—折叠、发酵、整形、醒发 4 ~ 5 小时；烘焙 20 ~ 45 分钟。

随着大家对烹饪的兴趣提高，迷迭香已经成了一种受欢迎的香草，大家发现它很容易在厨房或后院中种植。有时人们会使用过量，但其实少量迷迭香就可以带来足够浓郁的味道，所以我一直建议控制迷迭香的用量。

意大利人将这款面包称作帕马雷诺(panmarino)，正是因为他们，我们才有了这个特别的配方。平时做的土豆泥有剩余的该怎么办呢？这款面包刚好可以解决这个问题。土豆淀粉能够软化面团，使面包酥软可口，而意式酵头和迷迭香又为面包增加了其他丰富的味道。

制作 2 个 454 g 的面包或 18 个餐包

原材料	重量	体积	百分比（%）
意式酵头（第 93 页）	198 g（7 oz）	1¼ 量杯（294 ml）	50
未增白的高筋面粉或面包粉	397 g（14 oz）	3 量杯 2 大勺（735 ml）	100
食盐	11 g（0.38 oz）	1½ 小勺（7.5 ml）	2.7
粗略碾碎的黑胡椒（可选）	0.85 g（0.03 oz）	¼ 小勺（1.3 ml）	0.21
快速酵母粉	4 g（0.14 oz）	1¼ 小勺（6.3 ml）	1
土豆泥	170 g（6 oz）	1 量杯（235 ml）	42.9
橄榄油	14 g（0.5 oz）	1 大勺（15 ml）	3.6
粗略切碎的新鲜迷迭香	7 g（0.25 oz）	2 大勺（30 ml）	1.8
室温下的清水（如果土豆泥是冰的，则需要温水）	198 g（7 oz）	¾ 量杯 2 大勺（206 ml）	53.6
粗略切碎的烤大蒜（可选）	28 g（1 oz）	4 大勺（60 ml）	7.1
用来做铺面的粗粒小麦粉或玉米粉			
用来刷面的橄榄油			
总计			262.9

总面团配方和烘焙百分比

原材料	重量	百分比（%）
高筋面粉或面包粉	517 g（18.25 oz）	100
食盐	11 g（0.38 oz）	2.1
快速酵母粉	4 g（0.14 oz）	0.8
黑胡椒	1 g（0.03 oz）	0.2
迷迭香	7 g（0.25 oz）	1.4
烤大蒜	28 g（1 oz）	5.4
土豆泥	170 g（6 oz）	33
清水	291 g（10.25 oz）	56.3
橄榄油	14 g（0.5 oz）	2.7
总计		201.9

1. 在烘焙面包前 1 小时，从冷藏室中取出意式酵头。用切面刀或锯齿刀将它切成 10 份，用毛巾或保鲜膜盖好，静置约 1 小时让它回温。

2. 在一个 4 qt 的搅拌碗（或电动搅拌机的碗）中，把面粉、食盐、黑胡椒和酵母粉搅拌在一起。再加入意式酵头、土豆泥、油、迷迭香和清水，用一把大勺子搅拌（或用桨形头低速搅拌）1 分钟，或直至所有原材料混合在一起，大致形成球形。如果面团太干，可以再加一些清水；如果面团太黏，可以再加一些面粉。

3. 在工作台上撒面粉，将面团转移到工作台上，和面（或用钩形头中速搅拌）约 6 分钟。如果需要的话，可以再加入一些面粉，直到面团变得柔软、发黏但不粘手。面团应该通过窗玻璃测试（第50页），温度应该为 25 ~ 27 ℃。将面团压平，在上面撒烤大蒜。之后将面团整成球形，手工和面1分钟（你可能需要在面团上撒一些面粉来吸收大蒜中的水分）。在一个大碗中涂抹薄薄的一层油，把面团放在碗中来回滚动，使面团沾满油，然后用保鲜膜盖住碗口。20分钟后，拉伸－折叠面团（第49页），再放回抹了油的碗中并用保鲜膜盖住碗口。再重复两次，之间间隔20分钟，每次拉伸－折叠后都要将面团放回碗中并盖好。

4. 在室温下发酵约2小时，或直至面团的体积增大1倍。

5. 将面团从碗中取出，等分为2份（用来制作大面包）或18份（每份约重57 g，用来制作餐包），大面团需要整成球形（第62页），小面团需要整成餐包形（第68页）。将烘焙纸铺在烤盘中（烘焙餐包需要用到2个烤盘），撒少许粗粒小麦粉或玉米粉。将面团放在烘焙纸上，每个面团需要分开放，确保它们膨胀后不会粘在一起。向面团喷油，然后用保鲜膜松松地盖住面团。

6. 在室温下醒发1 ~ 2小时（具体时间由面团的大小决定），或直至面团的体积增大1倍。

7. 将烤箱预热至204 ℃，将烤架置于烤箱中层。去掉面团上的保鲜膜，在面团上刷橄榄油。这款面包不需要割包，但是如果喜欢的话，你也可以割包（第79页）。

8. 将烤盘放入烤箱，烘焙20分钟，然后将烤盘旋转180°以使面包受热均匀。大面包需要烤35 ~ 45分钟。烘焙餐包时，要先烘焙10分钟，之后旋转烤盘，再烘焙10分钟。大面包或餐包应当完全呈深金棕色，中心温度至少达到91 ℃，敲打面包的底部应该能听到空洞的声音。如果大面包或餐包已经完全变色了，但是看起来仍然过软，那么可以关掉烤箱电源，利用余温继续烘焙5 ~ 10分钟，使面包硬一些。

9. 将烤熟的大面包或餐包从烤箱中取出，放在冷却架上冷却。大面包至少需要冷却1小时，餐包至少需要冷却20分钟，方可食用。

点评

✿ 面包的顶部可以用一枝新鲜迷迭香装饰。在最后的整形之后，用清水刷面包的顶部，将迷迭香按进面团中，使它结实地粘在面团里。不要让迷迭香露在面团外，因为没有面团的保护，它在烘焙过程中会被烤焦。

✿ 要使用用烤箱烤过或用煎锅煎过的大蒜，而不要用生大蒜，因为生大蒜中的酶会阻碍麸质在面团中形成。如果你想在面团中使用新鲜的生大蒜，可以在最后的整形阶段添加。

普格利泽
(Pugliese)

面包简况

普通面包，乡村面团面包，间接面团面包，人工酵母面包

制作天数：2 天

第一天：制作意式酵头 2½ ~ 4 小时。

第二天：意式酵头回温 1 小时；搅拌 9 ~ 10 分钟；拉伸—折叠、发酵、整形、醒发 5 ~ 5½ 小时；烘焙 20 ~ 30 分钟。

"普格利泽"指的是意大利东南部的普利亚区，但是叫"普格利泽"的面包数不胜数，我在美国见过的很多版本和夏巴塔都非常接近。普格利泽也属于乡村面包，有时候就是指夏巴塔。它之所以被叫作"普格利泽"，只是商家为了让自己的产品区别于他人的产品。我们定义的乡村面包的含水量超过 65%，通常接近 80%。意大利面粉天然就比北美面粉具有更好的延展性(北美面粉的弹性更好)，虽然我们不必过于提高面团的含水量，但还是需要适量地往面团中多加些水，以便拉伸麸质，使面包具有独特的大孔结构和很棒的坚果味道。

源于伦巴第区科莫湖（意大利北部）的夏巴塔和普格利泽的主要区别是，普格利泽通常是整成圆形的，而非夏巴塔的拖鞋形状。前面提到的法式乡村面包是被略微拉长的，形状更像鱼雷而非拖鞋。这些面包和老面包（第 175 页）以及拉得很长的斯塔图(stirato)和短而粗的乡村面包(第 121 页的图片，由夏巴塔面团制作)全部都是乡村面包，每种都具有独特的形状和

原材料配比。真正的普格利泽是用细细研磨的金色杜兰小麦粉制作的，这种面粉叫"优质杜兰小麦粉"或"特级优质杜兰小麦粉"，是区别普格利泽与其他面包的重要特征，但这种区别在美国并不常见。优质杜兰小麦粉和赛莫里纳粗粒小麦粉都是由杜兰小麦研磨而成的，只不过前者研磨得更细。它们通常用来铺在炉火面包下面，也在西西里面包（第 184 页）中使用过。

普利亚区的许多面包房出售的面包是用 100% 优质杜兰小麦粉制作的，还有一些是用杜兰小麦粉和普通高筋面粉的混合面粉制作的。在这个配方中，我推荐了其中一种混合方式，不过你可以大胆地尝试不同的混合比例，甚至可以使用 100% 的杜兰小麦粉。制作这款面包的挑战在于处理湿面团，你一旦成功了，就再也无法抗拒制作乡村面包的欲望。柔软而光滑的面团给你的双手带来的美妙感觉使制作过程充满了乐趣，长时间的发酵使这款面包的味道很好，它将永远改变你评价好面包的标准。

制作 2 个 454 g 的面包

原材料	重量	体积	百分比（%）
意式酵头（第 93 页）	306 g（10.8 oz）	2 量杯（470 ml）	105
优质杜兰小麦粉或特级优质杜兰小麦粉和未增白的高筋面粉的任意组合（如一样一半）	284 g（10 oz）	2¼ 量杯（529 ml）	100
食盐	11 g（0.38 oz）	1½ 小勺（7.5 ml）	3.8
快速酵母粉	3 g（0.11 oz）	1 小勺（5 ml）	1.1
土豆泥（可选）	57 g（2 oz）	¼ 量杯（59 ml）	20
温热的清水（32 ~ 38 ℃）	227 ~ 255 g（8 ~ 9 oz）	1 量杯~ 1 量杯 2 大勺（235 ~ 265 ml）	80 ~ 90
用来做铺面的粗粒小麦粉或玉米粉			
总计			309.9 ~ 319.9

总面团配方和烘焙百分比

原材料	重量	百分比（%）
高筋面粉	187 g（6.6 oz）	40
杜兰小麦粉和高筋面粉的组合（一样一半或你喜欢的比例）	284 g（10 oz）	60
食盐	11 g（0.38 oz）	2.5
快速酵母粉	4 g（0.14 oz）	0.85
土豆泥	57 g（2 oz）	12
清水	360 g（12.7 oz）	76.4
总计		191.75

1. 在制作面团前 1 小时，将意式酵头从冷藏室中取出。用切面刀或锯齿刀将它切成 10 份，用毛巾或保鲜膜盖好，静置 1 小时让它回温。

2. 在一个 4 qt 的搅拌碗（或电动搅拌机的碗）中，把面粉、食盐和酵母粉搅拌在一起，再加入意式酵头、土豆泥和 1 量杯（227 g）清水。（如果你使用的全部都是高筋面粉而没有添加杜兰小麦粉，那么一开始要加入¾ 量杯 2 大勺／198 g 清水。）用一把大金属勺搅拌（或用桨形头低速搅拌），直到所有的原材料混合在一起，形成湿润、粘手的球形。如果还有松散的面粉，就适量加入一些清水，继续搅拌。

3. 如果手工和面，就用一只手旋转碗（第 48 页），用另一只手或金属勺子不停地蘸冷水，像钩形头一样和出光滑的面团。反向操作几次，使面团内部产生更多麸质。和面大约 5 分钟，或直到面团光滑，原材料分布均匀。如果用电动搅拌机和面，就用钩形头中速搅拌 4 ~ 5 分钟，或直到面团变得光滑和粘手。和好的面团应该与碗的四壁分离，底部粘在碗底。如果面团太湿而无法与碗壁分离的话，就再撒一些面粉（任何种类的），直至面团可以与碗的四壁分离。如果面团看起来非常粘手也没有关系，面团越湿润，最后烘焙出的面包就越好。

4. 在工作台上撒足够多的面粉，使面粉铺满 20 cm 见方的区域（或使用第 49 页介绍的抹油法）。用刮刀或抹刀蘸水，将面团转移到工作台上撒了面粉（或抹了油）的区域，使用第 49 页介绍的拉伸－折叠法处理面团。向面团顶部喷油，然后用保鲜膜或保鲜袋松松地盖住面团。

5. 静置 30 分钟。再次拉伸－折叠，喷油并盖住面团。将面包再静置 30 分钟。（每重复一次，面团都会变得更坚韧、更有弹性，而且不那么粘手。）

6. 在一个大搅拌碗中涂抹少许油。第三次拉伸－折叠，然后用抹刀蘸水，将面团转移到抹了油的碗中，用保鲜膜盖住碗口，让面团在室温下发酵 2 小时，中途不要移动面团。

7. 在工作台上撒大量面粉。去掉保鲜膜，刮刀和双手都蘸满面粉，然后将面团小心地转移到工作台上，尽量不要让面团排气。用一把蘸满面粉的金属切面刀或锯齿刀将面团等分成 2 份，双手再次蘸面粉，小心地将 2 个面团整成球形（第 62 页）。将面团放在工作台上松弛几分钟，有接缝的一面向下，在这段时间内可以准备醒发碗。

8. 按照第 30 页的说明准备 2 个醒发碗，一定要在碗里的布上喷油并撒上大量面粉。轻轻地将面团分别转移到碗中，有接缝的一面向上。如果接缝裂开的话，就将它捏拢。向面团表面喷油，用布将面团盖好。

9. 在室温下醒发 1 ~ 1½ 小时，或直至面团膨胀到原来的 1½ 倍大。

10. 按照第 80 ~ 82 页的说明准备烤箱用于炉火烘焙，预先在烤箱中放一个空蒸汽烤盘用来制造蒸汽。将烤箱预热至 260 ℃。

11. 在长柄木铲上或烤盘背面撒大量粗粒小麦粉或玉米粉，把 2 个碗轻轻地倒扣在长柄木铲上或烤盘背面，拿起碗，然后小心地揭下盖住面团的布，面团会向四周延展。用锋利的剃刀或法式割包刀在面团上割出一个"井"字（第 80 页），然后将面团转移到烘焙石板上（或直接在烤盘上烘焙）。将 1 量杯热水倒在蒸汽烤盘中，关闭烤箱门。30 秒以后，向烤箱四壁喷水，然后关闭烤箱门。每隔 30 秒钟喷 1 次水，一共喷 3 次。在最后一次喷水后，将烤箱的温度降至 232 ℃，烘焙 15 分钟。这时检查面包，如果需要的话，将面包旋转 180° 以使其受热均匀。再烘焙 5 ~ 15 分钟，或直至面包呈深金棕色，面包的中心温度达到 96 ℃ 左右。

12. 将烤熟的面包从烤箱中取出并转移到冷却架上。面包冷却以后，表皮会稍微变软，在切片或上桌之前至少冷却 40 分钟。

点评

✽ 如果没有优质杜兰小麦粉，也可以用赛莫利纳粗粒小麦粉来代替，但是只需要使用配方中规定用量的 ⅓，剩余的部分用等量的未增白高筋面粉或面包粉来代替。也可以既不添加杜兰小麦粉也不添加赛莫利纳粗粒小麦粉，只用高筋面粉或面包粉来制作。

✽ 这款面团是用意式酵头发酵的，你也可以使用混合发酵的方法，用等量的酸面团酵头（第 221 页）来代替意式酵头。

✿这款面团非常湿润，因此非常适宜用食物料理机和面，可以参照第47页的说明操作。

✿一些普格利泽的配方会用到土豆泥。因为土豆泥含有土豆淀粉，所以只需要加入少量土豆泥，就可以改善面包的味道，使面包的质地更柔软。在这个配方中，土豆泥不是必须添加的，如果添加，就需要增大面粉的用量来吸收水分。一定要确保你用的是加过盐的土豆泥，比如晚餐剩下的土豆泥。

✿最终面团的含水量很大程度上取决于你用的面粉的种类和品牌。无论是哪种杜兰小麦粉，都比高筋面粉的吸水性强，因此前面的百分比配方只是一个参考，你一定要根据面团的需求来调节实际用量。

✿这款面团也可以用来制作比萨或佛卡夏，可以参考第148页和197～198页的整形说明。

优化方法

蒜蓉烤面包（bruschetta）

和面包棒一样，蒜蓉烤面包（上面摆放了其他食物的烤面包片）也变成全世界流行的食物。蒜蓉烤面包实际上是意大利比萨另一种不错的衍生物——也就是说，它是上面有馅料的面饼。关于如何烘焙正宗的蒜蓉烤面包已经有了太多的建议，我只想再补充一些内容。

你几乎可以使用所有种类的面包来制作蒜蓉烤面包，但是乡村面包是最好的选择，比如夏巴塔或普格利泽，因为它们有很大的气孔，质地酥脆。将它们切成厚度适中的片，抹上橄榄油（如果喜欢，可以使用浸泡过大蒜的橄榄油，或使用大蒜黄油），放在烤架上或平底锅中用中高火烘烤，直到面包片酥脆。然后用你喜欢的食物装饰，最受欢迎的是切碎的新鲜罗勒和番茄、初级压榨橄榄油、粗盐和胡椒，也可以只在一片面包上涂抹碾碎的一瓣大蒜，然后烘烤。

要想熔化奶酪或加热装饰物，可以将装饰好的面包片重新放入烘烤机加热。

这款面包对装饰物没有特别的规定，只有一条经典的烹饪原则——味道第一。

在家中，我们喜欢用熏茄子泥做装饰。制作方法如下：准备3～4个大茄子，如果使用木炭烤架的话，就点燃木炭（天然气的效果没有这么好，因为热木炭能够提供更高的温度）。当木炭经过燃烧变为白色时，将茄子整个放在烤架上，距离木炭8～10 cm即可。烤40～60分钟，每隔10分钟翻一次面，直至茄子外皮变焦，里面软嫩——要确保茄子烤得非常软。将它放在牛皮纸袋中，封上口，让它散发蒸汽。等待20～30分钟，当茄子的温度降到可以触摸时，切开茄子，将每个茄子里面软嫩的部分挖出来放在碗中，扔掉烤焦的外皮、硬芯和所有较大的种子。加入新鲜的柠檬汁（每个茄子大约需要2大勺）、初级压榨橄榄油（每个茄子大约需要1大勺）和粗盐调味（每个茄子从 1/2 小勺开始，酌情增减），然后将混合物放入食物料理机打成泥，按需要继续加入食盐和柠檬汁调味，也可以加入黑胡椒和辣椒粉。这种烟熏味很浓的调味酱非常适合涂抹在蒜蓉烤面包上，冷热皆宜。

注意：有燃气灶的话可以把茄子放在燃气灶上烤，每隔3分钟翻一次面，当茄子被烤焦时，将它转移到冷却架上。这样做有些麻烦，但也是替代木炭烘烤的一种方法。

酸面团面包 (Sourdough Bread) 及其衍生版本

其实，"酸面团面包"更准确的名称是"天然酵母面包"，因为使面包发酵的是天然酵母菌，而且并非所有通过天然酵母菌发酵的面包吃起来都是酸的。更重要的是，正如第 57 页所说的，使面包产生酸味的并不是天然酵母菌，而是生长在面团中的各种细菌。它们产生的酸性物质降低了面团的 pH 值，在这个过程中唤醒了面粉的味道，而其中最显著的就是酸味。这是一个微生物的世界，虽然我们看不见，但微生物们非常活跃，不断地改变着自己生活的环境——面团。

制作天然酵母面包的方法有很多，每家面包房都有自己的方法。有些使用"六次构建法"，按照固定的时间表来喂养酵种，确保时间和温度精确，让面团变得越来越大，在最后一次喂养后，便得到了最终面团的酵头。不同的喂养方式会影响酵头的味道和结构。一些面包房只使用简单的"二次构建法"，用上次剩余的一部分最终面团（25% ～ 35%）做下一个面团的酵头。一些面包房使用像波兰酵头那样湿润的海绵酵头，而另外一些面包房使用像意式酵头那样的固体酵头，或这两种酵头的任意组合。许多方法都混合使用天然酵母和人工酵母，做出混合发酵的面团（称为强化面团），它味道浓郁，发酵速度较快，也不会太酸。一

我最喜欢的酸面团面包——蓝纹干酪核桃面包（第223页）

些面包房使用不同的方法烘焙不同的面包（有些使用固体酵头，有些使用海绵酵头，有些则使用强化面团），而另一些面包房只使用一种主方法制作所有的面包。换句话说，制作天然酵母面包没有硬性规定，我首先教给学生一种方法，然后让他们学习其他方法，直到找到最适合自己的一种。

风靡诸多社区的乡村风格面包房开发了一些既好看又可口的天然酵母面包，包括杂粮面包、添加了调料（如烤大蒜、洋葱、土豆、迷迭香和其他香草）的面包，以及用湿面团制作的天然酵母乡村面包（如第209页提到的普格利泽天然酵母版本）。在我们审视这些面包背后的艺术和科学时，我们发现每款面包都是根据面包师自己选择的方法和他（她）精心挑选的原材料制作的。再强调一次，每种方法都包含不同的选择：使用酵头的百分比、酵头的制作方法、发酵的时间和温度、原材料、面包的形状以及面粉的不同混合方式等。

下面这个主方法和我以前在《面包的表皮和内心》中提到的一样，为"三次构建法"。但是这种方法使用的天然酵母酵头比例较小，在实际操作中可以调节的空间很大。我在烘焙和教学时使用的是同样的方法，我喜欢《面包的表皮和内心》中酸面团面包筋道的口感和丰富的味道（我毕竟凭借它赢得了国家级比赛），但是我也喜欢新方法的灵活性。

有一点我必须说明，如果你已经使用了一种方法——无论是自学的还是从其他不错的烘焙书中学来的——那么你在制作这款酵头时也可以将同样的原则运用到这种方法之中，这就是创新。按照不同方法制作出的酵头在味道和质地上会有细微的差别，但无论是什么方法，只要符合面包烘焙的科学原理，就能够烘焙出可口的面包。在大多数情况下，按我的方法制作的酵头在其他人的方法中也十分好用，反之亦然。一旦你掌握了烘焙面包的有力工具——知识和信息，就可以用无数方法烘焙出可口的面包，这就是本书的主旨。下面这个酵头配方的应用范围很广，可以用在无数的面包配方中，后面我还会提供一些非常棒的衍生配方。

请记住，这种方法是专门为家庭烘焙设计的。虽然家里没有专门负责喂养酵种的人，也很少有能控制环境的发酵箱（很多专业的手工面包师也是在这样的环境中工作的），但是我们仍然能够控制好时间和温度，并烘焙出绝妙的面包。过去伟大的面包师无法使用冰箱这种现代化的发明，只能通过谨慎地观察来喂养酵头。现在，冷藏发酵给了我们缓冲时间，为我们留出了更大的改善空间，同时也有助于我们确定开始面包烘焙的12个步骤的时间。

下面的方法适用于有机面粉或普通面粉，制作主酵头（发泡酵头）需要 5 ~ 10 天，具体时间根据天气和你所在的地区而定。

隐藏于许多酵头中的明串珠菌（或许还有其他细菌）在培养酵种的最初阶段会产生大量二氧化碳，这会使人误以为天然酵母菌生长得很快。一些家庭烘焙者（他们全部为"亚瑟王面粉"网站做出了贡献）告诉我，在培养酵种的头两天使用菠萝汁或其他酸性液体可以抑制这些细菌的活动。当然，你也可以和几百年前的人一样，不用菠萝汁培养酵种。酸性果汁只有加快发酵速度的作用。

酵种（Seed Culture）

原材料	重量	体积	百分比（%）
阶段一（第一天）			
粗磨全麦粉或全麦黑麦粉（或裸麦黑麦粉）	120.5 g（4.25 oz）	1 量杯（235 ml）	100
室温下的无糖菠萝汁（罐装）或橙汁	113 g（4 oz）	½ 量杯（117.5 ml）	94
阶段二（第二天）			
未增白的高筋面粉或面包粉	64 g（2.25 oz）	½ 量杯（118 ml）	100
室温下的清水或无糖菠萝汁	57 g（2 oz）	¼ 量杯（58.8 ml）	89
阶段三（第三天及以后）			
未增白的高筋面粉或面包粉	128 g（4.5 oz）	1 量杯（235 ml）	100
室温下的清水	113 g（4 oz）	½ 量杯（118 ml）	94
总计			/

阶段一（第一天）：将面粉和菠萝汁放在碗中搅拌，直至它们形成湿润、粘手的面团或面糊。要保证所有的面粉全部湿润。将面团按进一个容量为 4 量杯的大杯子中，在杯子上贴一条胶布，标记面团顶部的位置。用保鲜膜盖住杯子，在室温下静置 24 小时。

阶段二（第二天）：在这段时间内，面团就算膨胀也不会太明显。在一个搅拌碗中将第二天的原材料和第一天制作的海绵酵头混合在一起，用手或勺子搅拌，直到所有原材料分布均匀，形成新的海绵酵头。它应当比第一天的更加柔软和湿润，因为我们换用了白面粉（如果你喜欢全麦酵头，可以用全麦粉或全麦黑麦粉代替高筋面粉）。将海绵酵头放回大杯子中压实，贴一条新胶布，标记面团顶部的位置。用保鲜膜盖住杯子，在室温下发酵 24 小时。不要受到面团散发的浓郁气味的影响，这种气味最后会变得淡一些。就算这时面团在发酵，也并不意味着天然酵母菌在发挥作用。这时更有可能是细菌在模仿酵母菌的活动，而当发酵进入阶段三时，酵种有可能进入休眠状态并持续几天的时间。

阶段三（第三天及以后）：检查面团是否膨胀或有其他反应。面团应当膨胀一些，但是不会膨胀得太多，可能会产生气泡甚至膨胀到原来的 1½ 倍大。扔掉一半酵种（或交给朋友喂养），将剩余的一半和第三天的原材料混合，制作像海绵酵头一样粘手的面团。再次将它放回杯子中压平，贴一条新胶布，标记面团顶部的位置。用保鲜膜盖住杯子，在室温下发酵 24 ~ 48 小时。如果 24 小时后面团没有膨胀，就将面团转移到一个干净的碗中搅拌几秒，再放回杯中，盖好保鲜膜，再静置 24 小时。如果面团依然没有或几乎没有膨胀或者产生气泡，就每隔 12 小时重复搅拌一次，最多重复 4 天（到第八天），或直到面团有了膨胀的迹象（产生气泡）并且增大为原来的 1½ 倍甚至 2 倍。这种情况通常会在第八天以前出现，但也不是绝对的，尤其是在气温较低的时候。你的酵种可以转化为发泡酵头（或主酵头）了。（注意：每隔 12

小时搅拌一次可以防止面团在内部生长酵母菌和细菌的同时表面产生霉菌。就算第八天面团依然没有显现活力也不要气馁。继续每隔12小时搅拌一次，直到它显现活力，你可能需要多花几天时间。你会成功的。）

点评

✳ 开始"天然酵母探险之旅"之前，一定要重温第55～57页的内容。

✳ 如果你想用纯黑麦酵头制作100%黑麦面包的话（而不像后面的多数黑麦面包配方那样，将普通酵头转化为黑麦酵头），可以将本配方中的高筋面粉或面包粉用无麸皮的黑麦粉或全麦黑麦粉代替。

✳ 如果你只使用小麦粉制作这款酵种，可以将第一天的黑麦粉替换为未增白的高筋面粉或面包粉。我发现黑麦能够使味道更加丰富，并且能够加速酵种的成熟。但是无论使用哪种面粉，最后都能培养出酵种。

✳ 如果没有菠萝汁，可以使用过滤过的水或矿泉水，也可以使用橙汁或柠檬汁。酵种的情况跟预计的可能有也可能没有区别，这取决于面粉中明串珠菌是否出现。30%～40%的酵种由于明串珠菌的出现而培养失败，这取决于当年小麦和黑麦的生长情况。但是，如果每天给酵种通几次气（搅拌）的话，酵种最终会克服明串珠菌的问题，即使不使用菠萝汁也能培养成功。

✳ 人们对完成第一阶段之后是否还需要添加菠萝汁产生了分歧。或许不需要再添加了，但是在第二阶段使用菠萝汁也不会产生不好的影响，在某些情况下，它能够确保明串珠菌不出现。

✳ 只有经过2周时间、喂养2～3次后，微生物才能逐渐发挥作用，发泡酵头的味道才能完全释放。（因此，随着时间的推移，用埃及或俄罗斯进口的酵种制作的面包尝起来会有本地酵种的味道。）在发泡酵头的味道到达顶峰时，你便可以通过定期喂养的方式保留那种味道了。酵种应该在制作完的第二天使用，因为刚开始的时候，天然酵母菌发酵的速度比细菌产生酸味的速度快。

✳ 如果你近期没有烘焙面包的计划但又想保存发泡酵头，可以将它放在密封容器中，在冷藏室中至少保存2个月，然后只留下1量杯（甚至½量杯）酵头喂养，扔掉其余的。你也可以将发泡酵头冷冻6个月，在需要使用的3天前将其放在冷藏室中解冻。当它解冻到可以使用以后（第二天），只留下½量杯并按照下面的说明喂养，扔掉其余的。第二天再喂养一次，得到4～6量杯发泡酵头，具体分量根据你的需要而定。第三天，你便会得到活性很强、马上可以使用的发泡酵头。当然，完全制作好面团还需要至少2天时间，按照配方中的说明操作即可。

发泡酵头 / 主酵头（Barm）

制作约 4 量杯（794 g）发泡酵头

原材料	重量	体积	百分比（%）
未增白的高筋面粉或面包粉	255 g（9 oz）	2 量杯（470 ml）	100
室温下的清水	255 g（9 oz）	1 量杯 2 大勺（265 ml）	100
酵种（第 216 页）	198 g（7 oz）	1 量杯（235 ml）	78
总计			278

将面粉、清水和酵种放在一个搅拌碗中混合（可以扔掉多余的酵种，或送给朋友，让他或她制作自己的发泡酵头，或最多冷藏保存 5 天以备之后使用），确保酵种分布均匀，所有的面粉都充分吸收了水分。它会成为一团湿润的、黏黏的海绵酵头，很像波兰酵头（第 92 页）。注意：如果你喜欢比较硬的主酵头，可以将清水的用量减小到 113 ~ 142 g，然后手工和面或者用电动搅拌机的钩形头搅拌。

将发泡酵头转移到干净的塑料、玻璃或陶瓷容器中，容器的大小至少应为发泡酵头体积的 2 倍。转移酵头时，不时地用手、抹刀或刮板蘸水，以免与发泡酵头粘在一起。用盖子或保鲜膜盖好容器，在室温下发酵 6 ~ 8 小时，或直至酵头起泡。保鲜膜和塑料盖子可能像气球一样鼓起来，一旦发生这种情况，就打开盖子或揭开保鲜膜将气排出（排气时最好屏住呼吸，否则二氧化碳和酒精的气味混合在一起会把你熏晕！）。重新盖好盖子或保鲜膜，将容器放在冷藏室中静置一夜，发泡酵头在进入休眠状态的同时会继续缓慢地发酵和膨胀。第二天发泡酵头就可以使用了，并且可以在 3 ~ 5 天内保持活力。之后，如果你需要用一半以上的发泡酵头，则需要按照下面的说明喂养酵头以使其焕发活力。

唤醒发泡酵头

■ 对发泡酵头来说，焕发活力的标准是体积至少增大 1 倍。不过，由于发泡酵头中的微生物可以消化掉大量喂养的物质，将新加入的面粉转化为新鲜的酵头，所以发泡酵头的重量最多可以变为原来的 4 倍。如果我想要制作酸味很浓的面包，就会在每次喂养时让酵头的体积增大 1 倍；如果我不想要酸味那么浓郁的面包，就会让它的体积变为原来的 3 ~ 4 倍。请记住，细菌发酵比酵母菌发酵需要的时间长，我们在喂养时稀释了细菌和天然酵母菌，但是天然酵母菌恢复原来浓度的速度比细菌快，从而制造出味道浓郁但不太酸的发酵的海绵酵头。不过，细菌的发酵速度会在冷藏至第二天或第三天赶上来，到那时，海绵酵头就会变得非常酸了（pH 值在 3.5 左右）。（注意：如果你觉得自己的酵头还不够酸，可以在喂养酵头时往其中添加 28 g 砂糖，它会使能够产生更多酸性物质的细菌加速生长。但是，你只有在用未加糖的酵头制作了一两个面包测试后才能用这一招。）

■ 了解在唤醒发泡酵头时发生的事情

是非常重要的。4～7天以后，如果酵头还没被唤醒的话，发泡酵头中的酸和蛋白酶会分解麸质，使原本坚韧、有弹性的海绵酵头缺乏蛋白质，变得像土豆汤一样。虽然仍然有很多活的微生物在发酵面团、产生味道，但是它们也会使面团变松弛。正因为如此，你在打算使用发泡酵头时，要提前3天或更短的时间（理想情况是提前1天）来唤醒它。如果你有很多发泡酵头，但是已经有一段时间没有喂养了，那么只需要留下1量杯（198 g）酵头，并且加入3½量杯（454 g）面粉和2量杯（454 g）清水（如果需要较硬的主酵头，就减小清水的用量）来唤醒这一杯酵头，然后搅拌，直到所有面粉都吸收了水分。

■　如果你定期使用并且按时喂养发泡酵头，就不需要扔掉它。但是，有些事是你不愿意去做的，比如取出1量杯发泡酵头来烘焙面包，然后用1量杯面粉和一些清水来喂养剩下的酵头。你必须确保剩余的发泡酵头在喂养后体积至少能增大1倍。为了做到这一点，你可以在唤醒酵头之前扔掉一部分，也可以送给别人一部分，或者干脆多用掉一些（记住，你要每隔3～5天喂养一次）。

■　如果在短期内你不打算使用发泡酵头，那么在唤醒酵头之前不要扔掉任何一部分，按照上面的说明（见第217页的"点评"）将它放在密封容器中冷藏或冷冻。冷冻的话不要用玻璃容器或陶瓷容器，而要把发泡酵头转移到喷过油的拉链袋或塑料容器中（因为酵头会产生气体并膨胀，所以需要给它留出足够的空间）。

■　如果可能的话，用高筋面粉唤醒发泡酵头（黑麦发泡酵头除外），因为它比面包粉的麸质含量高，更能经受酸和酶的分解。不过，用面包粉也可以，毕竟对家庭烘焙者来说高筋面粉不容易买到。

■　有两种唤醒酵头的办法，一种是称量出打算唤醒的发泡酵头，另一种是用肉眼估算。无论是哪种方法，只要能够使发泡酵头的体积增大1～3倍，就能保证主酵头是健康、有活力和无异味的。无异味就是没有产生其他味道，比如霉味或干酪味，它们是因发酵时间过长或者在温暖环境中发酵过度产生的，也就是我们所谓的"发酵味"，是乙醇和谷胱甘肽（一种酵母菌分解自身时释放的难闻的氨基酸）混合

发泡酵头（或者说主酵头）是一种和波兰酵头类似的、湿润的海绵酵头，而固体酵头跟意式酵头或法式面包面团的质地较为相似

的味道，它意味着有不好的细菌产生了或者酵母产生了过多的乙醇。

■ 称重的方法很简单：先称出发泡酵头的重量，然后算出能保证它的重量增大 1 倍、2 倍或 3 倍所需的面粉和水的用量（可以简单地按 1：1 的比例来计算）。因此，如果你打算将 454 g 发泡酵头喂养到 909 g，就加入 227 g 面粉（1¾ 量杯）和清水（1 量杯）。你也可以加入 680 g 面粉（5¼ 量杯）和清水（3 量杯），将它喂养到原来的 4 倍重。喂养的酵头越多，需要的发酵时间就越长，通常是 4 ～ 8 小时，具体时间取决于喂养的酵头的多少和开始喂养时发泡酵头的温度。如果使用的是刚刚从冷藏室中取出的发泡酵头，就需要将清水加热到 32 ℃，这样能够提高温度，加快发酵速度，但是不要加热酵头。如果酵头的发酵速度比较慢，温度维持在 18 ～ 24 ℃（或室温），那么这对于培养乳酸菌和醋酸菌等微生物是最有利的。

■ 当发泡酵头开始起泡的时候，将它放在冷藏室中静置一夜。理论上说，它在起泡以后就可以使用了，但我通常会将它冷藏一夜，因为我认为这样会使面包产生更加丰富的味道。无论如何，只要培养出了可以使用的发泡酵头，你就可以进入下一个阶段了。

基础酸面团面包 (Basic Sourdough Bread)

面包简况

普通面包，标准面团面包，间接面团面包，天然酵母面包

制作天数：2 或 3 天

第一天：制作固体酵头 5 小时。
第二天：固体酵头回温 1 小时；搅拌 15 ~ 17 分钟；拉伸—折叠、发酵、整形、醒发 5 ~ 8 小时；
烘焙 25 ~ 35 分钟（第二天或第三天）。

制作 2 个 680 g 的面包

原材料	重量	体积	百分比（%）
固体酵头（第一天）			
发泡酵头（主酵头，第 218 页）	113 g（4 oz）	²/₃ 量杯（157 ml）	88.3
未增白的高筋面粉	128 g（4.5 oz）	1 量杯（235 ml）	100
清水	28 ~ 57 g（1 ~ 2 oz）	2 ~ 4 大勺（30 ~ 60 ml）	22 ~ 44
总计			210.3 ~ 232.3
最终面团（第二天）			
未增白的高筋面粉或其他的面粉组合（第 223 页）	574 g（20.25 oz）	4¹/₂ 量杯（1058 ml）	100
食盐	14 g（0.5 oz）	2 小勺（10 ml）	2.44
固体酵头	约 269 g（9.5 oz）	所有的	47
温热的清水（32 ~ 38 ℃）	397 g（14 oz）	1³/₄ 量杯（411 ml）	69
用来做铺面的中筋面粉、高筋面粉、粗粒小麦粉或玉米粉			
总计			218.4

注：酵头中清水的用量大小取决于发泡酵头（主酵头）的干湿程度。如果有需要，按照说明调节清水的用量。

总面团配方和烘焙百分比

原材料	重量	百分比（%）
高筋面粉	709 g（25 oz）	100
食盐	12.5 g（0.44 oz）	1.9
（快速酵母粉，见第 223 页"优化方法"）		
清水	532 g（18.75 oz）	68.25
总计		170.15

1. 第一天：制作固体酵头。在制作前 1 小时，将发泡酵头从冷藏室中取出并称量。为了取出所需的用量，把一个容量为 ²/₃ 量杯的杯子浸湿，然后盛满发泡酵头（湿杯子更容易让酵头滑出来）。你也可以用电子秤称量。之后将酵头转移到一个小碗中，用毛巾或保鲜膜盖住碗口 1 小时，使其回温。

2. 往小碗中加面粉，与发泡酵头混合，再加入适量清水，能够将混合物和成小球、其质地大致与法式面包面团的相似即可(清水的用量由发泡酵头的干湿程度决定)。不需要和面太长时间，面粉全部吸收水分、发泡酵头分布均匀即可。在一个小碗中涂抹薄薄的一层油或向一个塑料袋中喷油，将酵头放在碗或袋子中，来回滚动使其沾满油，之后盖上碗盖或封闭袋口。

3. 在室温下发酵 4 ~ 6 小时，或直至酵头的体积至少变为原来的 2 倍。如果有必要，可以发酵更长时间，每小时检查一次。发酵好后，将酵头放在冷藏室中静置一夜。

4. 第二天：制作最终面团。在制作面团前 1 小时将固体酵头从冷藏室中取出，用切面刀或锯齿刀将它切成 10 份。向酵头喷油，用毛巾或保鲜膜盖好面团，静置 1 小时使其回温。

5. 在一个 4 qt 的搅拌碗（或电动搅拌机的碗）中，把面粉和食盐搅拌在一起，再加酵头和清水，用一把大金属勺搅拌（或用钩形头低速搅拌）至所有原材料大致形成球形。

6. 将面粉撒在工作台上（或使用第 49 页介绍的抹油法），将面团转移到工作台上，手工和面 8 ~ 10 分钟（或用钩形头中低速搅拌 4 分钟，静置 5 ~ 10 分钟后再搅拌 2 ~ 4 分钟），根据需要调节面粉和清水的用量。和好的面团应当结实而发黏，像法式面包面团一样。面团应该通过窗玻璃测试（第 50 页），温度应该为 25 ~ 27 ℃。在一个大碗中稍微涂抹一些油，将面团放在碗中来回滚动，使其沾满油，然后用保鲜膜盖住碗口。20 分钟后，拉伸－折叠面团（第 49 页），再放回碗中并用保鲜膜盖住碗口。再重复两次，之间间隔 20 分钟，每次拉伸－折叠后都要将面团放回碗中并盖好。

7. 在室温下发酵 3 ~ 4 小时，或直至面团的体积几乎增大 1 倍。

8. 从碗中取出面团，等分为 2 份（每份约 624 g），尽量不要让面团排气。小心地将面团整成球形、鱼雷形或法棍形（第 62 ~ 64 页）。

9. 醒发面团，可以将面团放在发酵篮或醒发碗中、发酵布上或者铺有烘焙纸并撒上粗粒小麦粉或玉米粉的烤盘（第 28 ~ 29 页）中。无论使用哪种工具，都要向暴露在外的面团喷油，再用毛巾或保鲜膜松松地盖住，或将面团放到保鲜袋中。这时，你既可以让面团醒发 2 ~ 4 小时，直到面团膨胀到原来的 1½ 倍左右大，也可以将面团冷藏一夜来延迟发酵。如果采用了延迟发酵的方法，就要在烘焙前 4 小时左右将面团从冷藏室中取出醒发。

10. 按照第 80 ~ 82 页的描述，准备烤箱用于炉火烘焙，在烤箱中放一个蒸汽烤盘以便制造蒸汽，然后将烤箱预热至 260 ℃。在烘焙前 10 分钟，小心地拿掉毛巾或保鲜膜，或将面团从保鲜袋中取出。

11. 在长柄木铲上或烤盘背面撒上大量面粉、粗粒小麦粉或玉米粉，小心地将面团转移到木铲上或烤盘背面，之后轻轻地将面团上面的毛巾或保鲜膜取下。（如果面团是在烤盘中醒发的，也可以不转移面团。）按照第 79 页的说明割包，然后将面团滑到烘焙石板上（或直接在烤盘上烘焙）。将 1 量杯热水倒入蒸汽烤盘，关闭烤箱门。30 秒以后，向烤箱四壁喷水，关闭烤箱门。每隔 30 秒喷 1 次，一共喷 3 次。最后一次喷水后，将烤箱的温度降至 232 ℃，继续烘焙 13 分钟。如果需要的话，将面包旋转 180° 以使其受热均匀，再烘焙 12 ~ 22 分钟，或直至面包烤熟。面包的中心温度应达到 96 ℃，整体呈深金棕色，敲打面包的底部能听到空洞的声音。

12. 将烤熟的面包转移到冷却架，至少冷却 45 分钟，然后切片或上桌。

点评

✳这款面团是按照"三次构建法"制作的：从

发泡酵头到固体酵头，再到最终面团。正如前文所述，这个方法可以发展成"四次构建法""五次构建法"或"六次构建法"，但是通过使用冷藏发酵（延迟发酵）技术，我们省略了中间的步骤，直接烘焙出了好吃的面包。✤我鼓励你改进这种方法，改良技术或配料，可以参考下面的"优化方法"来尝试更多方法——只有想不到，没有做不到。

优化方法

酸面团面包的原材料和制作方法的变化

有些面包师喜欢完全使用固体酵头，就连使用的主酵头也都是固体的。专业面包师很喜欢这样做，因为他们可以将固体酵头轻松地放入搅拌机中喂养或进行操作，这样比处理一大团湿酵头干净得多。我的一位烘焙朋友——伊塔卢马中央磨坊的基思·吉尔思托——将主酵头做成非常干硬的面团，就像贝果面团一样。这样不仅方便移动和操作（假设你有一个可以处理硬面团的搅拌机），并且能烘焙出更酸的面包，适合那些喜欢特别酸的味道的人。醋酸菌喜欢密闭的、空气少的环境，而乳酸菌喜欢发泡酵头这样湿润的海绵酵头。我发现家庭烘焙者喜欢保存湿润的海绵酵头，因为它比较容易喂养，量比较少，容易观察和了解动态。如果你想要制作固体酵头，只需要在喂养主酵头的时候将水的重量减小至面粉重量的50% ~ 60%，然后进行操作就可以了。

直接用发泡酵头制作最终面团也是不错的选择（只要你在制作前3天内唤醒了发泡酵头）。你需要减少最终面团中的水分来平衡发泡酵头中较高的含水量。另外，你也可以使用等量的发泡酵头制作固体酵头。

混合发酵技术中人工酵母的使用可以保证初发酵只需 $1\frac{1}{2}$ ~ 2 小时，醒发只需 1 ~ $1\frac{1}{2}$ 小时（面团的酸味也会比较淡），只需在最终面团中加 $1\frac{1}{2}$ 小勺（5 g）快速酵母粉即可。

你也可以使用其他种类的面粉，比如用全麦粉代替部分或全部的高筋面粉或面包粉。一款经典的法式发酵面包（French pain au levain）大约含有10%的全麦粉或全麦黑麦粉（或它们的组合——总量大约 $\frac{1}{2}$ 量杯 / 64 g）。

你也可以制作小麦黑麦面包（黑麦粉含量少于50%）或黑麦面包（黑麦粉含量多于50%），用无麸皮的黑麦粉或者它与全麦黑麦粉或裸麦黑麦粉的混合物来代替等量的黑麦粉。你既可以

在制作最终面团时也可以在制作固体酵头时进行这种替代（你也可以使用黑麦发泡酵头，见第228页的"100%酸面团黑麦面包"）。

你可以在面包中加很多配料，如烤大蒜，稍微烘烤过的核桃、葵花籽、山核桃或其他的坚果和种子，葡萄干和其他果脯，奶酪，等等。配料的标准用量约为最终面粉重量的40%。最好在搅拌的最后2分钟添加这些配料，这样可以防止它们被搅打得过碎。我一直很喜欢蓝纹干酪核桃面包，它含有25%的烤核桃和15% ~ 20%的蓝纹干酪碎（硬的，不是奶油状的），需要在和面的最后2分钟加入核桃，在和面的最后阶段——拉伸—折叠的过程中小心地加入蓝纹干酪。你可以将面团按平，在表面撒上 $\frac{1}{3}$ 的奶酪，然后将面团卷起来，再重复2次，直到加入了所有的奶酪。如果使用的是咸奶酪，如蓝纹干酪、费塔干酪或帕尔玛干酪，就将配方中食盐的用量减小25%（减到 $1\frac{1}{2}$ 小勺）。核桃中的油脂会将面团变成酒红色，核桃的味道也会渗透到整个面包之中。

熟土豆可以使面包的质地更加柔软，并丰富面包的味道，我们可以在制作最终面团时添加占面粉重量25%的土豆。

新鲜的香草可以用来调味，像添加蓝纹干酪一样用手将它们揉进面团。我们还可以使用干的香草和香料，如普罗旺斯香草、莳萝和牛至。但是不要过量使用，因为这些调料的味道非常浓郁。

无论是用天然酵母酵头，还是用它和人工酵母的混合物，抑或用等量的发泡酵头代替波兰酵头（这是直接用发泡酵头制作面团的好机会），我们都可以制作出乡村湿面团面包。制作最终面团时，你可以加人工酵母（也可以不加），借助于人工酵母加快发酵速度，使你能够按计划烘焙面包。

如果你制作的是纯天然酵母面包（完全不使用人工酵母），就必须让面团发酵 3 ~ 4 小时，再醒发 $1\frac{1}{2}$ 小时。你可以用这款面团制作任何种类的乡村面包，如夏巴达、普格利泽和佛卡夏。

纽约熟食店黑麦面包 (New York Deli Rye)

面包简况

营养面包，标准面团面包，间接面团面包，混合发酵面包

制作天数：2 天

第一天：制作黑麦海绵酵头 3 ~ 4 小时。

第二天：酵头回温 1 小时；搅拌 6 分钟；拉伸—折叠、发酵、整形、醒发约 5 小时；烘焙 50 ~ 60 分钟。

纽约熟食店黑麦面包切片（前边和右边）和粗黑麦面包切片（后边）

　　我是吃两款熟食店黑麦三明治长大的：一款夹着烤牛肉、鸡油和洋葱，另一款夹着咸牛肉、凉拌卷心菜和俄式调味酱。这两款三明治都离不开洋葱黑麦面包，否则就称不上完整。我们全家每个月至少会去两次"默里熟食店""贺米尔熟食店"或城市航线大街的篷车（熟食店还在那里，但是篷车早就没有了），而我总是在这两款三明治之间犹豫不决。我从没对它们腻烦过，在吃过很长一段时间的素食后，我的第一盘肉食大餐就是夹着咸牛肉、凉拌卷心菜和俄式调味酱的洋葱黑麦三明治。最近我控制了咸牛肉和鸡油的摄入量（这真让人伤心！），但是仍然很怀念这两款三明治。如果我手头有原材料，仍然会自己制作洋葱黑麦面包，享受这份乐趣。

制作 2 个 907 g 或 3 个 680 g 的面包

原材料	重量	体积	百分比（%）
黑麦海绵酵头（第一天）			
发泡酵头（主酵头，第 218 页）	198 g（7 oz）	1 量杯（235 ml）	154.7
无麸皮的黑麦粉	128 g（4.5 oz）	1 量杯（235 ml）	100
温热的清水（32 ~ 38 ℃）	113 g（4 oz）	½ 量杯（118 ml）	88.3
切成丁的黄洋葱或白洋葱	340 g（12 oz）	2 个中等大小的	266
植物油	28 g（1 oz）	2 大勺（30 ml）	22
最终面团（第二天）			
未增白的高筋面粉、面包粉或洗筋粉	454 g（16 oz）	3½ 量杯（823 ml）	78
无麸皮的黑麦粉	128 g（4.5 oz）	1 量杯（235 ml）	22
红糖	28 g（1 oz）	2 大勺（30 ml），压实	4.9
食盐	16 g（0.56 oz）	2¼ 小勺（11.3 ml）	2.7
快速酵母粉	6 g（0.22 oz）	2 小勺（10 ml）	1
葛缕子籽（可选）	6 g（0.22 oz）	2 小勺（10 ml）	1
植物油	28 g（1 oz）	2 大勺（30 ml）	4.9
温热的酪乳或牛奶（32 ~ 38 ℃）	227 g（8 oz）	1 量杯（235 ml）	39
室温下的清水（或按需添加）	113 g（4 oz）	½ 量杯（118 ml）	19.5
用来做铺面的面包粉、高筋面粉、粗粒小麦粉或玉米粉			
1 个蛋白，加入 1 小勺（5 ml）清水搅拌，直到起泡（可选）			
总计			173

总面团配方和烘焙百分比

原材料	重量	百分比（%）
高筋面粉或洗筋粉	553 g（19.5 oz）	68.5
黑麦粉	255 g（9 oz）	31.5
洋葱	340 g（12 oz）	42
植物油	56 g（2 oz）	7
食盐	16 g（0.56 oz）	2
红糖	28 g（1 oz）	3.5
快速酵母粉	6 g（0.22 oz）	0.7
葛缕子籽（可选）	6 g（0.22 oz）	（0.7）
清水	212 g（7.5 oz）	26
酪乳	227 g（8 oz）	28
总计		209.2（209.9）

1. 第一天：制作酵头。将发泡酵头、黑麦粉和清水放在小碗中搅拌，直到原材料混合均匀，呈海绵酵头状。盖上保鲜膜，放在一边备用。在锅中放油，用中火稍微炒一下洋葱，直到洋葱出水。将洋葱盛在一个碗中，晾至温热而不烫手，然后把洋葱搅拌进酵头里，重新盖好保鲜膜，在室温下发酵 3～4 小时，直至起泡，之后将酵头放在冰箱中静置一夜。

2. 第二天，在制作面团前 1 小时，将酵头从冰箱中取出回温。

3. 制作面团。在一个 4 qt 的搅拌碗(或电动搅拌机的碗)中，把面粉、红糖、食盐、酵母粉和葛缕子籽（如使用）搅拌在一起。然后加入黑麦海绵酵头（和洋葱一起）、植物油和酪乳（或牛奶），用一把大金属勺搅拌（或用钩形头低速搅拌），直到所有的原材料大致形成球形。再加入适量水，使所有的原材料混合在一起，形成柔软但不粘手的面团。静置 5 分钟，使麸质开始形成。

4. 将高筋面粉或面包粉撒在工作台上，将面团转移到工作台上，开始手工和面（或用钩形头中低速搅拌）。根据需要加入适量面粉，和出结实而稍微发黏的面团。尽量在 6 分钟内完成和面（机器和面 4～5 分钟），防止面团变得太黏。面团应该通过窗玻璃测试（第 50 页），温度应该为 25～27 ℃。在一个大碗中涂抹薄薄的一层油，将面团转移到碗中，来回滚动使面团沾满油，之后用保鲜膜盖住碗口。20分钟后，拉伸－折叠面团（第 49 页），再放回碗中并用保鲜膜盖住碗口。再重复 3次，之间间隔 20 分钟，每次拉伸－折叠后都要将面团放回碗中并盖好（拉伸－折叠总共用时 80 分钟）。

5. 在室温下发酵 1½～2 小时，或直至面团的体积增大 1 倍。

6. 将面团从碗中取出，等分成 2 或 3份（较大的面团约重 850 g，较小的面团约重 567 g），将它们整成三明治面包的形状（第 71 页）或鱼雷形（第 63 页）以便独立烘焙。如果使用吐司模烘焙的话，就在吐司模里涂抹少许油（小面包需要 22 cm×11.5 cm 的吐司模，大面包需要 23 cm×13 cm 的吐司模）。如果独立烘焙的话，在 1 ~ 2 个烤盘中铺上烘焙纸，撒上面粉、粗粒小麦粉或玉米粉，将整形过的面团放入烤盘，并向面团喷油。

7. 在室温下醒发约 1½ 小时，或直至面团的体积变为原来的 1½ 倍。放置在吐司模中的面团应该膨胀，顶部高出模具上边缘 2.5 cm。

8. 预热烤箱，用吐司模烘焙需要 177 ℃，独立烘焙需要 204 ℃，将烤架置于烤箱中层。在独立烘焙的面包表面刷蛋液，可以按照第 79 页的说明割包，也可以不割包。如果是用吐司模烘焙，可以刷也可以不刷蛋液。将吐司模放在一个烤盘中，然后将它们放到烤箱中（这样可以避免面包底部被烤焦）。

9. 烘焙 20 分钟，将烤盘旋转 180° 以使面包受热均匀，再烘焙 15 ~ 40 分钟，具体时间取决于面包的大小和形状。面包中心的温度应为 85 ~ 91 ℃，面包整体呈金棕色，敲打面包底部时应该能听到空洞的声音。

10. 将面包从烤盘或吐司模中取出，转移到冷却架上，在切片或上桌前至少冷却 1 小时。

点评

✽ 最好的黑麦面包是由天然酵母酵头和人工酵母混合发酵而成的。这样使用酵头不仅能让面包更好吃，还能优化面团的结构，因为酵头中的酸性物质能够抑制过于活跃的酶的活动，从而避免黑麦面包变得黏糊糊的。洋葱不是必须添加的，无论添加与否，面包的味道都棒极了，但是在我的回忆中，洋葱是地道的熟食店黑麦面包的一部分。大多数面包师都使用干洋葱，但是我喜欢使用略微炒过的新鲜洋葱。

✽ 有些人从来没吃过未添加葛缕子籽的黑麦面包，因此认为黑麦的味道就是葛缕子籽的味道。在这个配方中，葛缕子籽也不是必须添加的，我建议你根据自己的喜好选择是否添加。使用酪乳比使用牛奶的味道更好，但是如果你手头没有，也可以用全脂牛奶或低脂牛奶代替酪乳，或只用清水代替牛奶。

✽ 你可以按这个配方制作出熟食店玉米黑麦面包，只需要按照步骤操作，然后在整形好的面包上喷清水，把中度研磨或粗略研磨的玉米粉按进面包的顶部（或整个面包表面），这能够给面包带来很棒的玉米的味道！

100% 酸面团黑麦面包 (100% Sourdough Rye Bread)

面包简况

普通面包，标准面团面包，间接面团面包，天然酵母面包

制作天数：2 天（如使用延迟发酵技术，需要 3 天）

第一天：制作固体黑麦酵头和浸泡液 4 ~ 6 小时。

第二天：酵头回温 1 小时；搅拌 6 分钟；拉伸—折叠、发酵、整形、醒发 7 小时；烘焙 25 ~ 35 分钟。

现在有很多制作黑麦面包的配方，但是很少有用到 100% 黑麦面粉的。黑麦中有一种特殊的麸质，但是含量很少（只有 6% ~ 8%），如果不添加大量的高筋面粉或者纯面筋粉，就很难形成合格的面包心所必需的网状结构。但是，有很多人喜欢纯黑麦面包，还有一些人食用黑麦面包是因为他们可以接受这种面包的麸质，但是对小麦面包的麸质过敏。

酸面团黑麦面包中蕴含着很多知识。

黑麦粉含有较多的天然糖分和糊精，还含有戊聚糖，它能够提高蛋白质的强度和延展性。如果像制作小麦面包那样搅拌很长时间，它就会使面团变得很黏。另外，天然酵母酵头能够提供酸性环境，减缓酶在搅拌过程中分解糖的速度，同时促使适量的糖分在发酵过程中从谷物中释放出来。搅拌和发酵得当的话，面包就会是甘甜、滑腻的，并且很有嚼劲，和其他面包有很大的不同。

制作 2 个 454 g 的面包

原材料	重量	体积	百分比（%）
固体黑麦酵头			
发泡酵头（第 218 页）或黑麦发泡酵头（见"点评"）	99 g（3.5 oz）	½ 量杯（118 ml）	77.8
无麸皮的黑麦粉	128 g（4.5 oz）	1 量杯（235 ml）	100
室温下的清水	57 g（2 oz）	约 ¼ 量杯（59 ml）	44.5
总计			222.3
浸泡液（第一天）			
粗磨全麦黑麦粉（裸麦黑麦粉）或黑麦碎	57 g（2 oz）	½ 量杯（118 ml）	100
室温下的清水	113 g（4 oz）	½ 量杯（118 ml）	200
总计			300
最终面团（第二天）			
固体黑麦酵头	284 g（10 oz）	所有的	74.3
浸泡液	170 g（6 oz）	所有的	44.5
无麸皮的黑麦粉	382 g（13.5 oz）	3 量杯（705 ml）	100
食盐	11 g（0.38 oz）	1½ 小勺（7.5 ml）	2.9
葛缕子籽或其他种子（可选）	14 g（0.5 oz）	2 大勺（30 ml）	3.7
温热的清水（32 ~ 38 ℃）	170 g（6 oz）	¾ 量杯（176 ml）	44.5
用来做铺面的无麸皮的黑麦粉、粗磨全麦黑麦粉、粗粒小麦粉或玉米粉			
总计			269.9

总面团配方和烘焙百分比

原材料	重量	百分比（%）
高筋面粉或洗筋粉	50 g（1.75 oz）	8
无麸皮的黑麦粉	510 g（18 oz）	83
粗磨黑麦粉	57 g（2 oz）	9
食盐	11 g（0.38 oz）	1.8
葛缕子籽（可选）	14 g（0.5 oz）	（2.3）
清水	390 g（13.75 oz）	63.2
总计		165（167.3）

1. 第一天：制作黑麦酵头和浸泡液。制作酵头时，将发泡酵头和黑麦粉放在碗中混合，然后加入适量的水，将原材料混合成球形。在此期间动作要快，不需要让面团产生麸质，只需要使所有的面粉都吸收水分，形成粗糙而结实的面团即可。和好的面团应该比较结实，有一点儿发黏，但并不粘手，也不像海绵酵头。在碗中涂抹薄薄的一层油，将酵头转移到碗中，来回滚动使它沾满油，之后用保鲜膜盖好碗口。

2. 在室温下发酵 4 ～ 6 小时或更长时间，或直至面团的体积增大 1 倍（面团在膨胀以后会变得更加柔软和粘手），然后将面团放在冷藏室中静置一夜。

3. 同样在制作最终面团的前 1 天制作浸泡液。将粗磨黑麦粉和清水放在碗中混合，然后用保鲜膜盖住碗口，在室温下静置一夜。

4. 第二天：在制作面团前 1 小时将黑麦酵头从冷藏室中取出。用切面刀或锯齿刀将酵头分成 10 份，喷上油，再用毛巾或保鲜膜盖好，静置 1 小时，使酵头回温。

5. 制作最终面团。在一个 4 qt 的搅拌碗（或电动搅拌机的碗）中，把无麸皮的黑麦粉、食盐和种子搅拌在一起。再加入浸泡液和酵头，倒入足够的温水，用一把大金属勺将所有原材料搅拌成球形（或用桨形头低速搅拌）。如有必要，可以再加一些水。

6. 将无麸皮的黑麦粉或全麦黑麦粉撒在工作台上，将面团转移到工作台上。在面团上撒更多的黑麦粉，开始轻轻地和面（或用钩形头中速搅拌），直到所有的酵头都被揉进面团，形成一个发黏的球形面团。手工和面需要 5 ～ 6 分钟，机器和面需要 4 ～ 5 分钟。根据需要加入面粉（如果面团过硬的话，需要加入少量的水），然后将面团放在工作台上静置 5 分钟，之后折叠几次以完成和面。和好的面团的温度应为 25 ～ 27 ℃。（这款面团难以通过窗玻璃测试，因为它的麸质含量较低。）在一个大碗中涂抹薄薄的一层油，将面团转移到碗中，滚动面团使其沾满油，之后用保鲜膜盖住碗口。20 分钟后，拉伸－折叠面团（第 49 页），再放回碗中并用保鲜膜盖住碗口。再重复两次，之间间隔 20 分钟，每次拉伸－折叠后都要将面团放回碗中并盖好。

7. 发酵 3 ～ 4 小时，或直至面团的体积几乎增大 1 倍。

8. 将无麸皮的黑麦粉或全麦黑麦粉撒

在工作台上（或使用第 49 页介绍的抹油法），将面团转移到工作台上，尽量避免让它排气。将面团平均分为 2 份，轻轻地将它们整成鱼雷形（第 63 页）。在烤盘上铺烘焙纸，在烘焙纸上撒无麸皮的黑麦粉、全麦黑麦粉、粗粒小麦粉或玉米粉。然后将面团放在烤盘上，彼此至少相隔 10 cm。向面团喷油，用保鲜膜松松地盖好。

9. 将面团放在室温下醒发 2 小时，或将整个烤盘放入保鲜袋，然后马上转移到冷藏室中静置一夜。如果将面团冷藏一夜的话，就要在烘焙前 4 小时将烤盘从冰箱中取出，放在室温下醒发，或直至面团的体积变为原来的 1½ 倍。面团既会向上鼓起，也会向四周扩散。

10. 按照第 80 ~ 82 页的描述，准备烤箱用于炉火烘焙，在烤箱中预先放好一个空蒸汽烤盘。之后将烤箱预热至 260 ℃。将烤盘从保鲜袋中取出或去掉保鲜膜，敞开静置 5 分钟，然后按照第 79 页的说明割包。

11. 将烘焙纸和面团滑到烤盘背面或长柄木铲上，然后将它们转移到烘焙石板上（或直接在面团发酵的烤盘上烘焙）。将 1 量杯热水倒入蒸汽烤盘，关闭烤箱门。30 秒以后，向烤箱的四壁喷水，然后关闭烤箱门。每隔 30 秒喷 1 次，一共喷 3 次。最后一次喷水后，将烤箱的温度降至 218 ℃，烘焙 15 分钟。如果需要的话，就将面包旋转 180°以使其受热均匀，再烘焙 15 ~ 25 分钟，或直至面包烤熟。面包中心的温度需要达到 93 ℃，表皮应该是硬的并且有些粗糙（面包冷却之后，表皮会变软）。

12. 将面包转移到冷却架上，在切片或上桌之前至少冷却 1 小时。

点评

✽这款面包最好用多种黑麦粉制作，比如精细的无麸皮黑麦粉、粗磨全麦黑麦粉、裸麦黑麦粉甚至是黑麦碎（黑麦仁碎）。这个配方使用的是混合谷物，同时采用了与之相适应的浸泡法，从而提高了酶的活性。

✽如果你经常制作黑麦面包，那么除普通的发泡酵头之外，你还可以保存一份黑麦发泡酵头（主酵头）。你也可以将普通的发泡酵头转化成黑麦酵头，但是里面会含有一部分小麦粉。如果你想制作纯黑麦酵头，可以参见第 217 页的"点评"。

✽制作这款面包需要 3 天时间（或从第二天一早开始准备，晚餐时进行烘焙）。由于面团的麸质含量很低，面包心非常紧致，不像标准的炉火面包那样有大而不规则的洞。这款面团比法式面包的面团稍微柔软一些，但是不像夏巴塔或其他的乡村面包面团那样湿润。添加的水分促进了部分物理发酵（产生蒸汽），并以此促进了生物发酵（天然酵母发酵），这使做出的面包质地相对密实，保质期较长。

✽我们也可以用这个配方烘焙斯佩尔特面包（spelt bread）—— 一种麸质含量低的小麦面包（它的麸朊含量较低，而麸朊是麸质中可能使人过敏的部分），只需要在操作时用斯佩尔特小麦粉代替黑麦粉。

✽经常和黑麦面包搭配的有葛缕子籽、茴芹籽或其他种子，你可以任意选择。无论是否添加种子，这款面包都非常好吃。

普瓦拉纳面包 (Poilâne-Style Miche)

面包简况

普通面包，标准面团面包，间接面团面包，天然酵母面包

制作天数：2 天

第一天：制作固体酵头 4 ~ 6 小时。

第二天：酵头回温 1 小时；搅拌 15 分钟；拉伸—折叠、发酵、整形、醒发 5 ~ 8 小时；烘焙 55 ~ 65 分钟。

莱昂内尔·普瓦拉纳 2002 年死于直升机事故，此前他算得上是世界上最著名的面包师。他在巴黎的面包房（如今由他的女儿经营）只烘焙几个品种的面包，最著名的是一款圆形的乡村面包，重达 2 kg，由天然酵母发酵而成。他称其为大圆面包，但是其他人都将其称为普瓦拉纳面包。在我 1996 年认识普瓦拉纳时，他面包房中的每位面包师都由他亲自训练，他们负责从开始到完成的全过程，其中包括和面、烘焙、堆放自己所需的木柴和亲自烧火。普瓦拉纳教导他的学徒们既要能够按照配方烘焙，又要学会感受面团，所以他们使用的烤炉没有恒温器，面包师必须将手放在烤炉上或扔一张纸进去（观察纸张需要多长时间燃烧起来），以此判断烤炉什么时候预热好了。每天，普瓦拉纳都会从每批烘焙好的面包中选一个来点评，以此来了解学徒们的工作情况，因为那时他有将近 20 名学徒，而且大多数人在巴黎郊外他位于比耶夫尔的工厂工作。

普瓦拉纳的培训方法的要点在于对手工技艺的领悟，包括了解发酵的过程和保证原材料的质量。普瓦拉纳使用的是有机栽培的全麦面粉，筛去了部分麦麸，提取率为 85% ~ 90%（也就是说，多数麦麸仍然保留在面粉中）。烤出的面包质地密实，很有嚼劲，每咀嚼一下，都能感到它的味道在嘴里发生了改变。这款面包在室温下可以保存一周。

来自世界各地的面包朝圣者依然会去巴黎购买普瓦拉纳面包（还包括去马克思·普瓦拉纳的面包房，马克思是莱昂内尔的兄弟，能够烘焙出相似的面包）。我在参观位于巴黎谢尔什－米迪地区的普瓦拉纳面包房时，发现了一些非常吸引人的礼盒，里面还有案板和刀子。显而易见，许多访客会将这些礼盒寄给家人和朋友。有句话说得好，一个人会因为对技艺的执着而给人留下深刻的印象。这句话在法国也成立，而这里的"技艺"指的就是面包烘焙技艺。

下面这个普瓦拉纳面包的配方使用了长时间发酵的方法和"三次构建法"（制作发泡酵头是"第一次构建"），并创造性地用普通的厨房用碗代替了不容易买到的、普瓦拉纳使用的发酵篮。在烘焙中，需求是发明创造的动力，家庭厨房通常会被改造成小规模的面包房。

制作 1 个大的圆形乡村面包或 2 ~ 3 个小的圆面包

原材料	重量	体积	百分比（%）
固体酵头			
发泡酵头（主酵头，第 218 页）	198 g（7 oz）	1 量杯（235 ml）	77.7
过筛的中度研磨全麦面粉（见"点评"），或高提取率面粉	255 g（9 oz）	2 量杯（470 ml）	100
室温下的清水	113 g（4 oz）	约 ½ 量杯（118 ml）	44.3
总计			222
最终面团			
过筛的中度研磨全麦面粉，或高提取率面粉	907 g（32 oz）	7 量杯（1645 ml）	100
食盐，也可以用 2 大勺（30 ml）粗海盐代替	23 g（0.81 oz）	3¼ 小勺（16.3 ml）	2.5
固体酵头	566 g（20 oz）	所有的	62.4
温热的清水（32 ~ 38 ℃）	454 ~ 624 g（16 ~ 22 oz）	2 ~ 2¾ 量杯（470 ~ 646 ml）	56 ~ 69
用来做铺面的高筋面粉、粗粒小麦粉或玉米粉			
总计			220.9 ~ 233.9

总面团配方和烘焙百分比

原材料	重量	百分比（%）
过筛的全麦面粉、高提取率面粉或两者的混合	1006 g（35.5 oz）	100
食盐	23 g（0.81 oz）	2.3
清水	780 g（27.5 oz）	77.5
总计		179.8

1. 在制作面包的前 1 天制作固体酵头。将发泡酵头、面粉和足量的水放在一个 4 qt 的搅拌碗中，用一把大金属勺将它们搅拌成一个结实的球。然后在工作台上撒面粉，将面团转移到工作台上。和面大约 3 分钟，或直至所有面粉充分吸收水分、所有原材料分布均匀。在碗中涂抹薄薄的一层油，将酵头转移到碗中，来回滚动使其沾满油，之后用保鲜膜盖好碗口。

2. 在室温下发酵 4 ~ 8 小时，或直至酵头的体积增大 1 倍，之后将其冷藏一夜。

3. 在制作面团前 1 小时将酵头从冷藏室中取出，用切面刀或锯齿刀分成 12 份。向酵头喷油，用毛巾或保鲜膜盖住，静置 1 小时，使其回温。

4. 这款面团对大多数家用搅拌机来说太大了，因此需要手工和面。将面粉、食盐和酵头放在一个大搅拌碗中，加入 2 ~ 2¼ 量杯（454 ~ 510 g）或更多的清水，用一把大金属勺搅拌，使所有原材料形成一个柔软的球。在搅拌过程中，根据需要调节面粉和水的用量。

5. 将面粉撒在工作台上，将面团转移到工作台上。和面大约 10 分钟，根据需要继续调节面粉和清水的用量，直到面团柔软、发黏但不粘手。所有的原材料应在面团中分布均匀，面团应该通过窗玻璃测试

（第 50 页），温度为 25 ~ 27 ℃。在一个碗中涂抹薄薄的一层油，将面团转移到碗中，来回滚动面团使其沾满油，之后用保鲜膜盖住碗口。20 分钟后，拉伸-折叠面团（第 49 页），再放回碗中并用保鲜膜盖住碗口。再重复两次，之间间隔 20 分钟，每次拉伸-折叠后都要将面团放回碗中并盖好。

6. 在室温下发酵 3 ~ 4 小时，或直至面团的体积几乎增大 1 倍。

7. 将面团转移到工作台上，轻轻地将面团整成球形（第 62 页），然后将其放在发酵篮或者一个大醒发碗中醒发，醒发碗要大到能够容纳膨胀 1 倍后的面团（第 30 页）。要让面团有接缝的一面向下，之后向面团暴露在外的部分喷油，再用布或保鲜膜盖住面团。

8. 把面团放在室温下醒发 2 ~ 3 小时，或直至面团的体积增大到原来的 1½ 倍；也可以将面团冷藏一夜来延迟发酵。如果延迟发酵的话，需要在烘焙前 4 小时将面团从冷藏室中取出，让它回温。

9. 按照第 80 ~ 82 页的描述，准备烤箱用于炉火烘焙，在烤箱中预备一个空蒸汽烤盘，然后将烤箱预热至 260 ℃。在烘焙前 10 分钟，小心地取下面团上面的那一层布或保鲜膜。

10. 在长柄木铲上或烤盘背面撒大量

给普瓦拉纳面包面团割包

面粉、粗粒小麦粉或玉米粉，轻轻地将面团倒到长柄木铲或烤盘背面，再小心地将垫在面团下面的布揭下来（如果使用的话）。然后如上图所示割出大大的"井"字。割包后，将面团滑到烘焙石板上（或直接在烤盘上烘焙）。将1量杯热水倒在蒸汽烤盘中，关闭烤箱门，马上将烤箱的温度降至232℃。25分钟以后，将面包旋转180°，将烤箱的温度降至218℃，继续烘焙30～40分钟，或直到面包的中心温度达到93℃。面包的颜色应当为深棕色，如果在面包中心达到需要的温度之前，面包底部的颜色已经过深的话，就将一个翻转过来的烤盘放在面包下面以保护面包的底部。同理，如果面包顶部的颜色过深的话，就将一张铝箔纸盖在面包上以阻隔热量。

11. 将烤好的面包转移到冷却架上，在切片或上桌之前至少冷却2小时。面包放在棕色的纸袋中可以保存5～7天。

点评

✳ 在家制作普瓦拉纳面包时，你可以将中度研磨的全麦面粉筛一下，使其接近普瓦拉纳面包所使用的高提取率的全麦面粉。我们最好选择用硬质春小麦或冬小麦磨的面粉，或选择麸质含量在11.5%～13%的高筋面粉，并将它们过筛。最好不要使用普通的（磨得比较细的）全麦面粉，因为多数麦麸会直接通过筛子。一种方法是使用中度研磨的面粉，这样小一些的麦麸和胚芽会通过筛子，而大一些的会留下来，筛出来的麸皮可以用来制作杂粮面包或添加到白面粉中制作乡村面包。另一种方法是将1/2的全麦面粉和1/2的高筋面粉混合（或将1/3的全麦面粉和2/3的高筋面粉混合，这都由你决定），凡是配方中提到过筛的全麦面粉，都可以按这个比例组合。（注：现在也可以通过邮购的方式从"亚瑟王面粉""中央磨坊"或其他面粉厂订购高提取率面粉。这种面粉有时被称作 85号面粉。）

✳ 普瓦拉纳坚持在他的面包中使用诺曼底灰海盐，他认为这会使面包的味道与众不同。如果你能够买到这种盐，不妨尝试一下；如果不能，使用任何盐都可以。记住，盐越粗糙，1勺的重量就越小，所以1小勺精制食盐几乎相当于2小勺粗海盐或犹太盐。

✳ 许多尝试过这个配方的人都认为，按配方制作的面包太大了，他们的烤箱难以容纳。因此，你也可以将面团切分为2份甚至3份——或许我们应该称其为小普瓦拉纳面包——同时减少烘焙时间，但不要降低烘焙温度。分量较小的面团可以用家用电动搅拌机搅拌。

✳ 据普瓦拉纳所说，这款面包在烘焙后的第二天或第三天味道最佳。而我喜欢在面包出炉3小时后享用，那种味道简直是妙不可言。

粗黑麦面包 (Pumpernickel Bread)

面包简况

营养面包，标准面团面包，间接面团面包，混合发酵面包

制作天数：2 天

第一天：制作黑麦酵头 4 ~ 5 小时。

第二天：酵头回温 1 小时；搅拌 6 分钟；拉伸—折叠、发酵、整形、醒发 $4\frac{1}{2}$ 小时；烘焙 30 ~ 70 分钟。

20 年来，我一直对各种各样的黑麦面包充满兴趣。逐一烘焙后，我觉得只有粗黑麦面包才是真正的黑麦面包。粗黑麦面包的种类数不胜数，很多美国人认为这个名称指的只是"用焦糖上色的黑麦面包"，但它真正指的是用粗磨的全麦黑麦粉制作的面包。有些版本的黑麦面包非常密实（虽然下面这个并不是这样），切片的时候需要切得非常薄，我称其为混合黑麦面包。有些人狂热地喜爱这种密实的黑麦面包，但是这类人在美国人中只占很少的一部分。在东欧的一些村庄里，制作这款面包时需要在面团中添加陈面包屑，这样能极大地改善面包的质地。在下面这个配方中，加或不加黑麦面包屑都可以，不过这是一种消耗陈面包的好方法。

制作 2 个 454 g 的面包

原材料	重量	体积	百分比（%）
黑麦酵头（第一天）			
发泡酵头（主酵头，第 218 页）	198 g（7 oz）	1 量杯（235 ml）	165
粗磨全麦黑麦粉或裸麦黑麦粉	120 g（4.25 oz）	1 量杯（235 ml）	100
室温下的清水	170 g（6 oz）	¾ 量杯（176 ml）	141.7
总计			406.1
最终面团（第二天）			
未增白的高筋面粉、洗筋粉或面包粉	255 g（9 oz）	2 量杯（470 ml）	100
红糖	28 g（1 oz）	2 大勺（30 ml）	11
可可粉、角豆荚粉、速溶咖啡粉	14 g（0.5 oz）	1 大勺（15 ml）	5.5
或液态焦糖色素	7 g（0.25 oz）	1 小勺（5 ml）	(2.3)
食盐	11 g（0.38 oz）	1½ 小勺（7.5 ml）	4.3
快速酵母粉	4 g（0.14 oz）	1¼ 小勺（6.3 ml）	1.6
黑麦酵头	488 g（17.25 oz）	所有的	191.4
干的或新鲜的面包屑，最好是黑麦面包屑（可选）	113 g（4 oz）	¾ ~ 1 量杯（176 ~ 235 ml）	44.3
植物油	28 g（1 oz）	2 大勺（30 ml）	11
室温下的清水	57 g（2 oz）	约 ¼ 量杯（58.8 ml）	22.3
用来做铺面的粗磨黑麦粉、粗粒小麦粉或玉米粉，制作独立烘焙的面包时使用			
总计			391.4（388.2）

总面团配方和烘焙百分比

原材料	重量	百分比（%）
高筋面粉、洗筋粉或面包粉	354 g（12.5 oz）	75
粗磨黑麦粉	120 g（4.25 oz）	25
食盐	11 g（0.38 oz）	2.3
红糖	28 g（1 oz）	5.9
快速酵母粉	4 g（0.14 oz）	0.8
可可粉、角豆荚粉或速溶咖啡粉	14 g（0.5 oz）	1
或焦糖色素	7 g（0.25 oz）	（0.5）
植物油	28 g（1 oz）	5.9
面包屑	112 g（4 oz）	23.6
清水	326 g（11.5 oz）	68.8
总计		208.3（207.8）

1. 第一天：制作黑麦酵头。将发泡酵头、黑麦粉和清水放在一个碗中，制作出湿润的糨糊状的发泡酵头。然后用保鲜膜盖住碗口，在室温下发酵 4～8 小时，或直至酵头开始起泡，然后马上将它放入冷藏室冷藏一夜。

2. 第二天：在制作面团前 1 小时将黑麦酵头从冷藏室中取出，使其回温。

3. 制作面团。将面粉、糖、可可粉（或其他粉末、液态色素）、食盐和酵母粉放在一个 4 qt 的搅拌碗（或电动搅拌机的碗）中，再加入黑麦酵头、面包屑和油，将所有原材料大致搅拌成一个球（或用桨形头低速搅拌）。如果面团太干，就加入一些清水；如果面团看起来过于湿润，就加入一些高筋面粉。

4. 将面粉撒在工作台上，将面团转移到工作台上。和面约 6 分钟（或用钩形头低速搅拌 4～5 分钟），根据需要加入面粉，制作出柔软、光滑的面团。（注意：如果搅拌时间过长，黑麦面包就会变得很黏，所以尽量在搅拌的前期调节水或面粉的用量，使搅拌或和面的时间减至最少。）和好的面团应该发黏而不粘手并且通过窗玻璃测试（第 50 页），温度为 25～27 ℃。在一个大碗中涂抹薄薄的一层油，将面团转移到碗中，来回滚动面团使其沾满油，然后用保鲜膜盖住碗口。20 分钟后，拉伸和折叠面团（第 49 页），再放回碗中并用保鲜膜盖住碗口。再重复两次，之间间隔 20 分钟，每次拉伸－折叠后都要将面团放回碗中并盖好。

5. 在室温下发酵约 2 小时，或直至面团的体积几乎增大 1 倍。

6. 在工作台上撒少量面粉，将面团转移到工作台上，尽量避免让面团排气。把面团等分为 2 份，将它们整成球形或鱼雷形（第 62～63 页）以便独立烘焙，或整成三明治面包的形状（第 71 页）以便在吐司模中烘焙。在 1 个大烤盘中铺烘焙纸，撒上玉米粉、粗粒小麦粉或黑麦粉，或在 2 个 22 cm×11.5 cm 的吐司模中涂抹少许油。然后将面团转移到烤盘或吐司模中，向面团表面喷油，然后用保鲜膜或毛巾松松地盖住面团。

7. 将面团放在室温下醒发约 1¹⁄₂ 小时，或直至面团顶部高出模具上边缘 2.5 cm，独立烘焙的面团的体积应该增大为原来的 1¹⁄₂ 倍。

8. 如果制作独立烘焙的面包，就按照第 80 ~ 82 页的描述，准备烤箱用于炉火烘焙。在烤箱中预备一个空蒸汽烤盘，将烤箱预热至 232 ℃，然后按照第 79 页的说明割包。如果用吐司模烘焙，就将烤箱预热至 177 ℃，将烤架置于烤箱中层，将吐司模放在烤盘上。

9. 如果制作独立烘焙的面包，就将面团转移到烘焙石板上（或直接在烤盘上烘焙）。将 1 量杯热水倒在蒸汽烤盘中，关闭烤箱门。30 秒后，打开烤箱门，向烤箱四壁喷水，然后关闭烤箱门。每隔 30 秒喷 1 次，一共喷 3 次。最后一次喷水之后，将烤箱的温度降至 200 ℃，继续烘焙 15 ~ 30 分钟。检查面包，如果需要的话，就将面包旋转 180° 以使其受热均匀。烤熟的面包内部温度应该达到 93 ℃，轻敲面包的底部应该能听到空洞的声音。如果放在吐司模中烘焙，就将烤盘和吐司模一起放入烤箱中。烘焙 20 分钟，然后将烤盘旋转 180° 以使面包受热均匀，继续烘焙 20 ~ 30 分钟或直至面包的内部温度为

88 ~ 91 ℃，轻敲面包的底部应该能听到空洞的声音。

10. 将烤熟的面包从烤盘或吐司模中取出，放在冷却架上至少冷却 1 小时，然后切片或上桌。

点评

✿ 这个配方使用的是天然酵母酵头和人工酵母混合发酵的方法。天然酵母酵头既能够使面团发酵又能够作为浸泡液，可以在很大程度上丰富面包的味道；人工酵母能够保证最后的膨胀成功，并减少酸味。如果你喜欢味道偏酸的面包，可以不添加快速酵母粉，直接按照第 221 ~ 223 页的基础酸面团面包的配方，通过长时间发酵来制作面团。

✿ 我们将黑麦粉变成黑麦酵头，以此来使黑麦粉变酸。这样做不仅能够唤醒酶的活力，改善面包的味道，还可以使黑麦更容易被人体消化。虽然并非所有的黑麦面包都经过这样的处理，但这是一条通用原则，即通过人工酵母来实现最终发酵，通过使用酸性酵头来改善味道。

✿ 可可粉是这款面包的传统上色剂，但是你也可以用原材料表中列出的其他上色剂代替它，也可以完全不添加上色剂。

葵花籽黑麦面包 (Sunflower Seed Rye)

面包简况

普通面包，标准面团面包，间接面团面包，混合发酵面包

制作天数：2 天

第一天：制作浸泡液和固体酵头 4 ~ 5 小时。

第二天：固体酵头回温 1 小时;搅拌 6 分钟;拉伸—折叠、发酵、整形、醒发 3¹/₂ ~ 4 小时;烘焙 25 ~ 35 分钟。

我喜欢含有葵花籽的食物，这款面包中恰好充满了葵花籽。葵花籽营养丰富，味道可口，而且非常"忠诚"——它余味悠长，我们在吃完面包很长时间以后还能感觉到它的味道。这个配方是 1995 年克雷格·庞斯福德和他的面包制作世界杯团队使用的配方的改良版，用固体天然酵母酵头代替了中种面团。这款面团需要使用酵头、人工酵母和浸泡液，因此做起来比较费事，但是它的味道值得我们付出这样的努力。

制作 2 个 454 g 的面包

原材料	重量	体积	百分比（%）
浸泡液（第一天）			
粗磨全麦黑麦粉、裸麦黑麦粉或黑麦粉	160 g（5.65 oz）	1¹/₃ 量杯（313 ml）	100
室温下的清水	170 g（6 oz）	³/₄ 量杯（176 ml）	106.25
总计			206.25
面团（第二天）			
固体酵头（基础酸面团面包，第 221 页）	156 g（5.5 oz）	1 量杯（235 ml）	61
未增白的高筋面粉或面包粉	255 g（9 oz）	2 量杯（470 ml）	100
食盐	11 g（0.38 oz）	1¹/₂ 小勺（7.5 ml）	4.3
快速酵母粉	4 g（0.14 oz）	1¹/₄ 小勺（6.3 ml）	1.6
浸泡液	330 g（11.65 oz）	所有的	129.4
温热的清水（32 ~ 38 ℃）	113 ~ 170 g（4 ~ 6 oz）	¹/₂ ~ ³/₄ 量杯（118 ~ 176 ml）	44 ~ 66.7
烤过的葵花籽	57 g（2 oz）	¹/₂ 量杯（117.5 ml）	22.2
用来做铺面的高筋面粉、面包粉、粗粒小麦粉或玉米粉			
总计			362.5 ~ 385.2

总面团配方和烘焙百分比

原材料	重量	百分比（%）
高筋面粉或面包粉	347 g（12.25 oz）	68.5
粗磨黑麦粉	160 g（5.65 oz）	31.5
食盐	11 g（0.38 oz）	2.2
快速酵母粉	4 g（0.11 oz）	0.8
葵花籽	57 g（2 oz）	11.2
清水	404 g（14.25 oz）	80
总计		194.2

1. 第一天：制作浸泡液。将粗磨全麦黑麦粉和清水放在一个小碗中混合，黑麦粉会迅速吸收水分，完全变湿。用保鲜膜盖住碗口，在室温下静置一夜。

2. 在烘焙面包前 1 天（或最多提前 3 天），按照基础酸面团面包的配方制作固体酵头，但是只制作 ¹/₂ 份。

3. 第二天：在制作面团前 1 小时将酵头从冷藏室中取出。在工作台上撒少量面粉，将酵头转移到工作台上，用切面刀或锯齿刀切成 8 ~ 10 份并喷油，然后用毛巾或保鲜膜盖好，静置 1 小时使其回温。

4. 制作面团，将高筋面粉或面包粉、食盐和酵母粉放在一个 4 qt 的搅拌碗（或电动搅拌机的碗）中搅拌，再加入浸泡液和酵头，然后慢慢加入清水，用一把大金属勺继续搅拌（或用钩形头低速搅拌），直到所有原材料形成一个柔软的球。

5. 在工作台上撒面粉，将面团转移到工作台上，开始手工和面（或用钩形头中速搅拌）。根据需要加入高筋面粉（不要用黑麦粉），和成柔软、光滑、发黏但不粘手的面团。无论怎样和面，都尽量在 4 分钟内完成，否则黑麦面团会变得很黏。在接下来的 2 分钟内分次加入葵花籽并揉入面团。和面的总时长最好不要超过 7 分钟，和好的面团应该通过窗玻璃测试（第 50 页），温度为 25 ~ 27 ℃。如果温度没有达到 25 ℃，也不要再和面了，而要让面团发酵更长时间。在一个大碗中涂抹少许油，将面团转移到碗中，来回滚动面团使其沾满油，然后用保鲜膜盖住碗口。30 分钟后，将面团放在抹了少许油的工作台上，拉伸 - 折叠面团（第 49 页），再放回碗中并盖住碗口。30 分钟后再拉伸 - 折叠一次，再将面团放回碗中并盖好。

6. 将面团放在室温下发酵 1 1/2 小时，或直至面团的体积几乎增大 1 倍。

7. 在工作台上撒面粉，小心地将面团转移到工作台上，尽量避免让面团排气。将面团等分为 2 份，按照第 62 页的说明轻轻地将它们整成球形。在工作台上静置 5 分钟后，将球形面团整成王冠形（第 65 页）。

然后将面团转移到铺有烘焙纸并喷过油的烤盘中，或按照第 28 ~ 29 页介绍的方法发酵。向面团喷油，然后用保鲜膜或毛巾松松地盖住面团。

8. 将面团在室温下醒发 1 ~ 1 1/2 小时，或直至面团的体积变为原来的 1 1/2 倍。

9. 按照第 80 ~ 82 页的描述，准备烤箱用于炉火烘焙，在烤箱中预备一个空蒸汽烤盘，然后将烤箱预热至 260 ℃。

10. 在长柄木铲或烤盘背面撒大量面粉或玉米粉，轻轻地将面团转移到长柄木铲或烤盘背面，再将面团滑到烘焙石板上面（或直接在烤盘上烘焙）。将 1 量杯热水倒在蒸汽烤盘中，关闭烤箱门。30 秒以后，打开烤箱门，向烤箱四壁喷水，再关闭烤箱门。每隔 30 秒喷 1 次，一共喷 3 次。最后一次喷水之后，将烤箱的温度降至 232 ℃，烘焙 10 分钟。查看面包，如果需要的话，将面包旋转 180° 以使其受热均匀。然后将烤箱的温度降至 218 ℃，继续烘焙 15 ~ 25 分钟，直到面包呈金棕色，内部温度至少达到 93 ℃。

11. 将面包从烤箱中取出，放在冷却架上至少冷却 1 小时，然后切片或上桌。

点评

✱ 你可以用发泡酵头代替固体酵头，但在制作最终面团时不要忘记减小水的用量。

史多伦
(Stollen)

面包简况

浓郁型面包，标准面团面包，间接面团面包，人工酵母面包

制作天数：2 天

第一天：浸泡水果干。

第二天：制作海绵酵头 1 小时；搅拌 20 分钟；发酵、整形和醒发 2 小时；烘焙 50 ~ 70 分钟。

在看欧洲节日面包，如潘妮托尼、史多伦、希腊复活节面包（tsoureki）和希腊宗教节日面包的配方时，你会发现它们似乎是有关联的——它们通常使用的原材料相似，脂肪和糖分的比例也相似，它们的主要区别一般在于整形方法和面包的历史象征意义。但是，如果我们将这个想法告诉吃着上述任何一款面包长大的人，就会遇到麻烦。我曾经按照一个适用于各种节日面包的配方烘焙史多伦、潘妮托尼和俄罗斯复活节面包（Russian Easter Bread），然后请一群厨师品尝，并向他们解释了我的"面包相似"理论。随后，其中的一位美国厨师告诉我，我这样做冒犯了一些吃着史多伦长大的德国人，他们坚持认为史多伦和潘妮托尼是完全不同的。

因此，我要控制住将这个配方称为"全功能节日面包配方"的想法（虽然我用它制作了很多种节日面包），而只将它称作德累斯顿史多伦。

德累斯顿被认为是这款传统圣诞面包的发源地。这款面包象征襁褓中的耶稣，色彩丰富的水果代表了东方三博士的礼物。几乎和所有的节日面包一样，这款面包背后的故事有重要的文化意义，而面包是父母向孩子传播传统文化的媒介之一。当这些故事伴随着记忆中的某种特定食物的味道一起出现时，它会比说教式的讲述更令人印象深刻。我想，这就是我说史多伦和潘妮托尼非常相似而冒犯了那些德国人的原因——它们或许在味道和用料上很相似，但是在文化意义上相去甚远。

制作 1 个大史多伦或 2 个小史多伦

原材料	重量	体积	百分比（%）
水果混合物（第一天）			
金色葡萄干，再准备一些撒在最终面团上	170 g（6 oz）	1 量杯（235 ml）	/
混合蜜饯，再准备一些撒在最终面团上	170 g（6 oz）	1 量杯（235 ml）	/
白兰地、朗姆酒或德国烈性酒	113 g（4 oz）	½ 量杯（117.5 ml）	/
橙子香精或柠檬香精	14 g（0.5 oz）	1 大勺（15 ml）	/
总计			/

（续表）

海绵酵头（第二天）			
全脂牛奶	113 g（4 oz）	½ 量杯（118 ml）	32.5
未增白的中筋面粉	64 g（2.25 oz）	½ 量杯（118 ml）	18.4
快速酵母粉	12.5 g（0.44 oz）	4 小勺（20 ml）	3.6
面团（第二天）			
未增白的中筋面粉	284 g（10 oz）	2¼ 量杯（529 ml）	81.6
砂糖	14 g（0.5 oz）	1 大勺（15 ml）	4
食盐	5 g（0.19 oz）	¾ 小勺（3.8 ml）	1.58
橙子皮屑（可选）	3 g（0.11 oz）	1 小勺（5 ml）	0.85
柠檬皮屑（可选）	3 g（0.11 oz）	1 小勺（5 ml）	0.85
肉桂粉	7 g（0.25 oz）	1 小勺（5 ml）	2
鸡蛋	47 g（1.65 oz）	1 个大号的	13.5
室温下的无盐黄油	71 g（2.5 oz）	5 大勺（75 ml）	20.4
室温下的清水	57 g（2 oz）	约 ¼ 量杯（58.8 ml）	16.4
水果混合物	476 g（16.5 oz）	所有的	134.2
烫过、去皮、切碎的杏仁（或杏仁膏，见"点评"）57 g（2 oz）		½ 量杯（117.5 ml）	/
用来做装饰的植物油或熔化的无盐黄油			
用来做装饰的糖粉			
总计			329.9

总面团配方和烘焙百分比

原材料	重量	百分比（%）
中筋面粉	348 g（12.25 oz）	100
食盐	5.5 g（0.19 oz）	1.6
砂糖	14 g（0.5 oz）	4
肉桂粉	7 g（0.25 oz）	2
快速酵母粉	12.5 g（0.44 oz）	3.6
橙子皮屑和柠檬皮屑	6 g（0.22 oz）	1.7
葡萄干	170 g（6 oz）	49
混合蜜饯	170 g（6 oz）	49
清水	532 g（18.75 oz）	16.4
牛奶	113 g（4 oz）	32.5
黄油	71 g（2.5 oz）	20
鸡蛋	47 g（1.65 oz）	13.5
白兰地或利口酒	113 g（4 oz）	32.5
柠檬香精或橙子香精	14 g（0.5 oz）	4
总计		329.8

1. 第一天：将葡萄干、混合蜜饯、白兰地和橙子香精搅拌均匀，盖好，放在室温下静置一夜。

2. 第二天：制作海绵酵头。将牛奶加热至 38 ℃左右，关火，加入面粉和酵母粉搅拌成面糊。用保鲜膜盖好，发酵 1 小时，或直至海绵酵头起泡、轻敲会塌陷的程度。

3. 制作面团。在一个 4 qt 的搅拌碗（或电动搅拌机的碗）中，将面粉、砂糖、食盐、橙子皮屑、柠檬皮屑和肉桂粉搅拌在一起，再加入海绵酵头、鸡蛋、黄油和足够的清水，继续搅拌（或用桨形头低速搅拌），制作一个柔软但不粘手的球形面团，这大约需要 2 分钟。面团成形后，盖住碗口，静置 10 分钟。

4. 加入水果混合物，用手拌匀（或用桨形头低速搅拌均匀）。

史多伦上撒了大量糖粉，和它后面的潘妮托尼使用的是同一种面团

5. 将面粉撒在工作台上（或使用第49页介绍的抹油法），将面团转移到工作台上，开始和面（或用钩形头中低速搅拌），使水果均匀地分布在面团中。需要的话，可以多加一些面粉。和面4～6分钟（机器和面4分钟），和好的面团应该柔软、光滑、发黏但不粘手。在一个大碗中涂抹薄薄的一层油，将面团转移到碗中，来回滚动面团使其沾满油，然后用保鲜膜盖住碗口。

6. 让面团在室温下发酵约45分钟。面团会膨胀，但不会膨胀到原来的2倍大。

7. 在工作台上撒少量面粉（或抹油），将面团转移到工作台上。如果制作2个面包，则将面团分成2份。可按照以下方法整形。方法一：将面团擀成23 cm×15 cm的长方形（制作小面包则擀成18 cm×13 cm的长方形），将切碎的杏仁和额外的水果干（用量由你的喜好决定）撒在面团上（或添加大量杏仁膏），然后将面团整成鱼雷形（第63页），用手掌边缘按压面团，封住接缝。或按方法二整形（可选）。

8. 将烘焙纸铺在烤盘中，将史多伦面

史多伦的整形，方法二

这种整形方法使面包看起来非常像"马槽中的褓褓"。用双手将面团整成厚厚的长方形，大小约为20 cm×10 cm（做小面包的话，大小约为13 cm×8 cm），在上面撒面粉。（A）在面团上撒杏仁碎和额外的水果干。（B）用小号擀面杖按压长方形的中间，把中间部分擀薄，上下两边各留出2.5 cm的厚边，其厚度保持不变。新长方形的大小为30.5 cm×15 cm（小面包的为20 cm×13 cm），上下两边比较厚，中间部分约厚1.3 cm。用切面刀将面团从工作台上铲起来，把上面的厚边向下折叠，覆盖并略超过下面的厚边。

（C）把面团有接缝的一面翻上来，将杏仁碎和水果干塞进面团的接缝里。（D）再把面团翻回去，把刚才折叠下来的厚边由下向上再次折叠，放在较薄的中间部分上。在新的接缝里塞进更多的杏仁碎和水果干，直到面团两侧的接缝里都塞满了水果干和杏仁碎，然后小心地压紧接缝。

团转移到烤盘上。放面团的时候，将它整成新月形。向面团喷油，用保鲜膜松松地盖住面团，在室温下醒发 1 ~ 2 小时，或直至面团的体积变为原来的 1½ 倍。

9. 将烤箱预热至 177 ℃，将烤架置于烤箱中层。

10. 烘焙 20 分钟，将烤盘旋转 180° 以使面包受热均匀，再烘焙 20 ~ 50 分钟，具体时间取决于面包的大小。烤好的面包应该呈深红褐色，内部温度达到 88 ℃，敲打面包的底部能听到空洞的声音。

11. 将面包转移到冷却架上，趁热在表面刷植物油或熔化的黄油，然后立即用筛子在面包表面筛一层糖粉，1 分钟后再筛第二层糖粉，使面包被大量糖粉包裹。至少冷却 1 小时。当面包完全冷却以后，将它放在保鲜袋中。为了使面包更具德国风味，也可以将它直接静置一夜以使其稍微变干。

点评

✽ 这个版本的配方（制作史多伦还有上百个正宗的配方）很不错，按照它制作

的面包味道很好，而且制作时间非常合理，从开始到结束只需要 4 小时（浸泡水果干的时间不算在内），因为强大的海绵酵头能够使厚重的面团迅速发酵。当然，你也可以提前几天将水果干浸泡在白兰地或德国烈性酒中（酒的用量比配方要求的大 ¼ ~ ½ 量杯 / 57 ~ 227 g），这样不仅可以增加味道，还可以延长保质期。操作方法：制作这款面包的 2 天前，将葡萄干和蜜饯浸泡在白兰地、朗姆酒或德国烈性酒中，加入橙子香精或柠檬香精，每天搅拌几次，直至液体被水果干完全吸收。如果你不想用酒，可以将香精的用量加倍，然后加入 ½ 量杯（113 g）水。你也可以在最终面团中不添加酒而只添加水果干，然后将香精直接加在面团中。

✽ 一位德国朋友——厨师海因茨·劳尔——告诉我，他喜欢把史多伦晾几天甚至几周再食用。他会把变硬的面包切成薄片，蘸着酒或咖啡吃，就好像吃意式脆饼一样。而我更喜欢品尝刚出炉的新鲜史多伦。

✽ 劳尔还告诉我，他喜欢中间夹杏仁膏的史多伦。这是一种常见的版本。如果你像我一样喜欢这种非常甜的杏仁膏的话，也可以将配方中的去皮杏仁碎换成杏仁膏，然后将它裹在面包中间。

✽ 喜欢的话，你可以用普通的水果干——如蔓越莓干或杏干——代替蜜饯。

瑞典黑麦面包
(Swedish Rye)

面包简况

营养面包，标准面团面包，间接面团面包，人工酵母面包

制作天数：2 天

第一天：制作海绵酵头 4 小时。

第二天：海绵酵头回温 1 小时；搅拌 6 分钟；发酵、整形、醒发 3½ 小时；烘焙 35 ~ 50 分钟。

与更受欢迎的德国黑麦面包和纽约熟食店黑麦面包不同，这款黑麦面包使用了有甘草味的茴芹和小茴香，以及橙皮和少许小豆蔻，我们完全可以把它想象成面包版本的茴香酒。现在，营养师已经证明橙皮、甘草糖味道的香料和苦味的食物有利于消化，几个世纪以来很多传统文化也都认同这一点。这款面包是由天然酵母酵头和人工酵母混合发酵而成的，因此它的味道比那些只用人工酵母发酵的面包丰富。发酵产生的乳酸不仅能够在一定程度上提前消化面粉，还能使面包味道更佳，保质期更长。

制作 2 个 454 g 的面包或 1 个 907 g 的大面包

原材料	重量	体积	百分比（%）
海绵酵头（第一天）			
室温下的清水	198 g（7 oz）	¾ 量杯 2 大勺（206 ml）	139.4
糖蜜	49.6 g（1.75 oz）	2½ 大勺（37.5 ml）	34.9
干橙皮	9.5 g（0.33 oz）	1 大勺（15 ml）	6.7
或橙子精油	5 g（0.17 oz）	1 小勺（5 ml）	(3.5)
茴芹粉	3 g（0.11 oz）	1 小勺（5 ml）	2.1
小茴香粉	3 g（0.11 oz）	1 小勺（5 ml）	2.1
小豆蔻粉	3 g（0.11 oz）	1 小勺（5 ml）	2.1
发泡酵头（主酵头，第 218 页）	198 g（7 oz）	1 量杯（235 ml）	139.4
无麸皮的黑麦粉	142 g（5 oz）	1 量杯 2 大勺（265 ml）	100
总计			426.7（423.5）
面团（第二天）			
未增白的高筋面粉、洗筋粉或面包粉	319 g（11.25 oz）	2½ 量杯（588 ml）	100
快速酵母粉	6 g（0.22 oz）	2 小勺（10 ml）	1.9
食盐	11 g（0.38 oz）	1½ 小勺（7.5 ml）	3.4

（续表）

红糖	64 g（2.25 oz）	4½ 大勺（67.5 ml），压实	/
海绵酵头	612 g（21.6 oz）	所有的	192
植物油	28 g（1 oz）	2 大勺（30 ml）	8.8
用来做铺面的高筋面粉、粗粒小麦粉或玉米粉			
1 个蛋白，搅打至起泡，用来刷面（可选）			
总计			306.1

总面团配方和烘焙百分比

原材料	重量	百分比（%）
高筋面粉或面包粉	418 g（14.74 oz）	75
无麸皮的黑麦粉	142 g（5 oz）	25
食盐	11 g（0.38 oz）	2
干橙皮	9.5 g（0.33 oz）	1.8
或橙子精油	5 g（0.17 oz）	（0.9）
茴芹粉	3 g（0.11 oz）	0.5
小茴香粉	3 g（0.11 oz）	0.5
小豆蔻粉	3 g（0.11 oz）	0.5
快速酵母粉	6 g（0.22 oz）	1
红糖	64 g（2.25 oz）	11.4
植物油	28 g（1 oz）	5
糖蜜	49.5 g（1.75 oz）	8.8
清水	297 g（10.5 oz）	53
总计		184.5（183.6）

1. 第一天：制作海绵酵头。将清水、糖蜜、橙皮、茴芹粉、小茴香粉和小豆蔻粉放在一个炖锅中，煮沸后关火，将混合物晾到温热。加入发泡酵头和黑麦粉搅拌，直到面粉充分吸收水分，原材料分布均匀，这就制成了较为浓稠的海绵酵头。用保鲜膜盖住酵头，在室温下发酵 4～6 小时，或直至酵头起泡，然后将酵头冷藏一夜。

2. 第二天：在制作面团前 1 小时将海绵酵头从冷藏室中取出回温。

3. 制作面团。将面粉、酵母粉、食盐和红糖放在一个 4 qt 的搅拌碗（或电动搅拌机的碗）中搅拌，再加入海绵酵头和油，用一把大金属勺继续搅拌（或用桨形头低速搅拌 1 分钟），直至面团大致成球形。将面粉撒在工作台上，将面团转移到工作台上，和面（或用钩形头中速搅拌）约 4 分钟。根据需要加入高筋面粉（不要加黑麦粉），和好的面团应该有一点儿发黏但不粘手。整个和面过程需要在 6 分钟内完成，不要和面过度，否则黑麦面团会很黏。面团应该通过窗玻璃测试（第 50 页），温度为 25～27 ℃。在一个碗中涂抹薄薄的一层油，将面团转移到碗中，来回滚动面团使其沾满油，然后用保鲜膜盖住碗口。

4. 将面团放在室温下发酵 2 小时，或直至面团的体积增大 1 倍。

5. 将面团从碗中取出，和面 1 分钟使面团排气。如果制作 454 g 的面包，就将面团等分成 2 份；如果制作 907 g 的面包，则不用分割。如果使用模具烘焙，就将面团整成三明治面包的形状（第 71 页），在 2 个 22 cm×11.5 cm 的吐司模或 1 个 23 cm×13 cm 的吐司模里喷一点儿油。如果独立烘焙，就将面团整成鱼雷形（第 63 页），并将烘焙纸铺在一个大烤盘中，撒上面粉、粗粒小麦粉或玉米粉。然后将面团转移到吐司模或烤盘中，按照第 79 页的说明在面包表面割 3 条平行的切口，向面团喷油，最后用保鲜膜或保鲜袋松松地盖住面团。

6. 将面团放在室温下醒发约 1½ 小时，或直至面团的顶部超出模具上边缘 2.5 cm，独立烘焙的面包的体积变为原来的 1½ 倍。

7. 将烤箱预热至 177 ℃。在独立烘焙的面包表面刷蛋液，用吐司模烘焙的面包可以不刷蛋液。

8. 烘焙 20 分钟，然后将烤盘旋转 180° 以使面包受热均匀。继续烘焙 15～30 分钟，具体时间取决于面包的大小。面包的中心温度应达到 88 ℃，呈淡淡的金棕色，轻敲面包的底部能听到空洞的声音。如果面包的两侧仍然颜色较浅或质地较软，就将面包放入烤箱继续烘焙。

9. 烘焙结束后，立即把烤熟的面包从烤盘或模具中取出，顶部朝下放置在冷却架上至少冷却 1 小时，然后切片或上桌。

点评

✱ 大多数面包都是在烘焙前割包的，而在最后醒发前割包的面包（如瑞典黑麦面包）和它们在外观上有所区别。在膨胀过程中，瑞典黑麦面包的切口会被填满，从而向外扩张。烘焙时，切口就好像已经愈合了一样，这使得切口处的面包皮与别的地方颜色不同。

托斯卡纳面包
(Tuscan Bread)

面包简况

营养面包，标准面团面包，间接面团面包，人工酵母面包

制作天数：2 天

第一天：制作面糊 15 分钟。

第二天：搅拌 10 ~ 12 分钟；发酵、整形、醒发 3¹/₂ 小时；烘焙 20 ~ 50 分钟。

在面包世界中，托斯卡纳面包的特别之处在于不添加任何盐分，因此它特别适合那些需要控制食盐摄取量的人食用。但遗憾的是，正是由于缺乏盐分，这款面包尝起来没有什么味道。不过，托斯卡纳人在品尝味道丰富的食物时并没有忘记它，他们通过大量使用味道浓郁的调料、蘸酱和酱汁来补充面包的味道，或者将它和各种好吃的食物，如浸泡在白豆汤中的大蒜和橄榄油搭配食用。这款面包的另一个独特之处是用到了头一天制作的面糊。这和提前发酵不同，因为面糊中没有添加酵母，面糊也没有发酵，但是凝胶状的淀粉会释放味道和糖分，使这款面包的味道和其他面包大不相同。这是一种值得探索的技巧，也是一种通过控制时间、温度和原材料来控制味道的方法。你一旦掌握了制作这款面包的技巧，便可以在其他面包（如维也纳面包和意式面包）上试验。

制作 2 个 454 g 的面包

原材料	重量	体积	百分比（%）
面糊（第一天）			
沸水	397 g（14 oz）	1³/₄ 量杯（411 ml）	156
未增白的高筋面粉	255 g（9 oz）	2 量杯（470 ml）	100
总计			256
面团（第二天）			
未增白的高筋面粉	340 g（12 oz）	2²/₃ 量杯（627 ml）	100
快速酵母粉	8 g（0.28 oz）	2¹/₂ 小勺（12.5 ml）	2.3
面糊	652 g（23 oz）	所有的	191.7
橄榄油	28 g（1 oz）	2 大勺（30 ml）	8.3
室温下的清水	113 g（4 oz）	约 ¹/₂ 量杯（118 ml）	33.3
用来做铺面的高筋面粉、粗粒小麦粉或玉米粉			
总计			335.6

总面团配方和烘焙百分比

原材料	重量	百分比（%）
高筋面粉	595 g（21 oz）	100
快速酵母粉	8 g（0.28 oz）	1.3
清水	510 g（18 oz）	85.7
橄榄油	28 g（1 oz）	4.7
总计		191.7

1. 提前 1 天或 2 天制作面糊。将面粉放在搅拌碗中，倒入沸水充分搅拌，直到面粉吸收足够的水分，形成浓稠而光滑的面糊。等面糊冷却后把碗盖上，在室温下静置一夜。如果第二天不使用面糊，就不要放在室温下静置，而要放入冰箱冷藏。

2. 第二天：制作面团。将面粉和酵母粉放在一个 4 qt 的搅拌碗（或电动搅拌机的碗）中，用一把大金属勺搅拌。然后加入面糊和橄榄油，继续搅拌（或用桨形头低速搅拌），加入适量的水，制作出柔软光滑的球形面团。就算面团有些粘手也没关系，可以在和面过程中添加面粉。

3. 将面粉撒在工作台上（或使用第 49页介绍的抹油法），将面团转移到工作台上，手工和面（或用钩形头中速搅拌）6～8分钟——和面 4 分钟后，可以让面团松弛5 分钟，然后继续和面，这样手工和面或机器和面会更容易。如果需要的话，可以添加一些面粉，做出发黏但不粘手的面团。面团应该通过窗玻璃测试（第 50 页），温度为 25～27 ℃。在一个大碗中涂抹薄薄的一层油，将面团转移到碗中，来回滚动面团使其沾满油，然后用保鲜膜盖住碗口。

4. 在室温下发酵约 2 小时。如果面团在 2 小时之内体积已经增大 1 倍了，就轻轻地揉面团，使它排气，然后将面团重新放入碗中，继续发酵，直到体积再次增大1 倍，或直至发酵满 2 小时。

5. 把烘焙纸铺在烤盘中，撒上少量面粉、玉米粉或粗粒小麦粉。轻轻地将面团等分成 2 份（每份约为 510 g），轻柔地将面团整成球形（第 62 页），尽量避免让面团排气。如果想要烘焙圆形面包，就直接将面团转移到准备好的烤盘中；如果想烘焙椭圆形面包，就将面团静置 15 分钟，然后将球形面团整成鱼雷形（第 63 页），再将它们放在准备好的烤盘中。向面团喷一点儿油，用保鲜膜松松地盖住烤盘。

6. 在室温下醒发 1～1¹/₂ 小时，或直至面团的体积几乎增大 1 倍。（你也可以在整形后马上将盖好的面团冷藏一夜来延迟发酵。当你从冷藏室中取出面团时，它差不多膨胀到可以马上烘焙的程度。如果还不到这个程度，就在室温下静置几小时。）

7. 按照第 80～82 页的描述，准备烤箱用于炉火烘焙，在烤箱中预先放好一个空蒸汽烤盘。向蒸汽烤盘中倒入 2 量杯清水，然后将烤箱预热至 260 ℃。在烘焙前，向面团喷水，并轻轻地撒上高筋面粉——可以用筛子筛面粉，也可以直接将面粉撒在面团表面——然后按照第 79 页的方法割包。

8. 直接将面团和烘焙纸一起滑到烘焙石板上，或将烤盘置于烤箱中层。30 秒以后，打开烤箱门，向烤箱四壁喷水，然后关闭烤箱。每隔 30 秒喷 1 次，一共喷 3 次。在最后一次喷水后，将烤箱的温度降至232 ℃，烘焙 10 分钟。10 分钟后，如果烤盘中还有水，就取出蒸汽烤盘（注意不要被热水烫到），将面包旋转 180° 以使其受热均匀，继续烘焙 10 ~ 20 分钟，或直至面包呈鲜亮的金色，面包中心的温度达到 93 ℃（如果只做 1 个 907 g 的面包，则需要烘焙 50 分钟）。如果面包表皮颜色过深而面包内部还没有达到 93 ℃ 的话，就用一张铝箔纸盖住面包表面，继续烘焙，直至达到所需的温度。

9. 将面包转移到冷却架上，切片或上桌前至少冷却 1 小时。

点评

✿ 我们可以用意式酵头代替面糊来制作这款面包的衍生版本，这样烘焙出的面包是一款好吃的无盐意式面包或法式面包。但是，我不把这种面包称为真正的托斯卡纳面包，因为它没有那种熟面糊产生的特殊味道。

✿ 和多数炉火面包不同，烘焙这款面包时需要向蒸汽烤盘中倒 2 量杯而非 1 量杯清水，而且制造蒸汽用的清水需要和烤箱一起预热。这样，多余的水分能够保证烤箱中比较湿润，从而使面包表皮的颜色更加鲜亮。

维也纳面包

(Vienna Bread)

面包简况

营养面包，标准面团面包，间接面团面包，人工酵母面包

制作天数：2 天

第一天：制作中种面团 1¼ 小时。
第二天：中种面团回温 1 小时；搅拌 10 ~ 12 分钟；拉伸—折叠、发酵、整形、醒发 4 ~ 4½ 小时；烘焙 20 ~ 35 分钟。

现在，大家十分关注法式乡村面包和意式乡村面包，因此很容易忽视一个事实——上百年来，面包和糕点的真正发源地应该是维也纳。我们今天喜爱的大多数法式面包，包括法棍、可颂甚至松饼，都是几百年前从奥匈帝国传到法国的。在那里，饥饿的人们愿意支持那些奥地利（也包括波兰）的面包师。现在，在美国（甚至是欧洲）的面包房中，法式面包、意式面包和维也纳面包的主要区别在于后者添加了一些营养成分。其中，少量糖分和麦芽加快了面包表皮变色的速度，少量的黄油、植物油或其他油脂使面团更加柔软——它能够包裹并"缩短"麸质。虽然有文化底蕴的面包的形状都是面包师根据它们的用途决定的，但是我们通常认为典型的维

也纳面包长 30.5 cm、重 454 g。这款面包经常在中间割包，形成好看的"耳朵"，但是面包表皮没有法式面包硬，面包心也不像法式面包那样有很多大洞。这款面团可以做成特殊的鱼雷卷，和用意式面包面团制成的特大号鱼雷卷（第 156 页）非常相似；它也可以用吐司模烘焙，做成不错的三明治面包。这款面团最好的用处之一是制作荷兰脆皮（虎皮）面包，详细说明见第 255 页。

注意：你需要提前 1 天或 2 天制作中种面团，或者在制作最终面团当天较早的时候制作中种面团，所以请根据实际情况安排好时间（你也可以使用保存在冷冻室中的中种面团或法式面包面团，但是需要在前 1 天将其转移到冷藏室中慢慢解冻）。

制作 2 个 454 g 的吐司面包或 9 ~ 12 个鱼雷卷

原材料	重量	体积	百分比（%）
中种面团（第 91 页）	369 g（13 oz）	2⅓ 量杯（548 ml）	108.5
未增白的高筋面粉	340 g（12 oz）	2⅔ 量杯（627 ml）	100
砂糖	14 g（0.5 oz）	1 大勺（15 ml）	4.1
糖化麦芽粉	7 g（0.25 oz）	1 小勺（5 ml）	2
或麦芽糖浆	21 g（0.75 oz）	1 大勺（15 ml）	（6.1）

（续表）

食盐	7 g（0.25 oz）	1 小勺（5 ml）	2
快速酵母粉	3 g（0.11 oz）	1 小勺（5 ml）	0.9
略微打散的鸡蛋	47 g（1.65 oz）	1 个大号的	13.8
室温下的或熔化的无盐黄油或者植物油	14 g（0.5 oz）	1 大勺（15 ml）	4.1
温热的清水（32~38℃）	198 g（7 oz）	¾ 量杯 2 大勺（206 ml）	58.3
用来做铺面的高筋面粉、粗粒小麦粉或玉米粉			
总计			293.7（297.8，如使用麦芽糖浆）

总面团配方和烘焙百分比

原材料	重量	百分比（%）
高筋面粉	560 g（19.75 oz）	100
砂糖	14 g（0.5 oz）	2.5
糖化麦芽粉	7 g（0.25 oz）	1.25
或麦芽糖浆	21 g（0.75 oz）	（3.75）
食盐	11 g（0.4 oz）	2
快速酵母粉	4 g（0.14 oz）	0.7
鸡蛋	47 g（1.65 oz）	8.4
黄油	14 g（0.5 oz）	2.5
清水	347 g（12.25 oz）	62
总计		179.35（181.5）

1. 在制作面团前 1 小时将中种面团从冷藏室中取出，用切面刀或锯齿刀切成 10 份。用毛巾或保鲜膜盖住面团，静置 1 小时使其回温。

2. 在一个 4 qt 的搅拌碗（或电动搅拌机的碗）中，把面粉、砂糖、麦芽粉（如果使用）、食盐和酵母粉搅拌在一起，再加入中种面团、鸡蛋、黄油、麦芽糖浆（如果使用）和 ¾ 量杯（170 g）清水，用一把大金属勺继续搅拌（或用桨形头低速搅拌），直至所有原材料形成球形。如果还有松散的面粉，就加入 2 大勺（28 g）或适量的清水，使面团的质地柔软、光滑而非紧实、坚硬。

3. 在工作台上撒面粉，将面团转移到工作台上。和面（或用钩形头中速搅拌）6 分钟。如果需要的话，可以添加一些面粉，制作出结实而柔软、发黏但不粘手的面团。面团应该通过窗玻璃测试（第 50 页），温度为 25~27℃。在一个碗中涂抹薄薄的一层油，将面团转移到碗中，来回滚动面团使其沾满油，然后用保鲜膜盖住碗口。20 分钟后，拉伸－折叠面团（第 49 页），再放回碗中并用保鲜膜盖住碗口。再重复两次，之间间隔 20 分钟，每次拉伸－折叠后都要将面团放回碗中并盖好。

4. 将面团放在室温下发酵 2 小时。如果面团的体积在 2 小时之内已经增大 1 倍了，就将面团从碗中取出，轻轻地揉几秒，使其排气。然后将面团放回碗中继续发酵，直到体积再次增大 1 倍，或直至发酵满 2 小时。

5. 将面团从碗中取出，等分成 2 份来制作吐司面包，或分成 9~12 份（每份 85~113 g）来制作鱼雷卷。将大面团整成球形（第 62 页），将小面团整成餐包形（第 68 页）。向面团喷少量油，用毛巾或保鲜膜盖住面团，静置 20 分钟。

6. 之后，再将大面团整成鱼雷形（第 63 页），或将小面团整成鱼雷卷（第 70 页）。

把烘焙纸铺在烤盘中，撒上面粉或玉米粉，将面团转移到烤盘中。向面团喷少量油，用保鲜膜松松地盖住烤盘。

7. 让面团在室温下醒发 1 ~ 1½ 小时，或直至面团的体积变为原来的 1¾ 倍。

8. 按照第 80 ~ 82 页的描述，准备烤箱用于炉火烘焙。在烤箱中预先放好一个空蒸汽烤盘，然后将烤箱预热至 232 ℃。烘焙之前，向面团喷水，并撒上少量高筋面粉——可以用筛子筛面粉，也可以直接

维亚纳面包非常适合用荷兰脆皮（虎皮）装饰

将面粉撒在面团表面。按照第 79 页的方法在面团中间割包，餐包也可以不割包。

9. 直接将面团和烘焙纸一起滑到烘焙石板上，或将装有面团的烤盘放在烤箱中。将 1 量杯热水倒入蒸汽烤盘，关闭烤箱门。30 秒后，打开烤箱门，向烤箱四壁喷水，然后关闭烤箱。每隔 30 秒喷 1 次，一共喷 3 次。在最后一次喷水后，将烤箱的温度降至 204 ℃，烘焙 10 分钟。之后，将面包旋转 180° 以使其受热均匀。餐包需要再烘焙 5 分钟，吐司面包需要再烘焙 20 分钟。烤好的面包呈中等程度的金棕色，中心温度至少达到 93 ℃。

10. 将烤熟的面包从烤箱中取出，转移到冷却架上，切片或上桌前至少冷却 45 分钟。

点评

✱ 这个版本的维也纳面包配方使用了本书大力提倡的预发酵法。你很难看到和这个版本相似的配方，因为大多数维也纳面包都是用直接发酵法制作的。我难以抗拒多于 100% 的酵头带给面包的特殊味道，而用这款面团制作的维也纳餐包也在约翰逊—威尔士大学引起了很大的轰动。每当我们把这款餐包带进食堂时，学生们总是急切地想用它来做三明治。

优化方法

荷兰脆皮面包或虎皮面包
（Dutch crunch or mottled bread）

荷兰脆皮面包是表面有特殊杂色装饰的面包的众多名称之一。它并不特指某种面包，因为这种脆皮可以装饰很多种面包。但是，如果你是吃着某一种荷兰脆皮面包长大的，就可能将它和某种特定风格的面包联系起来，如劲道的白面包或低脂全麦面包。欧洲北部的荷兰面包师们使这种风格的装饰方法得以普及，而这种方法被引入美国的某些地区后也迅速流行起来。我发现奥地利面包特别适合用这种方法装饰，因为它们只添加了少量营养成分，口感非常劲道。这种脆皮的面糊是用大米粉、砂糖、酵母粉、油、食盐和清水制作的，可以用在任何三明治面包面团和营养面包面团上（但是不要用在普通的法式面包面团上，因为它的表皮较硬）。面糊既可以在最终醒发之前涂抹在面团上，也可以在进入烤箱之前涂抹。（在醒发之前涂抹的话，裂口和变色会更加明显；在烘焙之前涂抹的话，脆皮会更加均匀。）面糊是用酵母粉发酵的，会随着面团一起膨胀。但是因为大米粉中的麸质较少，所以它会散开，在烘焙时凝胶化和焦化。这使得面包的表面留有一层杂色、微甜和较脆的表皮，尤其受到孩子们的欢迎。无论是用模具烘焙的面包，还是独立烘焙的面包，都可以用这种脆皮装饰。

在大多数天然食品市场都可以买到大米粉，你可以使用白色大米粉、棕色大米粉或者米粉糊，也可以使用细玉米粉、玉米淀粉、土豆淀粉、粗粒小麦粉或低筋面粉（麸质含量较低），它们的味道和口感不尽相同。我们通常使用大米粉或米粉糊，因为它们的效果比较好。

脆皮原材料：
1 大勺（15 ml）高筋面粉
¾ 量杯（176 ml）大米粉
¾ 小勺（3.8 ml）快速酵母粉
2 小勺（10 ml）砂糖
¼ 小勺（1.3 ml）食盐
2 小勺（10 ml）植物油
6 ～ 8 大勺（90 ～ 120 ml）清水

制作方法：将所有原材料混合在一起，搅拌成糊状。如果它看起来太稀，不能附着在面团顶部的话，就再添加一些大米粉。面糊应该足够黏稠，可以用刷子抹开，但也不能过于黏稠。这里给出的分量可以装饰 2 ～ 4 个面包。

白面包
(White Bread)

面包简况

营养面包，标准面团面包，直接面团面包或间接面团面包，人工酵母面包

制作天数：1 天

制作海绵酵头 1 小时（只有版本三需要使用）；搅拌 8～10 分钟；发酵、整形、醒发 3½～4 小时；烘焙 15～45 分钟。

白面包有很多不同的名字，包括普尔曼、牛奶面团面包（milk dou gh）、面包心和简单的老式白面包。白面包面团有很多用途，包括制作餐包、面包结、三明治面包、汉堡坯子和热狗坯子。它通常指的是牛奶面团，因为在白面包的大多数配方中，水分都来自鲜牛奶（或奶粉和清水的混合物）。白面包属于营养面包，通常只添加天然的原材料，如脂肪（黄油或植物油）、砂糖和牛奶，这样能够使面包表皮迅速焦化。发酵恰当的话，成品轻如空气，质地非常柔软。和普通的炉火面包不同，由于添加了营养成分，烘焙吐司白面包的最佳温度为 177 ℃，烘焙小餐包的最佳温度为 204 ℃，一定不要超过 232 ℃。餐包烘焙成熟时，内部温度只需要达到 82 ℃；吐司面包烘焙成熟时，内部温度只需要保持在 85～88 ℃。

下面这 3 个版本的配方可以让你非常灵活地选择原材料。你可以用奶粉代替牛奶，反之亦然；你也可以用等量的低脂牛奶、酪乳或脱脂牛奶（以及非乳制品奶品，如豆浆、米浆或杏仁奶等）代替全脂牛奶。这种改变会对成品的味道和口感产生轻微的影响，所以你可以尝试不同的配方，然后选择自己喜欢的（我个人喜欢使用酪乳）。你也可以用人造黄油、起酥油甚至液体油代替黄油，同样，所选的脂肪会对面包的味道和口感产生影响，不过它们都可以软化面包。起酥油的软化效果最佳（由于起酥油是反式脂肪，所以许多面包师都不再使用它，使用它的配方也慢慢被无反式脂肪的版本代替），而黄油的味道最佳。

白面包版本一

制作 2 个 454 g 的吐司面包、18 个餐包或 12 个汉堡 / 热狗坯子

原材料	重量	体积	百分比（%）
未增白的高筋面粉	610 g（21.5 oz）	4¹⁄₂ 量杯（1058 ml）	100
食盐	11 g（0.38 oz）	1¹⁄₂ 小勺（7.5 ml）	1.8
奶粉	38 g（1.33 oz）	¹⁄₄ 量杯（58.8 ml）	6.2
糖	47 g（1.66 oz）	3¹⁄₄ 大勺（48.8 ml）	7.7
快速酵母粉	6 g（0.22 oz）	2 小勺（10 ml）	1
室温下略微打散的鸡蛋	47 g（1.66 oz）	1 个大号的	7.7
熔化的或室温下的无盐黄油或者植物油	47 g（1.66 oz）	3¹⁄₄ 大勺（48.8 ml）	7.7
室温下的清水	369 g（13 oz）	1¹⁄₂ 量杯 2 大勺（383 ml）	60.5
1 个鸡蛋，加入 1 小勺（5 ml）清水，搅打至起泡，用来刷面（可选）			
用来做装饰的芝麻（可选）			
总计			192.6

1. 在一个 4 qt 的搅拌碗（或电动搅拌机的碗）中，把面粉、食盐、奶粉、糖和酵母粉搅拌在一起，再加入鸡蛋、黄油和 1¹⁄₂ 量杯 1 大勺（354.5 g）清水，用一把大金属勺继续搅拌（或用桨形头低速搅拌），直至面粉完全吸收水分，面团形成球形。如果面团看起来又硬又干，就再加一些清水，直到面团变得柔软而光滑。

2. 在工作台上撒面粉，将面团转移到工作台上，开始和面（或用钩形头中速搅拌）。如果需要的话，再添加一些面粉，制作出柔软、光滑、发黏但不粘手的面团。继续和面（或搅拌）5 ～ 7 分钟。（在电动搅拌机中，面团应该与碗的四壁脱离，但底部应粘在碗底。）面团应该通过窗玻璃测试（第 50 页），温度达到 27 ℃。在一个大碗中涂抹薄薄的一层油，将面团转移到碗中，来回滚动面团使其沾满油，然后用保鲜膜盖住碗口。

3. 在室温下发酵 1¹⁄₂ ～ 2 小时，或直至面团的体积增大 1 倍。

4. 将发酵好的面团从碗中取出。如果制作吐司面包，就将其等分为 2 份；如果制作餐包，就将它分为 18 份，每份约 57 g；如果制作汉堡或热狗坯子，就将其分为 12 份，每份约 85 g。将面团整成球形（第 62 页）来制作吐司面包，整成餐包形（第 68 页）来制作餐包或坯子。向面团喷少量油，用毛巾或保鲜膜盖住面团，静置约 20 分钟。

5. 如果制作吐司面包，就按照第 71 页的说明为大面团整形，然后在 2 个 22 cm × 11.5 cm 的吐司模中涂抹薄薄的一层油，将面团放在吐司模中。餐包不需要进一步整形。如果制作汉堡坯子，就轻轻地将餐包形面团按扁，然后整成需要的形状。如果制作热狗坯子，就按照第 70 页鱼雷卷的整形方法进行整形，但是不要让面团两端变细。整形后，将烘焙纸铺在 2 个烤盘中，将餐包面团或坯子面团转移到烤盘中。

6. 向面团喷油，用保鲜膜或毛巾盖住面团，在室温下醒发 1 ～ 1¹⁄₂ 小时，或直

至面团的体积几乎增大 1 倍。

7. 如果制作吐司面包，就将烤箱预热至 177 ℃ ；如果制作餐包和坯子，就将烤箱预热至 204 ℃ ，并将烤架放在烤箱中层。将蛋液刷在餐包面团或坯子面团的表面，撒上芝麻。吐司面包面团也可以刷蛋液并装饰，或从中间割包，并在切口处涂抹一些植物油。

8. 餐包或坯子大约烘焙 15 分钟，或直至变成金棕色，内部温度达到 82 ℃ 以上。吐司面包烘焙 35 ~ 45 分钟，如果需要的话，在烘焙中期将烤盘旋转 180° 以使面包受热均匀。三明治面包的顶部应该呈金棕色，从模具中取出以后，两侧应该为金黄色。它的内部温度应该接近 88 ℃ ，敲打面包的底部能听到空洞的声音。

9. 烘焙结束后，需要立即将吐司面包从模具中取出，放在冷却架上至少冷却 1 小时，然后切片或上桌。餐包在食用前需要放在冷却架上至少冷却 15 分钟。

点评

✿这款面包并没有从酵头或海绵酵头那里获得过多的味道，它的很多味道来自其他原材料而非面粉本身。它虽然也可以用海绵酵头制作（如版本三），但是酵母的用量和营养添加物证明了这是一款快速发酵的面团，它的味道主要来自添加的营养成分而非发酵过程。因此，无论你使用的是直接发酵法还是间接发酵法，它都是最容易制作的面包之一。而且，它味道好，用途广，特别适合制作柔软的餐包、热狗坯子或汉堡坯子。

白面包版本二

制作 2 个 454 g 的吐司面包、18 个餐包或 12 个汉堡 / 热狗坯子

原材料	重量	体积	百分比（%）
未增白的高筋面粉	539 g（19 oz）	4¼ 量杯（999 ml）	100
食盐	11 g（0.38 oz）	1½ 小勺（7.5 ml）	2
糖	42.5 g（1.5 oz）	3 大勺（45 ml）	7.9
快速酵母粉	6 g（0.22 oz）	2 小勺（10 ml）	1.1
室温下略微打散的鸡蛋	47 g（1.66 oz）	1 个大号的	8.7
熔化的或室温下的黄油或者植物油	57 g（2 oz）	4 大勺（60 ml）	10.6
室温下的酪乳或全脂牛奶	340 g（12 oz）	1½ 量杯（353 ml）	63
总计			193.3

按照版本一的说明操作，用酪乳或全脂牛奶代替清水。在混合搅拌的过程中，按需要加入更多的酪乳（牛奶）或面粉。

白面包版本三

制作 2 个 454 g 的吐司面包、18 个餐包或 12 个汉堡 / 热狗坯子

原材料	重量	体积	百分比（%）
海绵酵头			
未增白的高筋面粉	319 g（11.25 oz）	2½ 量杯（588 ml）	60
快速酵母粉	6 g（0.22 oz）	2 小勺（10 ml）	1.1
温热的全脂牛奶（32 ~ 38 ℃）	340 g（12 oz）	1¼ 量杯（294 ml）	64
面团			
未增白的高筋面粉	213 g（7.5 oz）	1⅔ 量杯（392 ml）	40
食盐	11 g（0.38 oz）	1½ 小勺（7.5 ml）	2
糖	42.5 g（1.5 oz）	3 大勺（45 ml）	8
室温下略微打散的蛋黄	19 g（0.66 oz）	1 个大号的	3.6
熔化的或室温下的黄油或者植物油	57 g（2 oz）	¼ 量杯（58.8 ml）	10.7
总计			189.4

1. 制作海绵酵头。将面粉和酵母粉放在一个 4 qt 的搅拌碗中混合，再加入牛奶搅拌，直至所有面粉充分吸收水分。用保鲜膜盖住碗口，在室温下发酵 45 ~ 60 分钟，或直至海绵酵头充满气体、起泡、明显膨胀。

2. 制作面团。向海绵酵头中加入面粉、食盐和糖，然后加入蛋黄和黄油（或其他脂肪），按照版本一的步骤 1 操作。注意：第一次发酵和第二次发酵需要的时间比版本一少 5 ~ 10 分钟。

全麦面包
(Whole-Wheat Bread)

面包简况

营养面包，标准面团面包，间接面团面包，人工酵母面包

制作天数：2 天

第一天：制作浸泡液和波兰酵头 2 ~ 4 小时。

第二天：波兰酵头回温 1 小时；搅拌 15 分钟；发酵、整形、醒发 $3\frac{1}{2}$ 小时；烘焙 45 ~ 60 分钟。

现在，一些非常棒的烘焙书都在关注 100% 全谷物面包，这种面包有非常忠诚并且数量不断增加的狂热追随者。我从 40 年前开始烘焙面包，由于健康方面的原因，当时的我完全沉浸在有机全谷物面包之中。现在，虽然我已经开始探索整个面包王国和它无穷无尽的变化，但我依然对我们过去所说的"纯面包"（或"红面包"）怀有特殊的感情。事实上，我再次尝试只吃全谷物面包（给学生打分时我才会吃法棍和夏巴塔），并且写了两本关于 100% 全谷物面包的书。（《彼得·莱因哈特的全谷物面包》于《学徒面包师》出版 5 年后出版，其中所用的方法将在下面进行介绍。）

制作这种面包时，烘焙者面临着两项挑战：一是既要唤醒谷物最好的味道，又要去掉麦麸和胚芽中的青草味和苦味；二是要想方设法制作出味道和口感都合适的面包。

我们已经从许多配方中了解到了唤醒味道的最佳方法——给酶足够多的时间来释放锁在淀粉中的小分子糖。制作全谷物面包时，可以通过使用大量酵头来达到这个目的，如使用波兰酵头或浸泡液。在这个配方中，我们同时用到了这两种酵头。当配方需要用到粗磨谷物时，浸泡液的效果会特别明显，我们可以用玉米和燕麦等谷物代替小麦，使面包的口感发生变化。使用波兰酵头可以增加发酵时间，通过产生酸味来改善味道，从而抵消麦麸和胚芽的青草味和苦味。

制作 2 个 454 g 的吐司面包

原材料	重量	体积	百分比（%）
浸泡液（第一天）			
粗磨全麦面粉或其他粗磨谷物（燕麦、玉米、大麦、黑麦）	120.5 g（4.25 oz）	1 量杯（235 ml）	100
室温下的清水	170 g（6 oz）	¾ 量杯（176 ml）	141.2
总计			241.2
全麦波兰酵头（第一天）			
高蛋白全麦面粉	191 g（6.75 oz）	1½ 量杯（353 ml）	100
快速酵母粉	0.8 g（0.03 oz）	¼ 小勺（1.3 ml）	0.4
室温下的清水	170 g（6 oz）	¾ 量杯（176 ml）	89
总计			189.4
面团（第二天）			
高蛋白全麦面粉	255 g（9 oz）	2 量杯（470 ml）	100
食盐	9.5 g（0.33 oz）	1⅓ 小勺（6.7 ml）	3.7
快速酵母粉	3 g（0.11 oz）	1 小勺（5 ml）	1.2
全麦波兰酵头	362 g（12.78 oz）	所有的	142
浸泡液	290.5 g（10.25 oz）	所有的	153
蜂蜜	42.5 g（1.5 oz）	2 大勺（30 ml）	16.7
植物油（可选）	14 g（0.5 oz）	1 大勺（15 ml）	5.5
略微打散的鸡蛋（可选）	47 g（1.65 oz）	1 个大号的	18.4
2 大勺（30 ml）装饰用的芝麻、速食麦片或小麦麦麸（可选）			
1 个蛋白，加 1 大勺（15 ml）清水打至起泡，用来刷面（可选）			
总计			440.5

总面团配方和烘焙百分比

原材料	重量	百分比（%）
全麦面粉	567 g（20 oz）	100
食盐	9.5 g（0.33 oz）	1.7
快速酵母粉	4 g（0.14 oz）	0.7
植物油	14 g（0.5 oz）	2.5
蜂蜜	42.5 g（1.5 oz）	7.5
鸡蛋	47 g（1.65 oz）	8.3
清水	340 g（12 oz）	60
总计		180.7

1. 在制作面包前 1 天，制作浸泡液和波兰酵头。制作浸泡液：将粗磨全麦面粉和清水放在碗中混合，用保鲜膜盖住碗口，在室温下静置到第二天。制作波兰酵头：将全麦面粉和酵母粉混合，然后倒入清水，搅拌成黏稠的面糊。在面粉吸足水分以后停止搅拌，用保鲜膜盖住碗口，在室温下发酵 2 ~ 4 小时，或直至酵头开始起泡，然后将它放在冷藏室中静置一夜。

2. 第二天，在制作面团前 1 小时将波兰酵头从冷藏室中取出，使其回温。将全麦面粉、食盐和酵母粉放在一个 4 qt 的搅拌碗（或电动搅拌机的碗）中搅拌。再加入浸泡液、波兰酵头、蜂蜜、植物油和鸡蛋（如使用），用一把大金属勺继续搅拌（或用桨形头低速搅拌 1 分钟），直至所有原材料形成球形，根据需要加入清水或面粉。

3. 在工作台上撒一些全麦面粉，将面团转移到工作台上，开始和面（或用钩形头中速搅拌）。如果需要的话，可以添加一些面粉，将面团和成一个结实而柔软的球。手工和面需要 10 ～ 12 分钟，使用机器和面的时间会稍短一些。和好的面团应该发黏但不粘手，并通过窗玻璃测试（第50 页），温度为 25 ～ 27 ℃。在一个大碗中涂抹薄薄的一层油，将面团转移到碗中，来回滚动面团使它沾满油，然后用保鲜膜盖住碗口。

4. 在室温下发酵约 2 小时，或直至面团的体积增大 1 倍。

5. 将面团等分为 2 份，每份约重 510 g，按照第 71 页的说明将它们整成三明治面包的形状。在 2 个 22 cm×11.5 cm 的吐司模中涂抹薄薄的一层油，将面团放入吐司模，然后向面包顶部喷油，用保鲜膜松松地盖住面团。

6. 在室温下醒发约 1½ 小时，或直至面团的体积增大 1 倍，顶部高出吐司模的上边缘。

7. 将烤箱预热至 177 ℃，将烤架置于烤箱中层。在烘焙之前，可以在面团顶部刷蛋白，并撒上芝麻或其他装饰物。

8. 烘焙大约 30 分钟，如果需要的话，将烤盘旋转 180° 以使面包受热均匀，继续烘焙 15 ～ 30 分钟。烤熟的面包内部温度应该为 85 ～ 88 ℃，敲打面包底部能听到空洞的声音，面包整体呈金棕色，顶部、底部和四周较为坚硬。如果面包的四周又湿又软，应该将它放回吐司模中，继续烘焙直到烤熟。

9. 烘焙结束后，马上将面包从吐司模中取出，放在冷却架上至少冷却 1 小时——最好冷却 2 小时，然后切片或上桌。

点评

✱ 同样是 1 量杯，粗磨面粉比普通面粉轻一些，因为它没有被压实，颗粒之间的空隙较大。这也就是为什么粗磨全麦面粉每量杯只有 120.5 g，而本配方中使用的普通全麦面粉每量杯重 128 g。如果你没有粗磨全麦面粉，可以用等量（略少于 1 量杯）的普通全麦面粉代替。

✱ 面粉中蛋白质的含量越高，面包心中的气孔就会越大。最强韧的面粉是由硬质春小麦磨成的，一般可以从天然食品市场买到，那里还出售其他各种面粉（参见第 283 页的"资料来源"）。你也可以用从超市购买的普通全麦面粉代替它。

✱ 我们可以选择使用植物油或鸡蛋，它们都有软化面团、促进膨胀和结构形成的作用。无论使用哪一种，我们都可能需要在最后混合时加入一些面粉。在将面团和成结实而有些发黏的球形时，应根据面团的质地来决定需要添加多少面粉。另外一种软化面团的方法是在制作波兰酵头时用牛奶或酪乳代替清水。

新增配方

在创作《学徒面包师》第一版和修订版之间的那些年里，我一直在学习与面包相关的新知识，其中的许多东西都出现在我之后出版的 5 本面包烘焙书中。即使是在这本修订版中，我也加入了一些第一版没有的新技术和步骤，比如拉伸－折叠步骤和更长的发酵周期。为了答谢购买《学徒面包师》的你们（旧版和新版的所有者们），我在这里增加了 3 个从未发表过的新配方，它们都包含了我最新的发现。如果你喜欢它们，我希望你在我第一版《学徒面包师》之后出版的书中寻找更多与它们相似的配方以及新增的背景知识。

发芽小麦糙米面包
(Sprouted Wheat and Brown Rice Bread)

面包简况

普通面包，直接面团面包，人工酵母面包

制作天数：1 天

搅拌 8 分钟；拉伸－折叠、发酵、整形、醒发 4 小时；烘焙 30 ~ 60 分钟。

面包界最激动人心的一个发现是，用发芽的全谷物磨成的面粉能制作出超级好吃的面包。在我 2014 年出版的《面包革命》中，我向读者介绍了用小麦麦芽和其他发芽谷物磨成的面粉烘焙的细节、优点和趣味，并且提供了许多配方。从那时起，我对发芽谷物的兴趣持续增长，对其他种类的全谷物面包和杂粮面包十分感兴趣，包括将煮熟的谷物作为主要原材料加到面团中。从第一次制作斯特卢安起，我就把煮熟的糙米和其他谷物——野生稻米、燕麦碎粒、小麦碎粒、粗玉米粉——混合在一起使用了。这个配方在我 1991 年出版的《杜松兄弟的面包手册》一书中出现过，而这款面包也是"杜松兄弟面包房"以前的招牌产品。但是最近，米粥面包（porridge-style bread），如旧金山查德·罗伯逊的"挞丁面包房"（以及如今其他面包房）制作的，在制作方法方面给了我很大的启发。当我按照查德·罗伯逊的指导，在面团中用了 50%（按重量算）煮熟的谷物，效果好得惊人。因此，我将这种方法和使用全麦麦芽粉（如今在我看来，它对全谷物面包来说是味道最好和最有营养的面粉，并且逐渐可以在大多数超市买到）结合起来，创造出了我心目中的终极全谷物米粥面包。这个版本使用了煮熟的糙米。我喜欢使用煮熟的发芽糙米，而在我写这本书的时候，这种糙米只能邮购。不过，普通的糙米（或任何煮熟的谷物）也不错。使用全麦麦芽粉最大的好处是，有了谷物发芽的过程，我们不再需要长时间的发酵和酵头，因为被锁在谷物之中的味道（以及营养）会在发芽和研磨的过程中完全释放，从而使面包的制作变得非常简单。

制作 1 个 907 g 或 2 个 454 g 的三明治面包，或者炉火面包

原材料	重量	体积	百分比（%）
煮熟的糙米或其他全谷物，如粗玉米粉、荞麦、大麦、燕麦碎粒、小米或野生稻米	227 g（8 oz）	约 1½ 量杯（353 ml）	50
全麦麦芽粉	454 g（16 oz）	3¾ 量杯（881 ml）	100
食盐	10 g（0.35 oz）	1⅓ 小勺（6.7 ml）	2.2
快速酵母粉	6 g（0.22 oz）	2 小勺（10 ml）	1.4
温热的清水（32 ~ 38 ℃）	340 g（12 oz）	1½ 量杯（353 ml）	75
用来做铺面的中筋面粉、高筋面粉、粗粒小麦粉或玉米粉			
总计			228.6

1. 在制作面包的前 1 天或 2 天，煮熟糙米或其他谷物（参见后面的说明，或使用吃剩的米粥）。冷却后，盖好，放入冰箱冷藏至需要使用时。

2. 将麦芽粉、食盐和酵母粉放在一个 4 qt 的搅拌碗（或电动搅拌机的碗）中搅拌。加入煮熟的谷物和清水，用手搅拌（或用桨形头低速搅拌约 1 分钟）至面粉吸收水分，形成粗糙、湿润的面团。不要加入更多的面粉，否则面团松弛后会变黏稠。将面团放在碗中松弛 5 分钟，无须盖住碗。然后，用一把大金属勺（需要时蘸水，以防与面团粘在一起）搅拌（或用桨形头中低速搅拌）1 ~ 2 分钟。面团应该略微变硬，但依然十分柔软和黏稠（和夏巴塔面团相似）。根据需要加入面粉或清水以达到这种质地。面团在下一阶段会变硬。

3. 按照第 49 页介绍的方法在工作台上抹油。用刮刀蘸水或油，将面团转移到抹了油的工作台上。双手蘸水或油，拉伸－折叠面团（第 49 页），使其形成球形。在一个碗中涂抹薄薄的一层油，将面团转移到碗中，来回滚动面团使它沾满油，然后用保鲜膜盖住碗。20 分钟后，用蘸了水或油的手把面团转移到抹了油的工作台上，拉伸－折叠面团。面团将略微变硬，但依然十分柔软，并且多少有点儿黏稠。将面团放回碗中并用保鲜膜（或另一个碗）盖住碗口。再重复拉伸－折叠两次，之间间隔 20 分钟。每次拉伸－折叠后面团都应该变得更加强韧并且不那么黏稠，而且轻轻拍打时能感觉到有弹性。将面团放回抹了油的碗中，向面团表面喷油，用保鲜膜盖好。

4. 在室温下发酵约 1½ 小时，或直至面团的体积几乎增大 1 倍。

5. 用蘸了油的刮刀轻轻地将面团放

在撒了面粉或抹了油的工作台上。如果制作1个大三明治面包，就用蘸了面粉或油的双手将面团整成球形或鱼雷形（第62～63页）。此外，你也可以根据吐司模的大小将面团切分成小份，或者分成更小的面团以制作独立烘焙的炉火面包。如果用吐司模烘焙面包，就在吐司模中涂抹薄薄的一层油（制作454 g的面包使用22 cm×11.5 cm的吐司模，制作907 g的面包使用23 cm×13 cm的吐司模）。如果独立烘焙面包，就在1～2个烤盘中铺烘焙纸并撒上面粉、粗粒小麦粉或玉米粉。将整形好的面团放入模具或烤盘，向面团顶部喷油，用保鲜膜松松地盖住面团。（注意：制作炉火面包的话，你可能还需要使用准备好的发酵篮，第28页。）

6. 在室温下醒发45～90分钟，或直至面团的体积变为原来的1½倍。

7. 如果制作独立烘焙的面包，就按照第80～82页的描述，准备烤箱用于炉火烘焙。在烤箱中预备一个空蒸汽烤盘，将烤箱预热至232 ℃。如果用吐司模烘焙，就将烤箱预热至190 ℃，将烤架置于烤箱中层（制作三明治面包无须蒸汽烤盘），将吐司模放在烤盘上。

8. 根据需要给独立烘焙的面包割包（第79页）。在长柄木铲上或烤盘背面撒大量面粉、粗粒小麦粉或玉米粉，非常小心地将独立烘焙的面团转移到长柄木铲上或烤盘背面。再将面团转移到烘焙石板上（或直接在烤盘上烘焙）。将1量杯热水倒在蒸汽烤盘中，关闭烤箱门。30秒后，打开烤箱门，向烤箱四壁喷水，然后关闭烤箱门。每隔30秒喷1次，一共喷3次。最后一次喷水之后，将烤箱的温度降至218 ℃，继续烘焙20分钟。检查面包，如果需要的话，就将面包旋转180°以使其受热均匀。继续烘焙20～30分钟或更长时间，具体时间由面包的大小决定。如果用吐司模烘焙，就将吐司模和烤盘一起放在烤架上，烘焙45～55分钟。烘焙到20分钟的时候，将烤盘旋转180°以使面包受热均匀。烤好的面包应该每一面都呈鲜亮的金棕色，轻敲面包的底部应该能听到空洞的声音。炉火面包的内部温度应该为93 ℃，三明治面包的内部温度应该为88 ℃。

9. 将烤熟的面包从烤箱中取出，如果使用了模具，立即将面包从模具中取出。将面包放在冷却架上至少冷却45分钟，然后切片或上桌。面包冷却后表皮会变软，但是将面包放回232 ℃的烤箱烘焙5分钟左右，面包表皮会重新变脆。

点评

✽如果你想制作出更高的、气孔更大的面包，有两个选择：将占面粉重量3%的活性小麦蛋白加到面团中（在这个配方中，你需要加14 g或约1½大勺）；或者用等量的未增白的高筋面粉代替½的全麦麦芽粉（227 g）。这样制作的面包类似于高提取率面包，如第231页的普瓦拉纳面包。

全麦麦芽洋葱比亚利
(Sprouted Whole Wheat Onion Bialy)

面包简况

轻度营养面包，直接面团面包，人工酵母面包

制作天数：1 天

搅拌 8 分钟；拉伸—折叠、发酵、整形、醒发 4 小时；烘焙 10 ~ 18 分钟。

比亚利（bialy）可以说是贝果的异母兄弟，但是知道它们关系的人并不多。比亚利有其辉煌的历史，你可以从一些书中读到，如米米·谢拉顿的《比亚利爱好者》、斯坦利·金斯伯格和诺曼·伯格的《走进犹太人面包店》以及乔治·格林斯坦的著作《一位犹太面包师的秘密》。但是对我而言，比亚利与童年的回忆相关，与面包和馅料散发的美妙味道相关，无论馅料是用洋葱、奶酪做的还是用你自创的混合物做的。比亚利不像贝果那样中间有个洞，而是有个浅坑，这样它可以盛放馅料。另外一个区别是，比亚利是烤熟的，而不是炸熟的。你可以用贝果面团（第 101 页）制作比亚利，但我更喜欢用略微柔软一些的 100% 全谷物面团（使用的是全麦麦芽粉）来制作，下面就是我的配方。

制作 8 ~ 10 个比亚利

原材料	重量	体积	百分比（%）
面团			
全麦麦芽粉	510 g（18 oz）	4¼ 量杯（999 ml）	100
食盐	9.5 g（0.33 oz）	1¼ 小勺（6.3 ml）	1.85
快速酵母粉	4 g（0.14 oz）	1¼ 小勺（6.3 ml）	0.8
蜂蜜	28 g（1 oz）	4½ 小勺（22.5 ml）	5.6
清水	425 g（15 oz）	1¾ 量杯 1 大勺（426 ml）	83.3
总计			191.55
馅料			
植物油	28 g（1 oz）	2 大勺（30 ml）	
黄洋葱，均匀剁碎或切碎	454 g（16 oz）	2 个中等大小的	
食盐	3.5 g（0.13 oz）	½ 小勺（2.5 ml）	
黑胡椒碎，或按口味添加	1 g（0.04 oz）	⅛ 小勺（0.6 ml）	

1. 制作面团。将麦芽粉、食盐和酵母粉放在一个 4 qt 的搅拌碗（或电动搅拌机的碗）中搅拌。加入蜂蜜和清水，用手搅拌（或用桨形头低速搅拌约 1 分钟）至面粉吸收水分，形成粗糙、湿润的面团。不要加入更多的面粉，否则面团松弛后会变黏稠。将面团放在碗中松弛 5 分钟，无须盖住碗。然后，用一把大金属勺（需要时蘸水，以防与面团粘在一起）搅拌（或用桨形头中低速搅拌）1 ~ 2 分钟。面团应

该略微变硬，但依然十分柔软和黏稠（和夏巴塔面团相似）。根据需要加入面粉或清水以达到这种质地。面团在下一阶段会变硬。

2. 按照第 49 页介绍的方法在工作台上抹油。用刮刀蘸水或油，将面团转移到抹了油的工作台上。双手蘸水或油，拉伸－折叠面团，使其形成球形。在一个碗中涂抹薄薄的一层油，将面团转移到碗中，来回滚动面团使它沾满油，然后用保鲜膜盖住碗。20 分钟后，用蘸了水或油的手把面团转移到抹了油的工作台上，拉伸－折叠面团（第 49 页）。面团将略微变硬，但依然十分柔软，并且多少有点儿黏稠。将面团放回碗中并用保鲜膜（或另一个碗）盖住碗。再重复拉伸－折叠两次，之间间隔20 分钟。每次拉伸－折叠后面团都应该变得更加强韧并且不那么黏稠，而且轻轻拍打时能感觉到有弹性。将面团放回抹了油的碗中，向面团表面喷油，用保鲜膜盖好。

3. 在室温下发酵 1 ~ 1½ 小时，或直至面团的体积几乎增大 1 倍。

4. 在一个烤盘中铺烘焙纸或硅胶烘焙垫，再喷少许油。用蘸了油的刮刀轻轻地将面团放在抹了油的工作台上，等分成 8 ~ 10 份（制作较小的比亚利的话每份约85 g，制作较大的比亚利的话每份约113 g）。将小面团整成紧实的球形，就像制作餐包（第 68 页）或小球形面团（第 62 页）一样，然后均匀地摆放在准备好的烤盘上。在面团顶部喷油，再用保鲜膜松松地盖住面团。

5. 在室温下醒发 1 ~ 1½ 小时，或直至面团的体积增大 1 倍。

6. 醒发面团的同时，准备馅料。将油倒入煎锅，中火加热。加入洋葱碎和食盐，

煎 1 分钟。转中小火，每隔 1 分钟轻轻翻炒一下，直到洋葱开始变软，呈浅金棕色。这需要 5 ~ 10 分钟。关火，拌入黑胡椒碎。将炒好的洋葱倒在烤盘中使其完全冷却，这时面团仍在持续膨胀。（注意：可以提前 1 周准备馅料，然后放入密封容器冷藏保存。）

7. 将烤箱预热至 260 ℃，将 2 个烤架分别置于烤箱的上面两层。在另一个烤盘中铺烘焙纸或硅胶烘焙垫，然后喷油。

8. 等面团增大 1 倍后，将手指放在装了水的碗中蘸湿，然后将球形面团中央按得扁平，使面团直径增大为 10 cm 并且边缘厚约 13 mm（如同比萨饼皮的边缘）。面团的中央要按压得非常薄——甚至像纸一样薄。将整形好的面团分别放在 2 个准备好的烤盘中。将馅料均匀地放入整形好的面团，即在每个面团中央的平整部分舀入 1 汤勺馅料并抹平。将 2 个烤盘分别放在烤箱中的 2 个烤架上，烘焙约 5 分钟。然后将 2 个烤架上的烤盘调换位置并将烤盘旋转 180°以使面包受热均匀。继续烘焙5 ~ 10 分钟，或直到比亚利呈鲜亮的金棕色。（如果你喜欢一次烘焙一盘，就用保鲜膜盖住另外一盘面团，冷藏保存。）

9. 将烤盘从烤箱中取出，将比亚利至少冷却 5 分钟再享用。（注意：要想比亚利富有光泽，等它们一出炉就在表面刷少许植物油或熔化的黄油。）

点评

✻《一位犹太面包师的秘密》的作者乔治·格林斯坦建议，在馅料表面撒少许黑麦粉，这样有助于馅料凝固和保持形状。这个办法很棒，但是你完全可以不这样做。

超越极限肉桂面包卷和黏面包卷
(Beyond Ultimate Cinnamon and Sticky Bun)

面包简况

营养面包，标准面团面包，直接面团面包，人工酵母面包

制作天数：2 天

第一天：搅拌 5 ～ 8 分钟；冷藏一整夜

第二天：整形、添加馅料、醒发 2 小时；烘焙 20 ～ 25 分钟。

在我的《跟彼得学手做面包》（简称"ABE"）中，最受欢迎的配方之一是巧克力肉桂祖母蛋糕（chocolate cinnamon babka）：香甜浓郁的面团上涂满了用半甜巧克力、黄油和肉桂糖制作的馅料，卷起来后放在吐司模中烘烤。这款面团的味道太好了，于是我开始考虑能否用它来制作其他东西。因为这款蛋糕的原材料和布里欧修的十分相似（后者含有黄油、蛋黄、牛奶和糖），所以我把它和咕咕霍夫、朗姆酒蛋糕（baba au rhum）以及俄罗斯复活节蛋糕（Easter kulich）一起归入了布里欧修大家族。当我测试 ABE 中的配方时，我经常用书中介绍的传统白色甜面团制作肉桂面包卷和黏面包卷，用更加浓郁和色泽金黄的祖母蛋糕面团制作祖母蛋糕。一次，一位学生问我，用祖母蛋糕面团制作肉桂面包卷和黏面包卷会怎么样。于是，我们决定试一试，而我不得不说，黏面包卷之所以有这样的名称，是因为它真的很黏！就算以前不黏，现在肯定黏！但是，它非常棒！

这个配方需要两天的时间完成，因为面团在室温下非常容易破裂，无法擀开并裹住馅料。通过在冰箱里冷藏一整夜，面团会变硬，从而能够在抹了少许油的工作台上擀开并抹上肉桂糖。这时，面团可以用来制作肉桂面包卷，放在烤盘上烘焙，出炉后刷上糖霜。它也可以放在装有焦糖糖霜的蛋糕模中烘焙，制作成超级"堕落"的终极黏面包卷。你可以按照第 132 页的说明制作糖霜，但是我也在这个配方后面新增了其他几个糖霜配方，它们也可以用于制作其他面包卷。这些糖霜不适合担心肥胖的人，而比较适合经常运动和健身的人。不过，偶尔挑战一下自己的极限也很有意思，对吧？

制作 8 ~ 12 个面包卷

原材料	重量	体积	百分比（%）
快速酵母粉	19 g（0.67 oz）	2 大勺（30 ml）	4.5
温热的全脂牛奶或低脂牛奶（32 ~ 38 ℃）	170 g（6 oz）	¾ 量杯（176 ml）	40
室温下的无盐黄油	85 g（3 oz）	6 大勺（90 ml）	20
熔化的植物油	28 g（1 oz）	2 大勺（30 ml）	6.7
砂糖	85 g（3 oz）	6 大勺（90 ml）	20
香草精	7 g（0.25 oz）	1 小勺（5 ml）	1.7
蛋黄	85 g（3 oz）	5 个大号的	20
未增白的中筋面粉	425 g（15 oz）	3¼ 量杯（764 ml）	100
食盐	6 g（0.21 oz）	不足 1 小勺（5 ml）	1.4
或犹太盐	6 g（0.21 oz）	1½ 小勺（7.5 ml）	
熔化的无盐黄油，用于刷面	28 g（1 oz）	2 大勺（30 ml）	
肉桂糖（6½ 大勺砂糖与 1½ 大勺肉桂粉混合）	113 g（4 oz）	½ 量杯（117.5 ml）	
总计			**214.3**

白翻糖糖霜（第 132 页）或奶油奶酪糖霜（第 271 页），用于制作肉桂面包卷。
焦糖糖霜（第 132 页）、蜂蜜杏仁糖霜（第 272 页）或老式焦糖糖霜（第 272 页），用于制作黏面包卷。
1/2 ~ 3/4 量杯（117.5 ~ 176 ml）核桃或美洲山核桃，用于制作黏面包卷（可选）。
1/2 ~ 3/4 量杯（117.5 ~ 176 ml）葡萄干、草莓干或樱桃干，或者其他水果干，用于制作黏面包卷（可选）。

1. 将温热的牛奶倒在一个小碗中，撒入酵母粉。用勺子或打蛋器搅拌，使酵母粉溶解。静置 5 分钟左右，之后将混合物混入面团。

2. 将黄油、植物油和砂糖放在电动搅拌机的碗中，装上桨形头，中速搅拌（或把原材料放在搅拌碗中，用一把大金属勺手动搅拌），直到混合物变光滑。将蛋黄和香草精放入小碗，轻轻打散蛋黄，再将它们分 4 次加入黄油混合物，每次加入后都中速搅拌（或用手用力搅打）至均匀再添加。等所有的蛋黄混合物都均匀地拌入，将搅拌机调到中高速，继续搅拌 2 分钟，或直到混合物变得膨松。如果需要，中途停下 1 ~ 2 次，用抹刀或刮刀刮下粘在碗壁的混合物（或用手使劲搅打）。关闭搅拌机，加入面粉、食盐和酵母溶液。再低速搅拌 2 ~ 3 分钟，或直到形成柔软而略微粘手的面团（如果桨形头搅拌很吃力，你可以换用钩形头；如果不用机器和面，就用一把结实的勺子或你的双手和面）。

3. 在工作台上撒面粉（或使用第 49 页介绍的抹油法）。用塑料刮刀将面团转移到工作台上。用手和面 2 分钟（如果需要，可以再加一些面粉），直到面团柔韧但依然发黏。面团应该柔软、顺滑，呈漂亮的金色，像"婴儿的小屁屁"。将面团整成球形。在一个碗中涂抹薄薄的一层油，将面团转移到碗中，来回滚动面团使它沾满油，然后用保鲜膜盖住碗口。将碗放入冰箱，冷藏一整夜（最多可以冷藏 3 天）。面团会略微膨胀，但不会变为原来的 2 倍大（如果面团在较短的时间内明显膨胀，你可以将它取出来排气，再放回冰箱冷藏）。在冷藏面团的空隙，你可以准备肉桂糖和巧克力糖霜，放在一旁备用（或者将巧克力糖霜放入冰箱冷藏）。

4. 烘焙当天，在烘焙前 1 小时左右从冰箱中取出面团，趁面团冰冷和硬实的时候马上开始滚圆和整形。熔化黄油，用于刷面。在工作台上喷油或抹油，将冰冷的面团放在上面。用擀面杖轻轻地将面团擀成长 46 cm、宽 41 cm、厚 6 ~ 8.5 mm 的长方形。在面团表面刷黄油，然后均匀地撒上肉桂糖，留下面团边缘宽 6 mm 的区域不刷黄油和撒肉桂糖。像卷果酱蛋糕卷（或卷地毯）一样将面团卷起来，接缝朝下放在工作台上。用手掌轻柔而有力地揉面团，使它的长度增加几厘米，最后长51 ~ 61 cm。将面团切成 8 ~ 12 个螺旋形面包卷，每个厚 5 cm。

5. 如果制作肉桂面包卷，就在 2 个烤盘中铺烘焙纸或硅胶烘焙垫，再将面包卷切口（有螺旋形花纹的一面）朝上放在烤盘上，彼此相距 5 cm。将烤箱预热至 163 ℃，将烤架置于烤箱中层。在预热烤箱的同时，在室温下醒发面包卷。冰冷的面团这时并不会膨胀，但放入烤箱后会迅速膨胀。烘焙 10 分钟。旋转烤盘，继续烘焙 5 ~ 15 分钟，或直到面包卷变成鲜亮的金棕色。面包卷烤好后，从烤箱中取出烤盘，让面包卷在烤盘中冷却 5 ~ 10分钟。如果要使用翻糖糖霜，就将其滴在热面包卷上。如果要使用奶油奶酪糖霜，就用曲柄抹刀将其抹在面包卷上。你可以在涂抹了糖霜后立即享用，或者让它们在

烤盘中或冷却架上冷却，等糖霜变硬或凝固后享用。

6. 如果制作黏面包卷，就在 3 个直径23 cm 的圆形蛋糕模中喷油，然后在它们底部铺一层厚 6 mm 的焦糖糖霜或蜂蜜杏仁糖霜，或者厚 8.5 mm 的老式焦糖糖霜。（你可以不使用所有的糖霜，剩余的糖霜可以放在密封容器中冷藏 2 周左右。）在糖霜表面撒坚果或水果干（你也可以不撒，但要想味道好，我强烈建议你使用）。在每个蛋糕模里放 4 个面包卷，要使其螺旋形花纹最漂亮的那一面朝下，彼此相距2.5 cm。在烘焙过程中，面包卷会向上和向四周膨胀，填满整个蛋糕模。将烤箱预热至 163 ℃，将一个烤架置于烤箱的下 1/3 区（这样糖霜能够从烤箱底部获得大量热量）。将另一个烤架放在最下层。烤箱预热好后立即开始烘焙，每 10 分钟旋转一次烤盘，使面包卷均匀受热。总共烘焙 25 ~ 35 分钟。糖霜将熔化、起泡并焦化，露在表面的面包将变成深金棕色。如果糖霜起泡并从蛋糕模边缘溢出，就在最下层的烤架上放一个烤盘以接住滴落的糖霜。但是，不要一开始就放这个烤盘，因为它会阻挡来自烤箱底部的热量，而这些热量对烘焙初始阶段来说很重要。要想看看面包卷是否烤好，可以用金属抹刀或钳子拿起一个检查，它的底部应该是浅焦糖色，而非白色。糖霜本身应该变成艳丽的琥珀色或金棕色，并且其中的糖全都熔化，变成焦糖。如果糖霜依然呈颗粒状、没有完全焦化，就在面包卷表面盖一张铝箔纸并继续烘焙，直到糖霜变得光滑并且焦化。

7. 黏面包卷烤好后，从烤箱中取出蛋

糕模，让黏面包卷在蛋糕模中冷却 3 ~ 5 分钟，等焦糖开始变硬。将一个盘子倒扣在一个蛋糕模上面，同时翻转蛋糕模和盘子，放在工作台上，然后拿起蛋糕模。小心一些，因为这时糖霜还非常烫。用橡胶抹刀将溢出蛋糕模和残留在蛋糕模中的糖霜全都刮到黏面包卷上。用同样的方法处理其他蛋糕模。至少冷却 15 分钟再享用。

点评

✽这款面团的制作方法与本书中的大多数面团都不一样：酵母粉加在温热的牛奶中，柔软的面团在隔夜冷藏发酵的过程中变硬。在最后的醒发阶段面团不会大幅度膨胀，但是它有非常好的烘焙弹性，在烘焙过程中几乎会增大 1 倍。最好趁热享用，但你也可以随时加热，使其恢复到刚出炉时的柔软状态再享用。

黏面包卷糖浆

原材料	用量
砂糖	1 量杯（235 ml）
黄糖	1 量杯（235 ml）
室温下软化的无盐黄油或熔化的无盐黄油	2 块（227 g/8 oz）
浅色玉米糖浆	¼ 量杯（58.8 ml）
食盐（或 ⅓ 小勺 /1.6 ml 犹太盐）	¼ 小勺（1.25 ml）
柠檬香精或橙子香精（可选）	½ 小勺（2.5 ml）

　　用安装了桨形头的电动搅拌机（或一把大勺子）搅拌糖和黄油，直到黄油变得光滑、均匀。加入剩下的原材料，用桨形头（或食物料理机)中速搅拌 2 分钟左右。加速至中高速，继续搅拌，直到糖浆变得膨松，这需要 1 ~ 2 分钟。黏面包卷糖浆可以冷藏保存至少 2 周。

奶油奶酪糖霜

原材料	用量
室温下的奶油奶酪	113 g（4 oz）
熔化的无盐黄油	4 大勺（60 ml）
筛过的糖粉	1 量杯（235 ml）
香草精	1 小勺（5 ml）
柠檬香精或橙子香精（或 1 小勺新鲜柠檬汁或橙子利口酒）	¼ 小勺（1.25 ml）
1 小撮食盐	

　　用安装了桨形头的电动搅拌机低速搅拌（或用一个搅拌碗和一把大勺子手动搅拌）奶油奶酪、黄油和糖粉，直到它们混合均匀。加入香精和食盐中速搅打，直到混合物呈糊状。加速至中高速搅拌 20 秒左右（或用手用力搅打)，使糖霜变得膨松。这款糖霜可以直接用于本配方。

蜂蜜杏仁糖霜

原材料	用量
蜂蜜	1 量杯（235 ml）
室温下软化的无盐黄油或熔化的无盐黄油	1 量杯（235 ml）
食盐（或 ⅓ 小勺 /1.6 ml 犹太盐）	¼ 小勺（1.25 ml）

　　用安装了桨形头的电动搅拌机中高速搅拌（或用一个搅拌碗和一把大勺子手动搅拌）蜂蜜、黄油和食盐，直到它们混合均匀。这款糖霜可以直接用于本配方，但是面包卷表面不撒核桃、美洲山核桃或水果干，而撒杏仁片或粗略切碎的杏仁。

老式焦糖糖霜

原材料	用量
砂糖	⅔ 量杯（156.7 ml）
压实的黄糖	⅔ 量杯（156.7 ml）
重奶油	⅔ 量杯（156.7 ml）
室温下软化的无盐黄油或熔化的无盐黄油	1 大勺（15 ml）
浅色玉米糖浆	1 大勺（15 ml）

　　用安装了桨形头的电动搅拌机中速搅拌（或用一个搅拌碗和一把大勺子手动搅拌）糖、重奶油、黄油和玉米糖浆，直到它们混合均匀。这款糖霜可以直接用于本配方。

结语——优化面包的方法

贝内特谷的木火烘焙

下面的内容写作于 2000 年，后面的两个面包配方由蒂姆·德克尔所创。几年后，他和他的妻子克里斯特尔搬到田纳西州的罗恩山，在那里开了新的面包店——"大雾山面包店"。我没有去过那里，但我听说，除了他们最拿手的面包和糕点，他们现在还制作令人赞叹的比萨。

玛吉·格莱泽是我喜欢与之探讨面包问题的朋友之一，她在自己著名的《美国手工烘焙》中提到了美国一些最好的面包房，还有这些面包房中最具代表性的面包。但遗憾的是，她在 2000 年春天"贝内特谷面包糕点店"开业之前就写了这本书，因此书中没有谈到这家店。这是一家由蒂姆·德克尔和克里斯特尔·德克尔开办的极具创造性的手工面包房。克里斯特尔制作的糕点获得过大奖，蒂姆（在圣罗莎的"杜松兄弟面包房"时，他是我的首席面包师）负责所有面包的烘焙。蒂姆烘焙的面包在声望很高的索诺玛县丰收大会上获得了 15 项双金奖，包括最佳表现奖——而这发生在他的面包房开业仅仅几个月之后！他是和克雷格·庞斯福德一样出色的手工面包师，后者在 1995年夺得了面包制作世界杯比赛的冠军。

蒂姆、他的长柄木铲和烤炉

蒂姆是一位真正狂热的面包爱好者，自始至终，他都充满爱意地对待自己的面团，就好像面团是他的孩子一样（他的孩子有时候也会到面包房帮忙，因为他们知道面包对父亲的重要性）。他用弹电吉他的精神对待自己的木火烤炉（我们第一次见面的时候，他还是一支重金属和布鲁斯乐队的成员之一）——专心致志，做到极致。每天半夜，他都会在烤炉中点燃当地的橡木，等着它烧成灰烬，然后将灰烬扫出来。这时，烤炉的温度能够达到 343 ℃，已经可以烘焙第一批面团了。烤炉在随后的 8 ~ 12 小时中逐渐冷却，依次烘焙一批又一批经过仔细安排的面团，首先是比萨、佛卡夏和硬外壳面包的面团，随后是更软和更有营养的面包的面团——因为它们需要的温度较低。在我最初写这本书的时候，蒂姆保持着一项全国纪录：1 次点火，连续烘焙 16 轮。他之所以能够保持 1 次点火的热量，是因为他设计了一种特殊的隔离系统，完善了由烤炉工艺的创始人、已故的伟大烤炉大师艾伦·斯科特设计的系统。这使蒂姆可以整个白天（和夜晚）都在烘焙，而不需要重新点火。虽然蒂姆只是这个领域的新人，但仍有一些使用木火烤炉的面包师慕名而来，向他咨询更好地保持烤炉热量的窍门。

蒂姆和克里斯特尔的故事意义重大，因为这是用激情推动面包革命的典型例子。面包烘焙不是一件容易的工作，大多数情况下也不会让人腰缠万贯。从事这项工作，只是因为它能够给你带来别样的满足感和回报，能够给人们带来快乐。

我有幸亲历了蒂姆作为面包师和手工面包爱好者的成长历程。在"莲花面包房"烘焙面包时，他第一次学到了手工技术。"莲花面包房"是一家位于圣罗莎的烘焙有机全麦面包的面包房，店主林恩和吉姆·道也是我的朋友。（我必须说明的是，索诺玛县的面包师们已经形成了良性竞争的伙伴关系，他们彼此了解。当有人缺少原材料或者在设备方面需要帮助的时候，其他人一定会出手相助。他们还会经常交流想法，尊重彼此的风格和产品。因此，当地许多面包师彼此既是朋友又是竞争对手，而这种关系通过美国面包烘焙师协会进一步扩大——当地许多面包师都是它的成员。）

用硬木加热烤炉，开始木火烘焙。这里使用的是橡木

蒂姆来到"杜松兄弟面包房"后，他的面包烘焙进入了一个全新的阶段。他花了7年时间改良我的面包，同时萌生了他自己的想法。在我卖掉"杜松兄弟面包房"之后，他去了另外一家获奖的面包房。那是位于塞瓦斯托波尔的"乡村面包房"，就在圣罗莎市郊。在那里，蒂姆能够更加专注地研究天然酵母面包，完全沉浸于预发酵和酵头之中；他也参加研讨会，与其他面包师一起交流、探讨，完善自己的技术。与此同时，克里斯特尔作为糕点师也在"乡村面包房"工作。至此，他们终于在同一家面包房相遇了。也正是在这里，他们意识到自己真正的梦想是拥有一家属于自己的面包房，一家可以完全由自己控制技术和配方的面包房，在那里，他们将完全根据自己的想法烘焙出想要的面包和糕点。

因此，经过长时间的学徒生涯和对自己工作的透彻了解，他们修复了圣罗莎附近一家废弃的面包房——"贝内特谷"，建造了一个木火烤炉代替原有的、破烂的烤炉，并且投入运营。这家面包房的名声很快就在索诺玛县的美食爱好者之间流传开来。现在，他们的供应量已经不能满足消费者的需求，面临着和莱昂内尔·普瓦拉纳曾经在巴黎面临（但已经解决）的同样的问题：如何在保证真正手工烘焙的基础上发展壮大？我了解蒂姆和克里斯特尔的诚实，也明白他们对共同事业的热爱，我希望他们能够想出具有创造性的解决办法。在我出版这本书的时候，蒂姆正在考虑在他最初接受训练的地方（"莲花面包房"）建造第二个木火烤炉，林恩和吉姆·道希望能够帮助他们提高木火烘焙的产量以满足市场需求。当然，他们将自己的面包店搬迁到田纳西州后，再次吸引了大批追随者。

这是一个让人感觉很棒的故事。看到我的学徒能够超越我，我感到非常自豪。说

木火烤炉中的石板吸收了足够多的热量，在点火8小时后依然能够烘焙面包

真的，他们比我做专业面包师的时候强多了，因为他们不仅仅从我这里获得了知识，也从其他人那里学到了知识。蒂姆·德克尔和克里斯特尔·德克尔最大限度地继承了手工烘焙的传统，并亲手将这些知识传承下去，在知识上构建知识。我撰写这本书的目的是传递知识，而他们的故事正是最典型的例子。我希望每位读者都能从这本书中获得知识，并学以致用，找到适合自己的烘焙方式，走出一条独特的烘焙之路。

作为本书的结尾以及送给读者的礼物，下面是两个"贝内特谷面包糕点店"最受欢迎的面包配方，由新一代面包师蒂姆·德克尔发明并传授给你。

用高温石板烘焙的麦穗面包，表皮呈深金棕色。我们将这种深色称为"欧式烘焙的颜色"，以此来区别美式烘焙的较浅的颜色

土豆奶酪香葱面包
(Potato, Cheddar, and Chive Torpedo)

面包简况

营养面包，标准面团面包，间接面团面包，混合发酵面包

制作天数：1 天（已有发泡酵头）

准备土豆和发泡酵头回温 1 小时；搅拌 45 分钟；拉伸—折叠、发酵、整形、醒发 4 小时；烘焙 35 ～ 40 分钟。

制作 2 个 454 g 的面包

原材料	重量	体积	百分比（%）
不去皮的土豆，切成大块，用 3 量杯（705 ml）清水煮软，然后冷却	227 g（8 oz）	1 个大的或 2 个小的	44.5
温热的煮土豆的水（32 ～ 38 ℃）	113 ～ 227 g（4 ～ 8 oz）	½ ～ 1 量杯（118 ～ 235 ml）	22 ～ 44.4
发泡酵头（主酵头，第 218 页，在 24 小时内喂养过）	298 g（10.5 oz）	1½ 量杯（353 ml）	58.4
未增白的高筋面粉	510 g（18 oz）	4 量杯（940 ml）	100
快速酵母粉	6 g（0.22 oz）	2 小勺（10 ml）	1.2
食盐	14 g（0.5 oz）	2 小勺（10 ml）	2.9
切碎的新鲜香葱	28 g（1 oz）	¼ ～ ½ 量杯（58.8 ～ 117.5 ml）	5.5
切达干酪	约 113.4 g（4 oz）	6 薄片	22.2
用来做铺面的高筋面粉或玉米粉			
总计			256 ～ 279.1

总面团配方和烘焙百分比

原材料	重量	百分比（%）
高筋面粉	659 g（23 oz）	100
土豆	227 g（8 oz）	34.5
快速酵母粉	6 g（0.22 oz）	0.9
食盐	14 g（0.5 oz）	2.1
清水（发泡酵头中的）	149 g（5.25 oz）	22.6
煮土豆的水	113 ～ 227 g（4 ～ 8 oz）	17 ～ 34
香葱	28 g（1 oz）	4.2
切达干酪	113 g（4 oz）	17
总计		198.3 ～ 215.3

1. 提前准备土豆，留出煮土豆和将煮土豆的水晾到温热的时间，将准备好的土豆和水放在一边备用。在制作面包前 1 小时，从冷藏室中取出所需的发泡酵头，使其回温。

2. 将发泡酵头、一半的面粉、酵母粉、煮熟的土豆和 ½ 量杯（113 g）煮土豆的水放在一个 4 qt 的搅拌碗（或电动搅拌机的碗）中，用一把大金属勺（或桨形头）搅拌至形成粗糙、湿润的面团。将面团静置 30 分钟，无须盖住面团。

3. 加入剩余的面粉和食盐，继续搅拌（或用钩形头低速搅拌）1～2分钟，根据需要添加剩余的水，直至所有原材料大致形成球形。

4. 在工作台上撒面粉，将面团转移到工作台上，和面4～6分钟（或用钩形头中低速搅拌4分钟），根据需要添加水或面粉，直到面团变得发黏但不粘手。加入香葱继续和面（或搅拌），直到香葱分布均匀，这需要1～2分钟。（如果用搅拌机和面，面团应与搅拌碗的四壁和碗底分离。）和好的面

团应该依然发黏但不粘手，通过窗玻璃测试（第 50 页），温度为 25 ~ 27 ℃。在一个大碗中涂抹薄薄的一层油，将面团转移到碗中，来回滚动使面团沾满油，然后用保鲜膜盖住碗口。20 分钟后，拉伸－折叠面团（第 49 页），再放回碗中并用保鲜膜盖住碗口。再重复两次，之间间隔 20 分钟，每次拉伸－折叠后都要将面团放回碗中并盖好。

5. 在室温下发酵约 1½ 小时，或直至面团的体积增大 1 倍。

6. 将面团转移到工作台上，等分为 2 份，将每个小面团按压成 20 cm 长、15 cm 宽的长方形。在每个面团上放 3 片干酪，盖住面团表面，但是要留出 1.3 cm 宽的边缘。然后从下到上将面团紧紧地卷起来，使干酪在面团中呈螺旋形。将卷起来的面团封好口，用双手使劲地按压接缝，使面团看起来像一根圆木。卷好的面团为鱼雷形，中间粗，两端逐渐变细。在揉两端的时候，一定要将面团中的空气挤出来，防止面团分层，然后用手掌边缘将面团底部的接缝封好（第 71 页）。

7. 将烘焙纸铺在烤盘中，喷少量油，然后在烘焙纸上撒面粉或玉米粉。将 2 个面团横着放在烤盘中，向面团顶部喷油，用保鲜膜或毛巾松松地盖住面团。

8. 在室温下大约醒发 1 小时，或直至面团的体积几乎增大 1 倍。

9. 按照第 80 ~ 82 页所述，准备烤箱用于炉火烘焙。在烤箱中预先放一个空蒸汽烤盘，然后将烤箱预热至 260 ℃。按照第 79 页的说明割包，在每个面团上切 2 条斜切口，从切口应该能看到第一层奶酪。

10. 在长柄木铲上或烤盘背面撒大量面粉或玉米粉，小心地将面团转移到长柄木铲或烤盘背面（可以连烘焙纸一起转移，也可以去掉烘焙纸），然后将 2 个面团滑到烘焙石板上（或直接放在烤盘上烘焙）。将 1 量杯热水倒在蒸汽烤盘中，关闭烤箱门。30 秒以后，向烤箱四壁喷水，然后关闭烤箱门。每隔 30 秒喷 1 次，一共喷 3 次。最后一次喷水后，将烤箱的温度降至 232 ℃。总共烘焙 35 ~ 40 分钟，如果需要的话，在烘焙 15 分钟后，可以将面包旋转 180°以使其受热均匀。烤好的面包的内部温度需要达到 93 ℃，整体呈棕色，敲打面包的底部能听到空洞的声音。奶酪会沿着切口溢出来，变脆并变成棕色。

11. 将烤熟的面包放在冷却架上至少冷却 45 分钟，然后切片或上桌。

点评

✱这款鱼雷形面包是使用混合发酵法（天然酵母和人工酵母混合发酵）制作的，切口处溢出的切达干酪形成了脆皮，内部漂亮的软奶酪"旋涡"上点缀着绿色的香葱。值得注意的是，这款面包虽然使用的是湿润的海绵酵头（发泡酵头），但是我们也可以用固体酵头制作它，只需要额外添加 ½ 量杯（113 g）清水或煮土豆的水。煮土豆的水能带来矿物质，溶解土豆淀粉和糖，软化面团，使面包的味道更加丰富。

烤洋葱奶酪面包
(Roasted Onion and Asiago Miche)

面包简况

营养面包，半乡村面团面包，间接面团面包，混合发酵面包

制作天数：3 天

第一天：制作海绵酵头 8 小时。

第二天：海绵酵头回温和准备洋葱 1 小时；搅拌 15 分钟；拉伸—折叠、发酵、整形、醒发 3 ~ 4 小时。

第三天：醒发、最后整形 2¹/₂ 小时；烘焙 35 ~ 50 分钟。

制作 2 个大圆面包

原材料	重量	体积	百分比（%）
海绵酵头（第一天）			
发泡酵头（主酵头，第 218 页）	57 g（2 oz）	¹/₄ 量杯（59 ml）	17.9
室温下的清水	227 g（8 oz）	1 量杯（235 ml）	71.2
未增白的高筋面粉	319 g（11.25 oz）	2¹/₂ 量杯（588 ml）	100
总计			189.1
烤洋葱（第一天）			
黄洋葱或白洋葱	241 g（8.5 oz）	1 个大的或 2 个小的	/
橄榄油	14 g（0.5o oz）	1 大勺（15 ml）	/
粗磨黑胡椒粉	/	一撮（或按口味添加）	/
食盐	1.75 g（0.06 oz）	¹/₄ 小勺（1.3 ml）	/
面团（第二天和第三天）			
未增白的高筋面粉	907 g（32 oz）	7 量杯（1645 ml）	100
快速酵母粉	7 g（0.25 oz）	2¹/₄ 小勺（11.3 ml）	0.8
温热的清水（32 ~ 38 ℃）	510 g（18 oz）	2¹/₄ 量杯（529 ml）	56.2
海绵酵头	/	所有的	56.2
食盐	28 g（1 oz）	4 小勺（20 ml）	3
橄榄油	42.5 g（1.5 oz）	3 大勺（45 ml）	4.7
撕碎或磨碎的阿斯阿戈奶酪（也可以用新鲜帕尔马奶酪、罗马诺奶酪或杰克干酪）	454 g（16 oz）	3 量杯（705 ml）	50
切碎的香葱	57 g（2 oz）	¹/₂ 量杯（117.5 ml）	6.3
粗略切碎的大葱	57 g（2 oz）	¹/₂ 量杯（117.5 ml）	6.3
烤洋葱	/	所有的	26.7
用来做铺面的高筋面粉、粗粒小麦粉或玉米粉			
总计			310.2

注：这款面团对大多数家用搅拌机来说都太大了——"神磨"搅拌机除外——所以最好手工和面。

总面团配方和烘焙百分比

原材料	重量	百分比（%）
高筋面粉	1254 g（44.25 oz）	100
烤洋葱	227 g（8 oz）	18.1
快速酵母粉	7 g（0.25 oz）	0.55
食盐	28 g（1 oz）	2.2
香葱	57 g（2 oz）	4.5
大葱	57 g（2 oz）	4.5
阿斯阿戈奶酪	454 g（16 oz）	36
清水	765 g（27 oz）	61
橄榄油	57 g（2 oz）	4.5
总计		231.35

1. 第一天（制作面团的前 1 天、烘焙面包的前 2 天）：制作海绵酵头。将发泡酵头、清水和面粉放在一个大碗中搅拌，直到面粉充分吸收水分、混合物形成黏稠的面团。然后用保鲜膜盖住碗口，在室温下静置 8 小时，或直至海绵酵头充满气泡。如果天气寒冷、海绵酵头发酵比较慢，可以将它静置一夜。如果情况相反，海绵酵头很快起泡，就要立即将它放入冷藏室。

2. 第一天：烤洋葱。将烤箱预热至 260 ℃，将烘焙纸铺在烤盘中。将洋葱粗略切碎，放在一个盛有橄榄油的碗中拌匀。然后将洋葱分散地摆在烤盘中，撒上黑胡椒和食盐，开始烘焙。每隔 3 ~ 5 分钟翻动一下，直至洋葱变成金棕色，甚至有点儿焦，这总共需要 15 ~ 20 分钟（也可以用煎锅炒洋葱，所需的时间一样）。将洋葱从烤盘中取出，放在一边晾凉，然后放入冷藏室备用。

3. 第二天：在制作面团前 1 小时，将海绵酵头从冰箱中取出，让它回温。

4. 制作面团。将面粉和酵母粉放在一个大搅拌碗中（或大型电动搅拌机，如"神磨"或"霍巴特"12 ~ 20 qt 搅拌机的碗中），用一把大金属勺搅拌。再加入清水和海绵酵头，继续搅拌（或用钩形头低速搅拌），直至所有原材料分布均匀，面团大致形成球形。静置 5 分钟后，加入食盐和橄榄油，搅拌均匀。然后加入一半磨碎的奶酪、所有的香葱和大葱，搅拌几秒以使其分布均匀。

5. 在工作台上撒面粉，将面团转移到

工作台上。手工和面（或用钩形头中低速搅拌）2 ～ 4 分钟，或直至所有原材料分布均匀。如果需要的话，可以加入剩余的面粉。和好的面团应该柔软、光滑、发黏但不粘手，并且应该通过窗玻璃测试（第50 页），温度在 23 ℃左右。在一个大碗中涂抹少量油，将面团转移到碗中，来回滚动使其沾满油，然后用保鲜膜盖住碗口。20 分钟后，拉伸－折叠面团（第 49 页），再放回碗中并用保鲜膜盖住碗口。再重复两次，之间间隔 20 分钟，每次拉伸－折叠后都要将面团放回碗中并盖好。

6. 将面团放在室温下醒发 2 ～ 3 小时，或直至面团的体积几乎增大 1 倍。

7. 将烘焙纸铺在 2 个烤盘中，在上面喷油并撒上面粉、粗粒小麦粉或玉米粉。在工作台上撒一些面粉，将面团从碗中转移到工作台上，尽量不要使面团排气。将面团等分为 2 份，小心地将它们整成大的球形（第62 页）。在每个烤盘中摆放一个大圆面团，向面团表面喷油，然后将烤盘分别滑入大保鲜袋中，或用保鲜膜松松地盖住。

8. 将烤盘放在冷藏室中过夜。

9. 第三天：在准备烘焙前 2 小时将烤盘从冷藏室中取出（面团最多可以冷藏保存 3 天，如果愿意的话，你可以分 2 天烘焙 2 个面团），将面团放在室温下醒发 2 小时左右。

10. 按照第 80 ～ 82 页的描述，准备烤箱用于炉火烘焙。在烤箱中预先放一个空蒸汽烤盘，然后将烤箱预热至 260 ℃。在面团顶部刷橄榄油，用指尖按面团，几乎按到面团的底部，使面团表面凹凸不平。将剩余的奶酪均匀地撒在 2 个面团顶部。将烤洋葱平均分为 2 份，均匀地撒在奶酪

上，然后让面团醒发 15 ～ 30 分钟。

11. 在长柄木铲上或烤盘背面撒大量面粉、粗粒小麦粉或玉米粉，小心地将面团转移到长柄木铲上或烤盘背面（可以连烘焙纸一起转移，也可以去掉烘焙纸），再将面团滑到烘焙石板上（或直接在烤盘上烘焙）。将 1 量杯热水倒在蒸汽烤盘中，关闭烤箱门。30 秒以后，向烤箱四壁喷水，然后关闭烤箱门。每隔 30 秒喷 1 次，一共喷3 次。最后一次喷水以后，将烤箱的温度降至 232 ℃，烘焙 20 分钟。如果需要的话，将面包旋转 180°以使其受热均匀，继续烘焙 15 ～ 20 分钟。烤好的面包应该呈金棕色，奶酪应该熔化并且变成棕色，面包内部的温度需要超过 91 ℃，敲打面包的底部能听到空洞的声音。如果奶酪的颜色已经太深了，但你仍需要继续烘焙一段时间的话，可以用铝箔纸或烘焙纸盖住面包顶部（防止奶酪被烤焦），再烘焙几分钟。你也可以关掉烤箱，用余热继续烘焙 10 分钟。

12. 将烤熟的面包转移到冷却架上，在切片或上桌之前至少冷却 1 小时。

点评

✽这款面包从开始制作到结束烘焙需要 3 天时间，但其实真正花在面团上的时间并没有那么多，因此提前做好准备是非常重要的。提前将所有原材料准备就绪（如洋葱和奶酪），可以减轻你的压力。你需要在开始之前通读一遍说明，并安排好各个步骤。

✽这款面团是由湿润的酵头制作的，而湿润的酵头又是由一小块发泡酵头制作的。这款面包又大又圆，凹陷处的面包心有很多气孔。因为需要添加用高温烤过的洋葱，所以你可以提前 1 ～ 2 天准备（或用炒洋葱代替）。

● 资料来源 ●

《学徒面包师》出版后的这些年里，有关烘焙的资料不仅快速增多，而且持续更新。在此之前，因特网刚刚开始起步，我们需要花很长一段时间才能从信息高速公路获取信息。如今，我们只需轻轻点击鼠标，就能从网上获取我们想要的几乎所有东西，因此，我在这里只提供少量资料和几本精心挑选的书，因为我充分意识到，等这本书在书店上架的时候，我的这张清单可能已经过时了。要想跟上时代的脚步，我建议你浏览美国面包烘焙师协会（The Bread Baker's guild of America）的官方网站以及与面包烘焙相关的许多博客和网站，并且经常去书店看看新出版的面包烘焙书。

书 籍

我认为近来面包烘焙书最有趣的发展在体裁方面，即转向文学（也可以说是纪实文学）创作。许多作品与旅行有关，有些寻求烘焙技术和原汁原味的传统，有些探讨相关社会问题，如社会的持续性发展。这类作品已经受到大众的瞩目。下面是我最近喜爱的书籍清单，当然，这张清单总在变化。

Bread, Wine, and Chocolate, The Slow Loss of Food We Love，by Simran Sethi (New York：HarperOne，2015)

Cooked: A Natural History of Transformation，by Michael Pollan (New York：Penguin Books，2014)

From the Wood-Fired Oven: New and Traditional Techniques for Cooking and Baking with Fire，by Richard Miscovich (White River Junction：Vermont：Chelsea green，2013)

Grain of Truth: The Real Case For and Against Wheat and Gluten，by Stephen Yafa (New York：Hudson Street Press，2015)

In Search of the Perfect Loaf: A Home Baker's Odyssey，by Samuel Fromartz (New York：Penguin Books，2014)

The New Bread Basket: How the New Crop of Grain Growers，Plant Breeders，Millers，Maltsters，Bakers，Brewers，and Local Food Activists Are Redefining Our Daily Loaf，by Amy Halloran (White River Junction，Vermont：Chelsea green，2015)

White Bread：A Social History of the Store-Bought Loaf，by Aaron Bobrow-Strain (Boston：Beacon Press，2012)

Wood-Fired Cooking：Techniques and Recipes for the Grill，Backyard Oven，Fireplace，and Campfire，by Mary Karlin (Berkeley：Ten Speed Press，2009)

我也强烈建议你寻找查德·罗伯逊、贾弗里·哈梅尔曼、迈克尔·卡兰蒂、西里尔·希茨、肯·福克斯和米克尔·苏阿斯的著作，他们都是优秀的面包烘焙书作者和烘焙老师。

面粉厂、商店和烹饪学校

在上一版中，我列出了很多面粉厂和学校。但是，由于信息几乎每天都发生变化，我建议你寻找当地的面粉厂——我真的建议你支持它们——而且从网络上比较方便找到它们。即便如此，我依然要提一下两家面粉厂：一家是我家乡的"卡罗莱娜磨坊"，它使用当地生产的谷物制作面粉；另一家是缅因州斯科希甘的"缅因谷物"。我之所以提到它们，只因为我和这两家面粉厂的老板有交情，并且喜欢他们所做的事。但我也知道，除了这两家，还有很多类似的面粉厂。因此，找到它们吧。

下面列出的是我认为最有用的网站。当然，还有许多出色的网站是我不知道的。对你来说，获得日新月异的信息的最佳方式是找几个周期性举办活动和开办培训课程的网站并成为它们的会员，或者加入美国面包烘焙师协会（尽管它是美国的协会，但是如今有越来越多的外国人加入）或其他支持手工面包的地方组织。

American Institute of Baking
美国烘焙学院，提供专业的烘焙技术。

Asheville Bread Festival, Kneading Conference, and The Grain Gathering
主办面包活动的组织，提供参加培训课程和与手工面包运动领导者会面的良机。英国也有类似的活动组织，如 The Real Bread Festival。所以，去寻找你身边的组织吧。我称它们为"严肃的面包大脑的梦幻营地"。

Central Milling
作为我最喜欢的面粉公司之一，"中央磨坊"立足于提供有机面粉和特制面粉。

Craftsy
这里提供各种手工制作的在线视频教程，其中就包括面包制作方面的优秀课程（如我的三门课程以及理查德·米斯科夫基、贾弗里·哈梅尔曼、迈克尔·卡兰蒂等人的课程）。我认为这个机构的在线课程性价比高，在线视频教学前景光明。

King Arthur Flour
"亚瑟王面粉"，一家有远见的一站式商场，贾弗里·哈梅尔曼及其他客座老师在那里授课。它的网站提供工具、广泛的烘焙信息以及各种特色原材料。

Lindley Mills
"林德利面粉厂"是率先生产麦芽粉和有机面粉的面粉厂之一，我使用的麦芽粉就是从位于北卡罗来纳州的"林德利面粉厂"购买的。

Northwest Sourdough
提供与酸面团有关的所有东西，包括配方和技术。

Pizza Quest

这是我自己创办的，在这里，我致力于不断探索完美比萨的制作方法。它的主旨是"通过比萨发现自我"，特点是提供有趣的视频、比萨达人的专访、特约专栏、配方和其他许多东西。

Proof Box

出售非常酷的醒发箱，其价格比商业用醒发箱低得多。

San Francisco Baking Institute

提供手工烘焙方面的实践课程，课程为期一周。

Sur la Table

这家店不仅出售各种工具，而且开办基础入门课程。它原本只有几家实体店，但如今分店遍布各地。

The Baking Steel

专营烤板的商店，烤板是烘焙石板的有力竞争者。

The Bread Bakers Guild of America

美国面包烘焙师协会对手工烘焙者来说是最重要的资料来源。它全年开办大师班，周末开课，手把手教学。另外，20 年来，它还持续为手工面包运动提供全面的配方、技术文献并主办各种培训课程。

To Your Health Sprouted Flour

最大的有机发芽谷物和麦芽粉生产商，它生产的发芽玉米粒能够制作出最好的玉米面包。

Whole Grains Council

提供关于全谷物的所有信息，包括教学和市场营销。

最后，我要宣传一下所有的烹饪学校，包括许多出色地开设了手工面包课程的社区大学。我们当老师的都知道，我们不可能在短短几周内培养出一个学徒，但是我们可以给烘焙者一个良好的开端和一些重要的指导。从本书第一版出版以来，烘焙老师的数量和质量呈大幅度上升趋势，而我可以很自豪地说，我认识所有这些敬业的老师。我们意识到，我们的作品不仅仅是我们制作的面包，还包括我们培养出来的面包师。学生的成就就是我们的成就，正如我们是他们的知识源泉。我们期待，有一天，他们也会成为后继者的知识源泉。

如果你对本书中的信息和配方有任何疑问，请发电子邮件与我联系。邮件地址是：peter@breadfrontier.com。

15年后的今天，学徒面包师柴崎文卫成为东京成功的糕点师，她身边的是她的侄子，未来的面包师